電話

モバイル

クラウド

基礎知識からクラウド、モバイル、次世代通信まで

図解 通信技術のすべて

井上伸雄
Inoue Nobuo

ブロードバンド回線

メール

GPS

VoIP & Skype

無線通信

動画配信

パケット通信

ネットワーク

通信波形

日本実業出版社

まえがき

　20世紀が電話の時代だったとすると、21世紀は携帯電話に代表されるモバイル通信とインターネットの時代になったといえるであろう。
　一昔前であれば、通信会社や通信機器メーカー、ITインフラを構築するシステム企業の人たちだけが通信を知っていれば十分だったかもしれないが、いまはそれではすまなくなってきている。

　インターネットを通じて利用するあらゆるサービスは、"いつでも""どこでも"使えなければならない。不特定多数の利用者に対応するためにも、各種ネットサービスを提供する多くのネット企業は「インターネットを支える通信のしくみ」を最低限理解していなければならなくなっている。もはや、「通信はブラックボックス」ではすまされない時代になった。
　また、通信技術の発達によって、コンテンツや音楽、映像なども配信されるようになった。これらのサービスを提供するためには、確実に配信するためのネットワークまで意識しなければならない。技術者はもちろん、コンテンツを企画・制作する側にもいえることだろう。

　そのような状況にあって、携帯電話やインターネットの利用法やアプリケーションについて書かれた書籍は多く見受けられるものの、「通信」という観点から書かれた書籍が少ないということが気になっていた。一方、通信ネットワークや通信システムに関する本は専門的な記述が多く、どうしても一般の人には馴染みにくいものになっている。
　そこで、本書はそのような観点から、モバイル通信やインターネットのしくみを、技術の専門家ではない一般の人でも理解できるように平易に解説した。そのため、できるだけ図面を多くし、技術の中身を感覚的につかむことができるように心がけた。どうしても専門用語や数字が登場するが、これも図を見ながらその意味するところを感じ取っていただけるようにしている。通信では、専門用語と数字に強くなることが、全体を理解するう

えで一番大切である。

　私たちの目に見えない通信技術を理解することはむずかしいといわれるが、本書を読めば重要な技術的ポイントを一通り把握することができるように書いたつもりである。いきなり専門的な技術書を読むのには抵抗がある人も、本書を読んでから専門書に移れば理解が容易になるであろう。

　モバイル通信やインターネットについては最新の技術を紹介するように心がけたが、さらに将来の動向についても可能な限り記述してある。技術の進歩が激しい今日、次世代システムの中身は変更が加えられる可能性があるが、読者の参考になると考えてあえて記述することとした。最新の通信技術を把握することで、新たなサービスを考案することもできるだろう。

　読者の方々が、「利用（提供）しているサービスにどのような通信がかかわっているのか」「通信がどのようなしくみで動いているのか」「これから通信がどのように発展していくのか」について理解するうえで、本書がきっと役立つものと確信している。

2011年2月

井上　伸雄

CONTENTS

図解　通信技術のすべて　◎目次◎

まえがき

序章　私たちをとりまく通信環境

❶ クラウドを支える通信技術 …………………………………… 12
　◆それは雲（クラウド）の中にある ……………………………… 12
　◆クラウド・コンピューティングでできることは多岐にわたる……… 13
　◆クラウド・コンピューティングに求められる通信環境 ………… 15

❷ 無線通信が2010年代をリードする ……………………… 17
　◆無線通信は私たちの想像以上に利用されている ………………… 17
　◆4Gへと進化するワイヤレス・ブロードバンド ……………… 19

❸ 快適な通信はブロードバンドから ……………………………… 21
　◆どこからがブロードバンドなのか ……………………………… 21
　◆主役が交代しつつ、ブロードバンドの普及は進む ……………… 23

第1章　ここまで来た新時代の通信

❶ いつでも、どこでも欲しい情報を手に入れる …………… 28
　─カギを握るのはモバイル通信とインターネット─
　◆携帯電話は、ほぼ1人1台の時代になった ……………………… 28
　◆さまざまな用途で世界を結ぶインターネット ………………… 31

❷ スマートフォンにみる携帯電話の進化 ……………………… 33
　─データ通信の高速化と携帯端末の高機能化─

- ◆パソコンと同じようにアプリで拡張できるスマートフォン················ 33
- ◆世代ごとに進化し続ける携帯電話······································ 35
- ◆第3世代の携帯電話··· 37

❸ インターネットの基本技術を押さえておく·························· 38
―データは得意だが、電話は苦手―
- ◆コネクション型とコネクションレス型·································· 38
- ◆"いい加減さ"がインターネットの安い理由···························· 40
- ◆たくさんのネットワークがつながってできている····················· 42

❹ IPが拓く次世代ネットワークへの道································· 44
―IPネットワークで必要な品質を確保する―
- ◆これからのネットワークはIPになる··································· 44
- ◆次世代ネットワーク「NGN」·· 46

❺ 電気から光へ〜ブロードバンド通信のカギを握る·················· 48
―光ファイバで光の信号を伝送する―
- ◆通信になぜ光を使うの？··· 48
- ◆超大容量化へと進む光ファイバ伝送··································· 50

❻ モバイルも「通信と放送」が融合する世界························· 53
―デジタル放送とブロードバンド通信で実現―
- ◆ワンセグ放送の原理··· 53
- ◆通信と放送の融合··· 55

第2章 モバイル通信が拓く新しい通信の世界

❶ モバイル通信が使う電波の種類は？································· 58
―電波の周波数が足りなくなってきた！―
- ◆すべてのモバイル通信に周波数が割り当てられている················ 58
- ◆電波の波長がアンテナの長さを決める································ 61

CONTENTS

❷ 携帯電話の発展を支えるセル方式 ……………………………………… 63
―広いサービスエリアを多数のセルでカバーする―
- ◆最近のモバイル通信がよく使っているセル方式 ………………… 63
- ◆マイクロセル、ピコセル、フェムトセル ………………………… 66

❸ 携帯電話がつながるしくみ …………………………………………… 70
―携帯電話の現在位置を探してつなぐ―
- ◆携帯電話の位置登録 ………………………………………………… 70
- ◆携帯電話は、電話とデータの2本立て ……………………………… 71

❹ 3G携帯電話のキーワードはCDMA ………………………………… 74
―大勢の人が同じ電波を使い分けるための技術―
- ◆多元接続には3種類の方法がある ………………………………… 74
- ◆CDMAの優れた3つの特長 ………………………………………… 77

❺ まだまだ進化する「モバイル高速データ伝送」技術 ……………… 79
―無線でも光ファイバ並みの高速伝送を―
- ◆データ専用の帯域で高速化を実現 ………………………………… 79
- ◆送受信に複数のアンテナを使う …………………………………… 83

❻ 携帯電話もブロードバンドの時代 …………………………………… 85
―第3.5世代で本格的に始まった高速データ伝送―
- ◆3.5G携帯電話HSDPAのデータ伝送方式 ………………………… 85
- ◆ベストエフォート型の通信 ………………………………………… 87

❼ いよいよ始まった第3.9世代の携帯電話LTE ……………………… 89
―3.5Gの10倍以上の高速性が最大の魅力―
- ◆LTEの6つのポイント ……………………………………………… 89
- ◆新しい多元接続OFDMA …………………………………………… 91

❽ 新しく登場した高速モバイル・データ通信 ………………………… 94
―次世代PHSとモバイルWiMAX―
- ◆①PHSを高速化した次世代PHS（XGP）………………………… 94
- ◆②データ通信に特化したWiMAX ………………………………… 96

❾ 近づいてきた第4世代の携帯電話 ················· 100
　―1Gビット／秒伝送をめざす―
　　◆LTEはさらに高速化する ····················· 100
　　◆WiMAX2 ································· 103

❿ 無線LANのキホン ···························· 104
　―構内で使う無線データ通信のためのネットワーク―
　　◆無線LANに使う電波 ························ 104
　　◆無線LANの使い方 ·························· 106
　　◆無線LANの標準 ···························· 109

⓫ 超近距離の無線通信 ··························· 111
　―10m以内の距離を無線で接続する―
　　◆近距離を無線で通信するBluetooth ············· 111
　　◆近距離を無線で高速伝送できるUWB（超広帯域無線通信）······ 113

⓬ GPSで位置を決める～脇で活躍する意外な通信技術 ····· 116
　―4個の衛星からの電波を受けて自分の位置を測定する―
　　◆GPSの原理 ······························· 116
　　◆携帯電話のナビゲーション機能 ················· 118

第3章 これからの通信を変える技術

❶ データをパケットに分解して送ることが主流に ········ 122
　―インターネットも、IP電話も、IP放送もパケットを使う―
　　◆パケット通信とは ·························· 122
　　◆パケット通信の特長 ························ 123

❷ インターネットのしくみ ······················· 126
　―全世界をカバーする巨大なネットワーク―
　　◆インターネットはこのようになっている ········· 126
　　◆LANとLANを結んでインターネットを構成する ····· 128

❸ なぜ、インターネットはベストエフォート型なのか ……………… 130
──ネットワークが混んでくると伝送速度が低下する──
- ◆ルータがパケットを転送するしくみ ……………………………… 130
- ◆必要な品質を確保するには ………………………………………… 132

❹ インターネットの「アドレス」とは ……………………………… 135
──ドメイン名とIPアドレス──
- ◆ドメイン名からIPアドレスへの変換 ……………………………… 135
- ◆IPv4とIPv6 ………………………………………………………… 138

❺ ネットワークにおけるルータの役割 ……………………………… 140
──経路表に従ってパケットを転送する──
- ◆経路表を見てパケットを転送する ………………………………… 140
- ◆大規模なネットワークでは ………………………………………… 142

❻ TCP/IPというプロトコル ………………………………………… 144
──インターネットで信号を送るときの約束事──
- ◆TCPとIPという代表的な2つのプロトコル ……………………… 144
- ◆TCPとIPを使ってデータを送る手順 ……………………………… 146

❼ 電子メールとウェブ検索のしくみ ………………………………… 149
──インターネットを利用する代表的なアプリケーション──
- ◆電子メールのしくみ ………………………………………………… 149
- ◆ウェブ検索 …………………………………………………………… 150

❽ インターネットを電話に使うために ……………………………… 153
──IP電話に必要な技術を探る──
- ◆VoIPは音声をパケットにして送る ………………………………… 153
- ◆インターネット電話の構成 ………………………………………… 155

❾ これからはIP電話の時代になる …………………………………… 157
──音声をIPパケットにして伝送する──
- ◆インターネット電話からIP電話へ ………………………………… 157
- ◆IP電話はこのようにしてつながる ………………………………… 161

⑩ 無料のインターネット電話「Skype」のひみつ ……………… 163
― ユーザのパソコンをうまく利用して電話をかける ―
- ◆スーパーノードが重要な役割を果たす ……………………… 163
- ◆一般の電話との接続 …………………………………………… 166
- ◆Skypeの音質が良い理由 ……………………………………… 167

⑪ IPネットワークで実現するマルチキャスト通信 …………… 168
― マルチキャストで動画を配信する ―
- ◆パケットをコピーして大勢に配信する ……………………… 168
- ◆映像の同時配信に適している ………………………………… 170

⑫ インターネットによる動画配信 ……………………………… 172
― オンデマンド型とリアルタイム型の２種類がある ―
- ◆VOD：ビデオ・オン・デマンド ……………………………… 172
- ◆リアルタイム型の動画配信 …………………………………… 174

⑬ 通信ネットワークを利用したIPテレビ放送のしくみ ……… 176
― テレビ信号をパケットにして伝送する ―
- ◆地上波デジタル放送番組をIPTVで再送信 …………………… 176
- ◆映像をパケットで伝送する …………………………………… 179

⑭ FTTHのトリプルプレーとは ………………………………… 180
― １本の光ファイバをデータ、電話、テレビに利用する ―
- ◆RF方式を使ったテレビ番組の再送信 ………………………… 180
- ◆電話・データと映像とは波長で分けて送る ………………… 182

⑮ イーサネットLANの進化 ……………………………………… 184
― オフィスの中のコンピュータ・ネットワーク ―
- ◆LANスイッチで飛躍的に向上したイーサネット …………… 184
- ◆イーサネットはインターネットにつながっている ………… 188
- ◆広域イーサネットへの発展 …………………………………… 189

第4章 ブロードバンド通信を実現する伝送技術

❶ 信号を送りやすくするための「変調」……………………………… 192
　―高速伝送のカギを握る高度な変調技術―
　　◆3つの変調方式…………………………………………………… 192
　　◆デジタル信号の変調 …………………………………………… 195
　　◆変調したデジタル信号の伝送 ………………………………… 198

❷ OFDMで高速デジタル伝送を実現する …………………………… 199
　―マルチパスに強く、周波数利用効率が高いのが特長―
　　◆信号を多数のサブチャネルに分けて変調する ……………… 199
　　◆マルチパスに強いOFDM ……………………………………… 201

❸ 多数のチャネルをまとめて伝送するための「多重化」………… 205
　―周波数分割多重化と時分割多重化がある―
　　◆各チャネルの信号を周波数で分ける ………………………… 205
　　◆各チャネルの信号を時間で分ける …………………………… 206
　　◆デジタル信号を多重化するステップ「デジタル・ハイアラーキ」……… 207

❹ 通信に使うケーブルの種類 ………………………………………… 210
　―銅線から光ファイバへ―
　　◆構造によって2種類あるメタリック・ケーブル …………… 210
　　◆超高速伝送に適した光ファイバ・ケーブル ………………… 214

❺ デジタル信号の伝送 ………………………………………………… 217
　―デジタル伝送は高品質・長距離伝送ができる―
　　◆アナログ伝送に勝るデジタル伝送の特長 …………………… 217
　　◆デジタル信号のビット誤り …………………………………… 219

❻ いろいろなブロードバンド・アクセス回線 ……………………… 221
　―家庭まで光を、FTTHへの道―
　　◆ADSL（非対称デジタル加入者線伝送）：既設の電話用加入者線を利用… 221
　　◆CATV回線：もともとはテレビ放映用の難視聴対策 ……… 223

◆FTTH：光ファイバを各家庭まで……………………………………… 226

❼ アナログ信号をデジタル化する ……………………………………… 229
―もっとも基本的なPCM符号化の原理―
◆アナログ／デジタル変換の方法 ………………………………… 229
◆いろいろな情報の伝送速度 ……………………………………… 232

❽ 音声や画像を圧縮して送る …………………………………………… 234
―不要な成分を取り除いて伝送速度を下げる―
◆静止画像の帯域圧縮 ……………………………………………… 234
◆テレビ映像の帯域圧縮 …………………………………………… 235
◆音声・音楽の帯域圧縮 …………………………………………… 237

❾ 人工衛星を使った通信と放送 ………………………………………… 241
―赤道上空3万6000kmにある静止衛星を使う―
◆衛星の軌道 ………………………………………………………… 241
◆衛星通信システムの構成 ………………………………………… 244
◆衛星通信の特長 …………………………………………………… 246

❿ 電力線を利用した通信 ………………………………………………… 248
―電力コンセントから高速インターネット接続―
◆電気配線を利用した高速データ伝送 …………………………… 248
◆電力線通信の問題点 ……………………………………………… 250

索引

装丁／大下賢一郎
本文DTP／一企画

序章

私たちをとりまく通信環境

1 クラウドを支える通信技術

「今日われわれは雲の中に住んでいる。われわれは"クラウド"コンピューティングの時代に移りつつあり、情報とアプリケーションは特定のプロセッサやシリコンラックの上ではなく、サイバースペースという拡散した大気圏の中から提供される。ネットワークこそがコンピュータになるのだ」。これは2006年に米グーグル社CEOのエリック・シュミット氏が述べた言葉で、「**クラウド・コンピューティング**（Cloud Computing）」を初めて提唱したとして有名である。それ以来、クラウド・コンピューティングは流行語になった。

◆それは雲（クラウド）の中にある

クラウド・コンピューティングを説明するとき、「雲の中にいろいろな技術がつまっていて、ユーザは雲の中から欲しい機能を取り込んで利用することができる」というイメージの絵を描くことが多い（**図表1**）。雲から雨や雪が降るように、コンピュータの持つ機能や能力、情報などが降ってきて、それを利用するというイメージだ。

もともとは、インターネットを図で表現する際に雲のような絵を描いたことに始まる。このことからもわかるように、雲すなわち「クラウド」の中にはインターネットがあって、多数のコンピュータがお互いにリンクする形で接続されている。ユーザはインターネットを経由してコンピュータ群にアクセスし、その中から必要なものを選んで使うことができるというものである。

「クラウド」という言葉は新しいが、このような技術はかなり前から始まっている。

私たちは日頃からインターネットでウェブ検索を利用している。「**ウェブ**」とはWWW（World Wide Web）のことで、欲しい情報を検索してインターネット経由で手に入れることができるしくみである。このとき、そ

◆図表1　クラウド・コンピューティングのイメージ◆

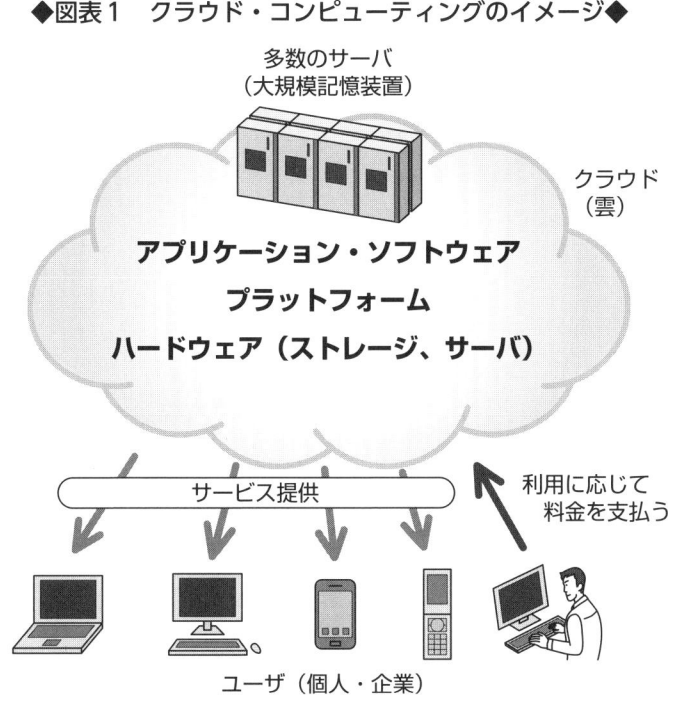

　の情報がどこのデータベースにあったか、どこにあるサーバから送られてきたかをまったく知らなくても、インターネットという雲の中から自然に届いたくらいにしか思わない。

　ウェブサイトを開いてその中の色の変わった文字をクリックすると、その文字に関連した別のページに移ることができる。その別のページは同じサーバから届いたと思うかもしれないが（もちろんその可能性もあるが）、地球の裏側にある別のサーバから送られてきたのかもしれない。ただし、ユーザにとってそれは大した問題ではなく、雲の中から同じように降ってきたものと考えられるのだ。

◆**クラウド・コンピューティングでできることは多岐にわたる**

　クラウドの利用は、情報を取り込むときだけに限らない。パソコンを使

うとき、Microsoft Officeのようなアプリケーション・ソフトを買ってパソコンにインストールしておくことが一般的だ。しかし、数年前から、この使い方に変化が現われ始めた。このようなソフトが雲の中から（すなわちインターネット経由で）供給され、自分のパソコンに入れなくても利用できるようになったのだ。この利点は、いちいちソフトを購入する必要がないということだけではなく、バージョンアップは雲の向こう側でやってくれるので、常に最新バージョンを使えることである。

　ソフトだけではない。オンライン・ストレージのように、雲の向こう側にあるハードウェアの一部を利用することもできる。ストレージ（保管場所）とは、ハードディスクやUSBメモリなどファイルの保存先を指すが、これが自分のパソコンではなく、雲の向こう側、すなわちオンライン上にあるということである。これにはいくつかの利点がある。

　第1に、インターネットにつながってさえいればどこからでも使えることだ。iPhoneのようなスマートフォンを使って電車の中で情報を確認することさえできる。第2に、他人に簡単にファイルを渡せることだ。これまではCDやDVD、USBメモリなどにコピーして渡していたが、オンライン・ストレージを利用すれば、特定のファイルを特定の人にダウンロードすることができる。第3に、ファイルのバックアップとして利用できることだ。自宅のパソコン以外の場所にファイルをコピーして保存しておけば、事故などでデータが消滅してしまう確率を小さくでき、安全性が高くなる。

　これまでに述べてきたことはクラウド・コンピューティングのほんの一部の例でしかない。クラウド・コンピューティングのサービスを分類すると**図表2**のようになる。

　SaaS（Software as a Service：サービスとしてのソフトウェア）はクラウドの代表的な利用形態で、ユーザはアプリケーション・ソフトを買ってパソコンにインストールしなくても、Webブラウザを使ってネットワーク経由で雲の上にあるソフトを利用することができる。

　PaaS（Platform as a Service：サービスとしてのプラットフォーム）はアプリケーション・ソフトを使えるようにするために必要な機能を提供

序章　私たちをとりまく通信環境

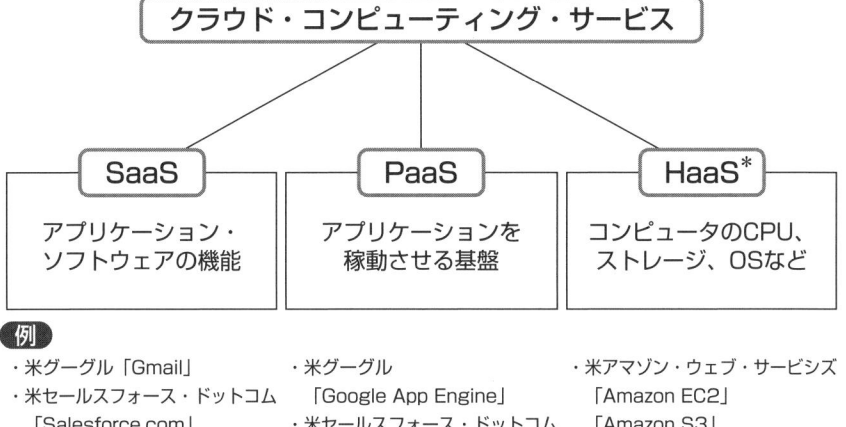

◆図表2　クラウド・コンピューティングのサービス範囲◆

＊IaaSと表わすこともある

するもので、パソコンのOSにあたると考えればよい。

　HaaS（Hardware as a Service：サービスとしてのハードウェア）は、メモリやCPUの機能などのコンピュータのハードウェアをレンタルで利用するものであり、IaaS（Infrastructure as a Service：サービスとしてのインフラストラクチャ）ということもある。

◆クラウド・コンピューティングに求められる通信環境

　図表1からもわかるように、世界中に散在するサーバやコンピュータ、ストレージ（蓄積装置）などとの間で自由にデータを転送する必要があるので、伝送コストが安いグローバルなデータ通信ネットワーク、すなわちインターネットの存在が前提となる。しかも、画像や映像のような情報量の大きいデータを転送するケースが増えてきたので、ネットワークのブロードバンド化が必須である。

　クラウド・コンピューティングの普及の背景には、ブロードバンド・ネ

15

ットワークの急速な発展がある。ネットワークが高速・高品質でなければクラウド・コンピューティングのサービスにうまくアクセスすることができない。

　ユーザの端末機器を"クラウド"につなぐには、**ADSL**や**FTTH**のようなブロードバンド・アクセス回線を利用すればよい。また、高速データ通信が可能な第3世代（**3G**：3rd Generation）以降の携帯電話も利用できる。WiMAX（ワイマックス）など新しい無線アクセス回線も登場している。とくに、クラウド・コンピューティングが普及すれば、"いつでも""どこでも"端末に関係なくサービスにアクセスできるようになるので、モバイルによるデータ通信の環境が重視されることになる。

　このように考えると、**図表1**に示したクラウド・コンピューティングは**図3**のように具体的に示すことができる。

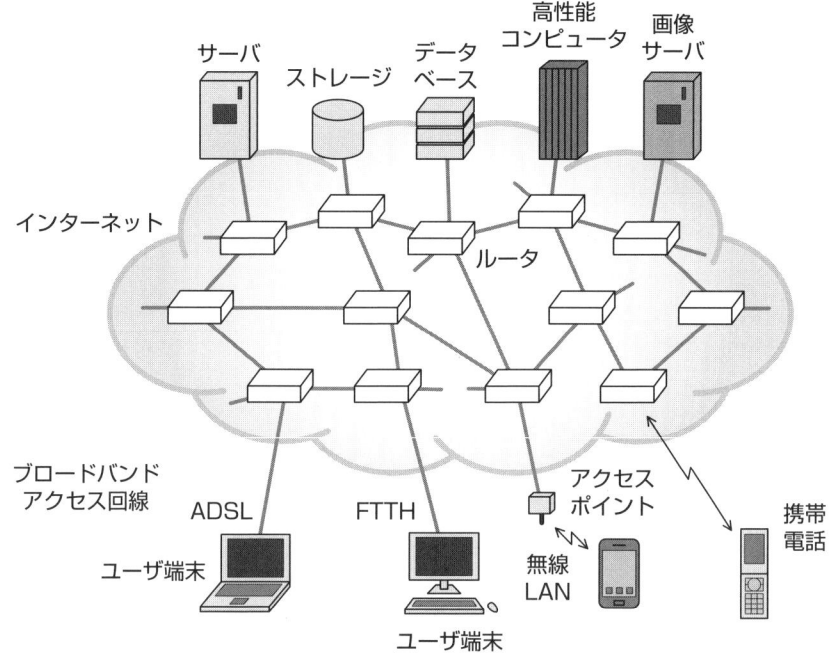

◆図表3　クラウド・コンピューティングの中身◆

② 無線通信が2010年代をリードする

　イタリア人マルコーニが無線通信を発明したのが1895年。それから百年余りで無線は私たちの生活に欠かせないものになった。ラジオやテレビの放送から携帯電話、SuicaやPASMOのようなカードなど、私たちは毎日のように無線のお世話になっている。

◆無線通信は私たちの想像以上に利用されている

　私たちが一番利用している無線（ワイヤレス）通信は、何といっても携帯電話だろう。その携帯電話が利用している無線は基地局との間の電波だけではない。今日、スマートフォンと呼ばれるまでに高機能化し、便利で使いやすくなった携帯電話は、**図表4**に示すようなさまざまな無線通信によって支えられている。

　もちろん、1台の携帯電話がこの電波をすべて利用しているわけではない。機種によって、これらの中から何種類かの無線通信を選んで利用し、多彩な機能を実現している。

　携帯電話に限らず、iPadのようなタブレット型の情報端末も、**図表4**に示した無線通信を利用している。

　携帯電話であれば、基地局との無線通信が基本だ。最近の携帯電話の使い方を見ると、音声による通話よりも、メールやネット接続などのデータ通信の利用が多くなっている。しかも、最近はとくに高速データ通信が求められ、携帯電話も高速伝送が可能な第3世代（**3G**）から第3.5世代（**3.5G**）が使われている。さらに、いっそうの高速化を進めた第3.9世代（**3.9G**）も始まった。

　高速データ通信という点では、携帯電話よりも無線LANのほうが有利だ。しかし通信距離が短く、利用できるのは屋内か、屋外の特定のスポットに限られる。そこで無線LANの高速性と携帯電話の広域性を兼ね備えた新しいモバイル通信として**WiMAX**が登場した。

◆図表4 スマートフォンの無線環境◆

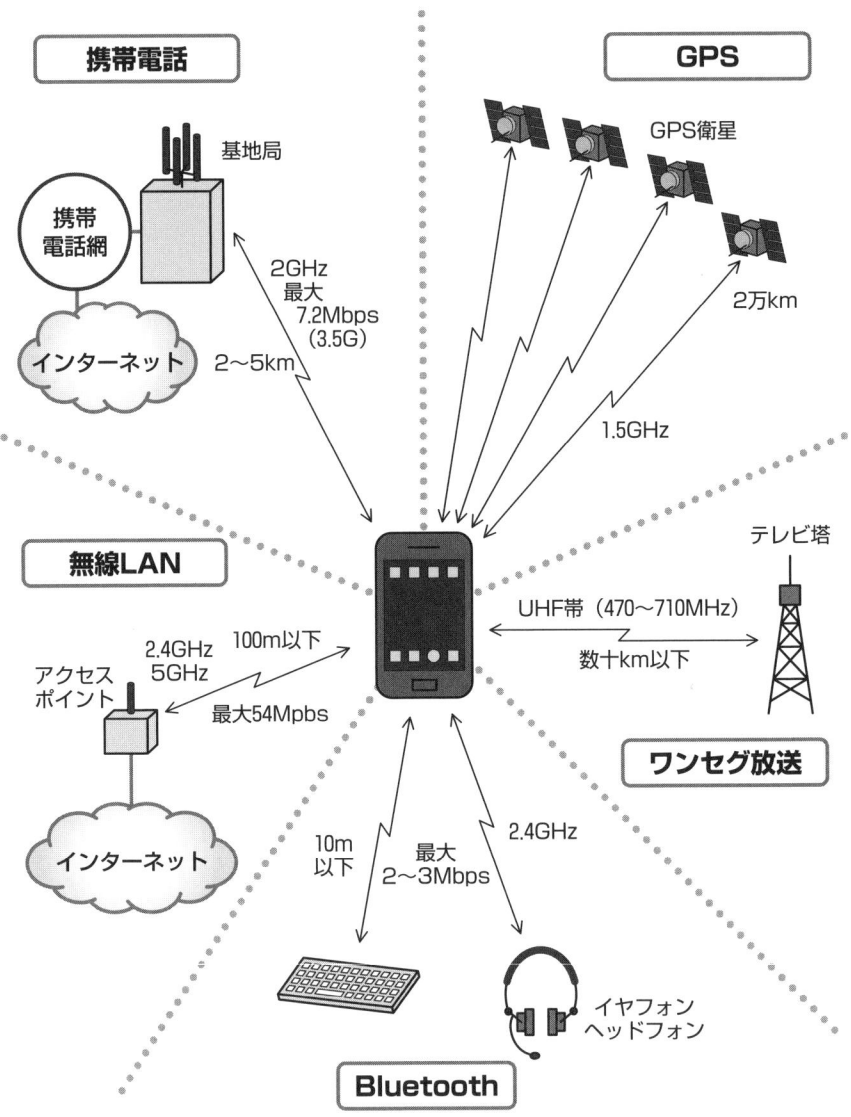

イヤフォンやヘッドフォン、キーボードなどと携帯電話機本体とを無線でつなぐBluetooth（ブルートゥース）もある。これは、通信距離が数m程度の超近距離無線通信である。

現在地を地図で確認したり、目的地までの道のりを地図や音声で案内してくれるナビゲーション機能は、GPS衛星からの電波を利用したものだ。

日本の携帯電話はワンセグ放送を受信できるものが多い。これは通信用の電波ではなく、地上デジタル放送と同じ周波数（UHF帯）の電波である。

このほかに、おサイフケータイも無線通信を使っている。これにはICカードが内蔵されていて、カードリーダとの間を微弱電波で10cm程度の距離でデータをやりとりするのだ。

◆4Gへと進化するワイヤレス・ブロードバンド

スマートフォンが使う無線通信からもわかるように、電波を使った無線データ通信が急速に高速化して、「ワイヤレス・ブロードバンド」と呼ばれるようになった。

これまでワイヤレス・ブロードバンドの主役は無線LANであったが、最近は3.5G以降の携帯電話も高速化が進み、さらにWiMAXや次世代PHSのように高速データ通信に特化した新しいモバイル通信も登場している。携帯電話でも高速化の傾向はこれからも続き、3.9Gからさらに高速化をめざした4Gへと進んでいる。無線LANでも同様にいっそうの高速化が進められている。大容量データの送受信や高画質画像などの受信を短時間で行なえるようにするには、無線通信でも光ファイバ並みの超高速伝送が求められるようになったのだ。

図表5は、このワイヤレス・ブロードバンドの高速化に向けた推移を示したものである。

現在は、数十Mビット／秒伝送であるが、数年後には100Mビット以上、さらには1Gビット／秒伝送も可能なモバイル高速データ通信が登場する見込みである。

また、最近の傾向として、10m以内の超近距離を無線で結ぶ方式が脚光

◆図表5　ワイヤレス・ブロードバンドの高速化◆

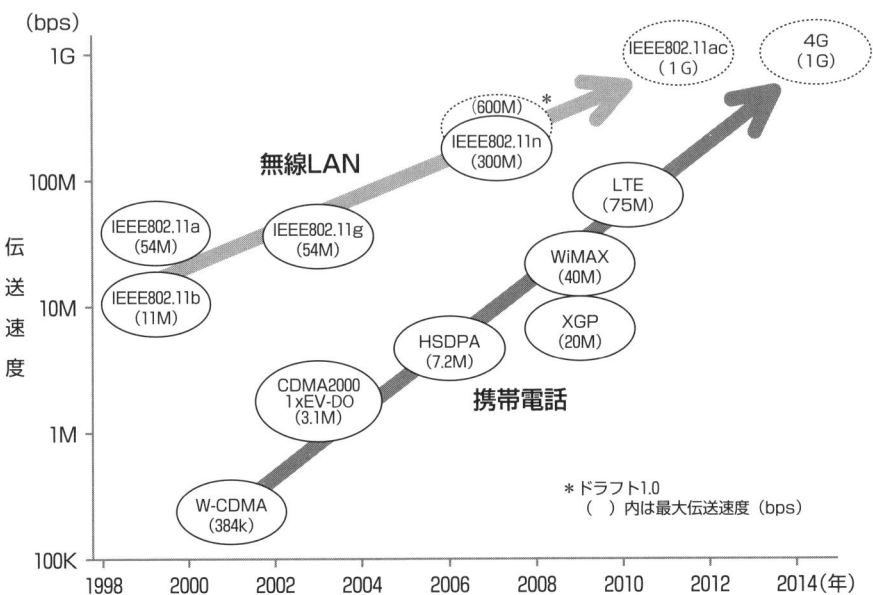

を浴びている。Bluetoothがその代表例であるが、伝送速度はまだ2～3Mビット／秒程度であり、ここでも光ファイバ並みの超高速伝送を行なう方式の開発が進められている。

3 快適な通信はブロードバンドから

　私たちが通信に利用する情報メディアは、音声から文字データやファクシミリ、静止画像、動画像（映像）と多様化が進み、それにともなってネットワークが転送する情報量も急激に増えてきている。

　ユーザがこれらの情報を快適に利用するには、**ブロードバンド回線**が必要になる。

◆どこからがブロードバンドなのか

　「ブロードバンド（Broadband）」とは「広い（Broad）帯域（Band）」、すなわち「広帯域」という意味である。帯域とは周波数帯域のことで、帯域が狭いか広いかはかなり主観的であいまいであるが、一般に音声は狭帯域、テレビ映像は広帯域とされる。

　デジタル通信では高速伝送／低速伝送のように伝送速度が高いか低いかで表現される。高速伝送というと信号が伝わる速度が速いと考える人がいるが、それは間違いだ。信号は電気か光で運ばれるから、その伝わる速度（伝搬速度）は一定で、空中では30万km／秒である。

　伝送速度は1秒間に送られるビット数のことで、単位は「ビット／秒」である。一定の情報量（ビット数またはバイト数）をもつ情報を送るのに、1秒間に送るビット数が大きければ、それだけ短時間でその情報を送り終えることができるから「高速伝送」というのである。

　デジタル信号を伝送するには一定の帯域が必要で、伝送速度と帯域はほぼ比例する。高速伝送は広い帯域、すなわちブロードバンドを使うので、高速伝送（または高速通信）とブロードバンド伝送（またはブロードバンド通信）とは同じ意味で用いられる。

　それでは、どこからがブロードバンドといえるのだろうか？　ブロードバンドの定義ははっきりしないが、一般にはテレビ映像を十分な品質で見ることができる伝送速度、つまり1.5Mビット／秒以上とされている。

◆図表6　いろいろな情報メディアの伝送時間◆

情　報	情報量の例（バイト）	伝送時間* （通信回線の伝送速度）			
		64kbps	1.5Mbps	100Mbps	1Gbps
新聞１ページ分の記事	29k	3.6秒	0.15秒	―	―
デジタルカメラ写真（JPEG）１枚	1M	125秒	5.2秒	0.08秒	0.008秒
デジタルカメラ写真（非圧縮RAW）１枚	24.7M	52分	129秒	2秒	0.2秒
音楽１曲（５分間）（MP3）	5M	10.4分	26秒	0.4秒	0.04秒
CDオーディオ	780M	27時間	68分	62秒	6.2秒
DVD映像	4.7G	6.8日	6.8時間	6.3分	38秒
ブルーレイディスク映像	50G	72日	72時間	1.1時間	6.7分

＊計算値。実際にはこの値より少し長くなる　　　　　　　　　　　　（bps：ビット／秒）
（参考）おもな通信回線の伝送速度

ISDN回線	64kbps
携帯電話（3.5G）	1Mbps程度（実際に使うときの平均的な値）
ADSL	数Mbps程度（条件により異なる）
光ファイバ（FTTH）	100Mbps

　図表6は、ある情報を送るのに、伝送速度によってどれくらいの時間がかかるかを示したものである。

　64kビット／秒は1980年代後半から90年代にかけて利用された**ISDN**（Integrated Services Digital Network：サービス総合デジタル網）の伝送速度で、文字・データ程度であれば問題ないが、画像などの伝送には遅すぎる。1.5Mビット／秒は初期の**ADSL**（Asymmetric Digital Subscriber Line：非対称デジタル加入者線）の伝送速度で、ブロードバンド回線の始まりである。3.5G携帯電話などのモバイル通信の実力値もこの程度である。100Mビット／秒は光ファイバを使う**FTTH**（Fiber-To-The-Home：光ファイバ）の伝送速度で、この程度になると大量の画像を含む情報にも問題なく対応できることがわかる。

序章　私たちをとりまく通信環境

◆主役が交代しつつ、ブロードバンドの普及は進む

　ネットワークもバックボーン系は光ファイバ伝送によるブロードバンド化が達成されたが、問題はユーザ宅とネットワークのノード（電話局など）を結ぶアクセス回線である。

　家庭でインターネットを快適に利用しようと思ったら、FTTH、ADSL、CATV（Community Antenna TelevisionまたはCable Television：有線テレビジョンまたはケーブルテレビ）回線、FWA（Fixed Wireless Access：固定無線アクセス）などのブロードバンド・アクセス回線を使わなければならない（**図表7**）。このうち、FWAは無線送受信装置のコストが高いこともあって、多数の回線を必要とする企業向けなどを除くと日本ではあまり利用されていない。

　図表8はわが国のブロードバンド契約者数の推移を示したもので、この図からブロードバンド・アクセス回線の利用動向を知ることができる。

　1990年代後半からはCATV回線の利用が始まったが、CATV自体の普及率が低いため、ブロードバンド・アクセス回線として利用数はそれほど多くない。

　90年代末からはADSLが使われ始め、既存の電話加入者線を利用してブロードバンド回線を実現できるとあって急速に普及が進んだ。とくに、2001年からは主要な通信事業者が競うようにADSLサービスを開始し、この年はブロードバンド元年と呼ばれている。このADSLはその後高速化が進み、低料金政策もあって需要が急速に伸びたが、電話局からの距離が遠くなると伝送速度が低下するなどの問題もあって、FTTHに乗り換えるユーザが増え、2006年をピークに契約数は減少し始めた。

　2008年3月にはFTTHの契約数がADSLを超え、その傾向は今日でも続いている。ブロードバンド・アクセス回線の本命は何といってもFTTHである。

◆図表7　いろいろなブロードバンド・アクセス回線◆

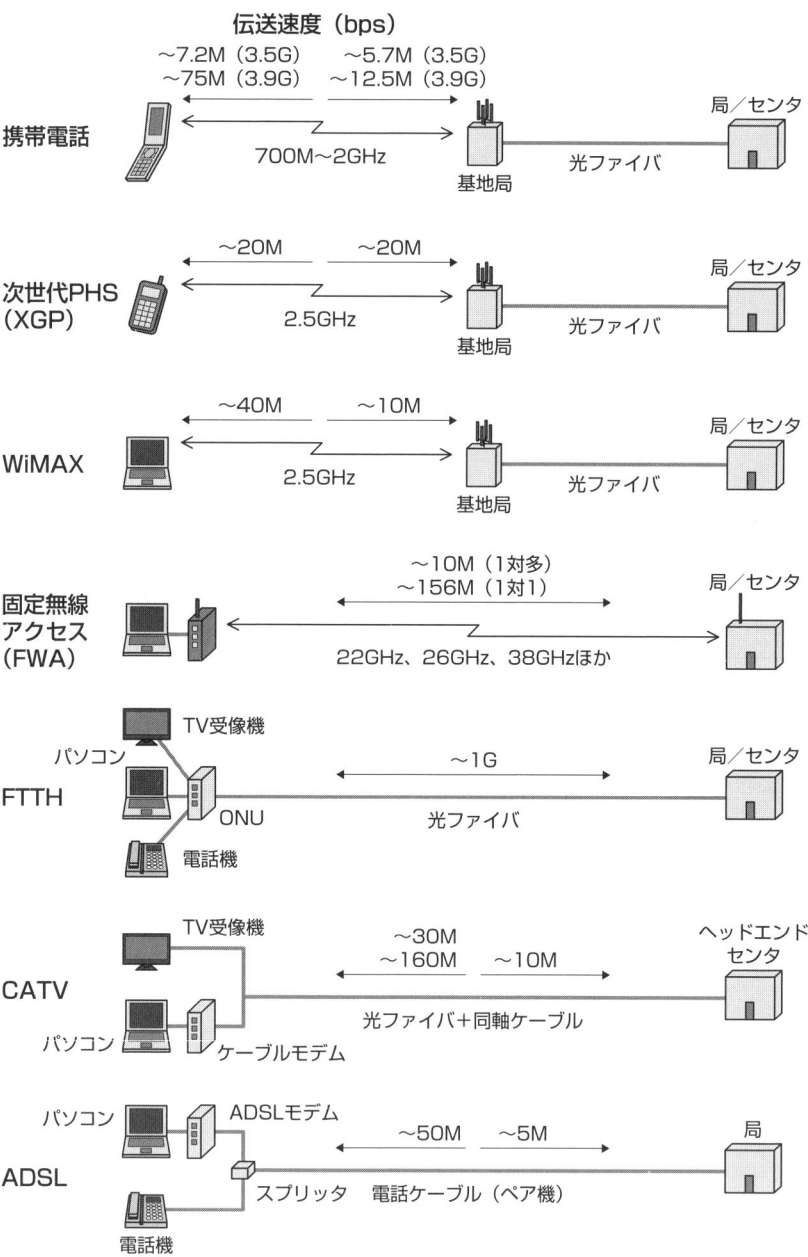

序章　私たちをとりまく通信環境

◆図表8　ブロードバンド契約者数の推移◆

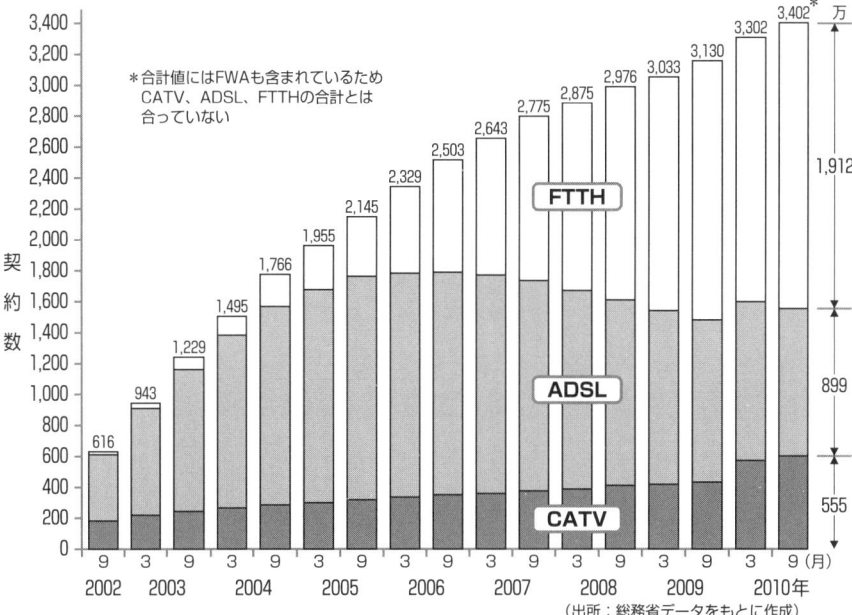

(出所：総務省データをもとに作成)

※2010年から統計のとり方が変わったため、2009年までの数値と少しずれが生じている。

第1章

ここまで来た新時代の通信

1 いつでも、どこでも欲しい情報を手に入れる
―カギを握るのはモバイル通信とインターネット―

　人は、「いつでも、どこでも、自由に欲しい情報を手に入れたい」と思うものだ。そして、今日ではそれがほぼ実現されている。そのカギを握っているのが携帯電話に代表されるモバイル通信であり、世界中に網の目のように張り巡らされたインターネットというネットワークである。

◆携帯電話は、ほぼ1人1台の時代になった

　携帯電話の普及は、それまでの通信の姿を根本から変えてしまったといえるだろう。どこにいてもすぐに相手を呼び出して話ができるだけでなく、何か調べたくなったらその場でネットにつないで知りたい情報を入手できるようになった。

　電話としての利用では、個人から個人への通信ができるようになったことが大きな特徴だ。従来の固定電話では、電話機は家に固定されているので、本人が家にいないと話ができなかったが、携帯電話ならばすぐに相手とつながる。わが国の携帯電話の契約者数は、PHSを含めると1億1900万を超え（**図表1**）、1人で何台も持っている人がいるにしても、ほぼ"1人1台"の時代になった。そのため「携帯電話にかければ必ず本人につながる」という便利さがこれまでになかった強みになっている。

　この携帯電話の使い方も、音声通話よりもインターネット接続（データ）のほうが多くなり、それにともなって高速データ通信が求められるようになっている。そのため、現在は高速伝送ができる第3.5世代（3.5G）の携帯電話の時代で、さらに2010年末にはより高速化を図った第3.9世代（3.9G）が始まった。

　携帯電話の機能もパソコン並みになり、**スマートフォン**と呼ばれる高機能な携帯電話が注目を集めている。そのねらいは、電話（通話）よりも高

速データ通信で、パソコンと同様に便利なネットサービスが使えるところにある。クラウド・コンピューティング時代を意識して開発された端末ともいえるだろう。とくに、大画面液晶のタッチパネルと強化されたウェブブラウザが大きな特長だ。パソコン用のウェブサイトが見やすく、ウェブアプリを利用しやすい。

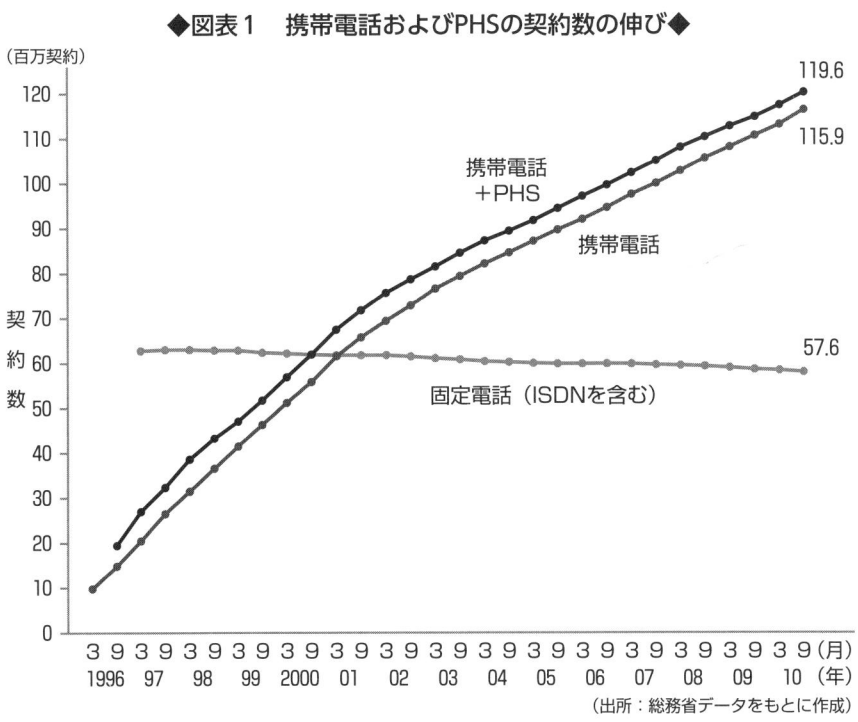

◆図表1　携帯電話およびPHSの契約数の伸び◆

(出所：総務省データをもとに作成)

　スマートフォンの高度な利用法の1つに「**拡張現実（AR：**Augmented Reality）」がある（**図表2**）。現実の世界の映像に関連するデジタル情報を重ね合わせて、ユーザの活動を支援するものだ。これは、「①スマートフォンのような高機能な携帯電話が持つGPS機能と電子センサにより、携帯電話の位置と向きを検出、②それをモバイル通信でインターネット上のサーバに送信、③サーバ側では送られてきたデータを元に関連情報を検索

◆図表2　拡張現実（AR）のしくみ◆

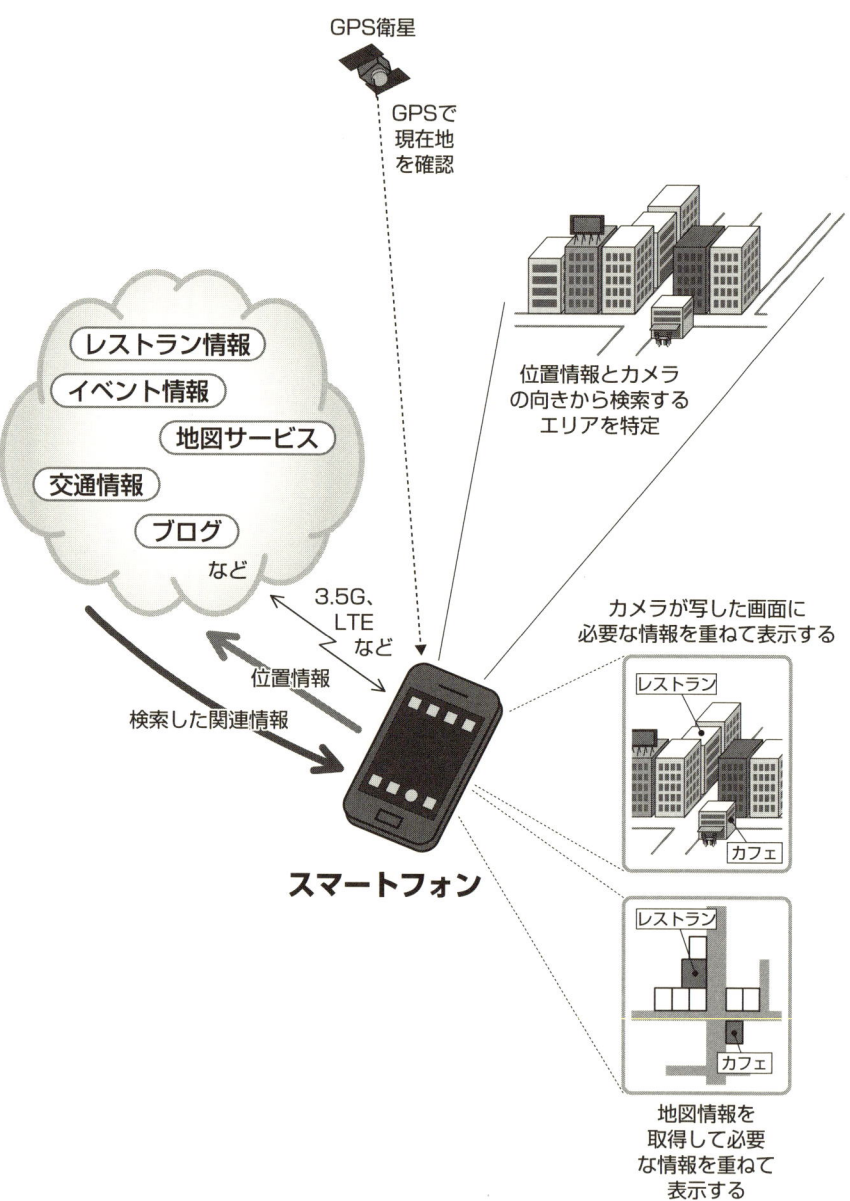

して返信、④それを携帯電話の画面に組み合わせて表示する」といったしくみである。まさに、モバイル通信とインターネットを組み合わせて、いつでも、どこにいても、必要な情報を入手して利用することができるというものだ。

モバイル通信は携帯電話だけではない。利用できる場所は限られているが、高速データ通信という点では無線LANもある。無線LANを広域ネットワークにしたようなWiMAXは、データ通信に特化した高速モバイル通信として利用できる。

◆さまざまな用途で世界を結ぶインターネット

情報を自由に送ったり受け取ったりするには、通信料金が安いことが前提だ。従来の電話は、利用した時間と距離に比例する形で料金が増えていく従量制料金だったが、インターネットは「月額一定の料金を払っておけば、あとは使い放題」という定額制料金である。このようなインターネットの普及がなかったら、今日のように情報を自由に利用することはできなかったはずだ。

インターネットの特徴は、ネットワークは信号(パケット)を送るだけで、何に使うか(アプリケーション)はパソコンに入れたソフトウェアで決められることだ。そのため、**図表3**に示すように、インターネットをいろいろな用途に合わせて、自由に利用することができる。

携帯電話と違って、インターネットは国を意識しないで利用できるグローバルなネットワークである。その最大の特長は「データの伝送コストが安い」ことで、たとえ地球の裏側からデータを送ってきても通信料金を気にしないですむことである。そのため、世界中の相手と自由に情報をやりとりし、世界のどこからでも自由に情報を入手することができるようになった。

インターネットを利用するには、パソコンなどの端末機器をインターネットのアクセス回線に接続し、必要な**アドレス番号**などを登録すればよい。このアドレス番号は端末機器に付いているので、端末を外して別の場所の

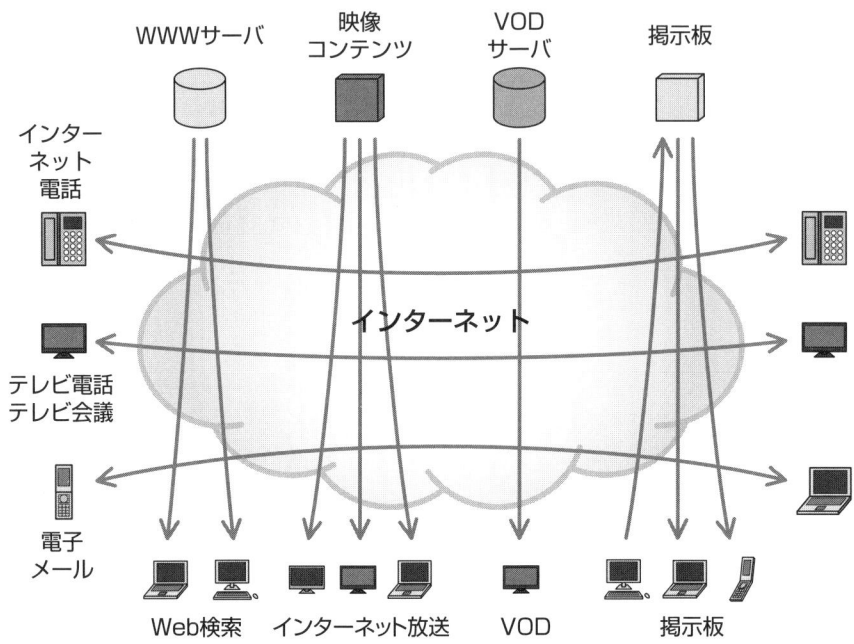

◆図表3　インターネットはさまざまな通信に利用できる◆

アクセス回線につないでも同じように利用することができる。固定電話の電話番号は電話機ではなくアクセス回線（正確にはアクセス回線がつながっている交換機の端子）に付いているので、電話機を外して持ち歩くと同じ電話番号では利用できないこととは大きな違いである。ネットワークを利用するために必要なアドレス番号は、携帯電話と同様に、インターネットでも端末機器を使う「人」に付いていて、どこででも利用できるということになる。

　このように考えると、「欲しい情報をいつでも、どこでも」というのは、インターネットがあって初めて可能になったということがわかる。

第1章　ここまで来た新時代の通信

2 スマートフォンにみる携帯電話の進化
―データ通信の高速化と携帯端末の高機能化―

　iPhoneの大ヒットに刺激されて、携帯電話各社もスマートフォンを次々に市場に投入し始めた。スマートフォンを一言でいえば「高機能な携帯電話」である（**図表4**）。

◆図表4　スマートフォンの特長◆

性能・機能・操作性の強化	ネット連携を重視
・タッチパネル ・コンテンツ管理機能 ・汎用OS ・GPS対応 ・電子コンパス	・音楽・写真・動画のダウンロード ・オンライン・コンテンツへのアクセス ・コミュニケーション機能

　豊富なアプリ（ソフトウェア）、インターネットの利用、タッチパネルによる使いやすいユーザ・インタフェースなど、携帯端末としてのデザイン性にも特徴があるが、スマートフォンが高機能であることを支えているのは「高速データ通信」と「高い処理能力」である。

◆パソコンと同じようにアプリで拡張できるスマートフォン

　スマートフォンの「高い処理能力」は、小型・高性能のCPUと大容量

のメモリを搭載し、汎用OSを使うことで実現している。それまでの携帯電話は独自のOSを使っていて、OSのバージョンアップは行なわないので、追加アプリの利用範囲も限られていた。新機能や新サービスへの対応は新機種への買い替えが前提という家電的な発想である。一方、汎用OSを使うスマートフォンは積極的にOSを更新し、追加アプリで機能を付加して新機能や新サービスに対応できるというパソコン的な発想でつくられている。つまり、パソコンと同じように「アプリケーションで機能拡張・進化ができること」に特長があり、ネット上のサービスと連携してさまざまなニーズに対応することができる。

　このようにスマートフォンの使い方は、携帯電話というよりもパソコンに近い。しかもパソコンよりも起動が速く、携帯電話より操作性が良いことが大きな強みである。

　「高速データ通信」は、インターネット接続を前提とするスマートフォンにとって必須の機能であり、18ページの**図表4**に示したように、第3.5世代（3.5G）の携帯電話と無線LANを組み合わせて利用することで実現している。

　3.5G携帯電話の**HSDPA**では最大伝送速度は7.2Mビット／秒（下り）であるが、無線LANを使えば最大54Mビット／秒の高速伝送を利用できる。ただし、無線LANを利用できるのは、オフィスなどの構内か屋外でも空港や駅、ホテル、カフェなど人の集まるホットスポットに限られる。これに対して3.5G携帯電話は、伝送速度が無線LANより低いが、ほぼ全国どこでも利用できるという強みがある。そこで、無線LANが使えるエリアではこれで高速伝送を行ない、外出先など無線LANが使えないところでは携帯電話を利用するという使い分けができる。

　GPSによる位置測定と電子コンパス（**図表5**）による方向の検出もスマートフォンの特長であり、高速データ通信を利用したネット接続と組み合わせて多彩な利用法が生まれている。30ページの**図表2**に示した拡張現実もその1つである。

　スマートフォンは音楽／映像プレーヤーとしても優れた機能を持つもの

が多く、音楽や映像をダウンロードするのに高速回線を利用できることが重要である。

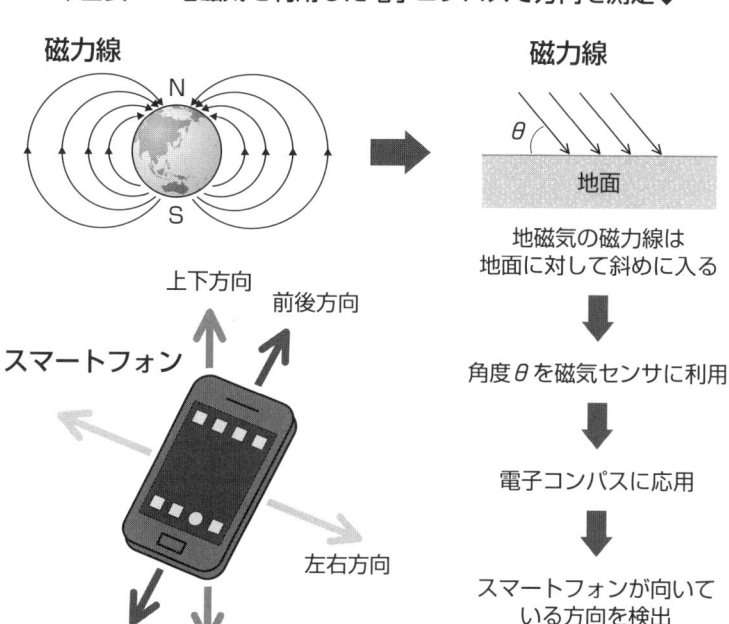

◆図表5　地磁気を利用した電子コンパスで方向を測定◆

◆世代ごとに進化し続ける携帯電話

　このような携帯電話の高機能化はどのようにして始まったのだろうか。携帯電話は、使用する技術に対応して「世代（Generation）」で分けられる（図表6）。

　第1世代（1G）はアナログ方式の自動車電話で、端末が小型化して携帯電話になっても音声通話のみであり、データ通信には利用できなかった。

　データ通信ができるようになったのはデジタル方式になった第2世代（2G）からで、本格的な利用は第2.5世代（2.5G）からである。固定電話回線を使う高速モデム（最大33.6kビット／秒）と同程度の伝送速度でデー

◆図表6　携帯電話の世代◆

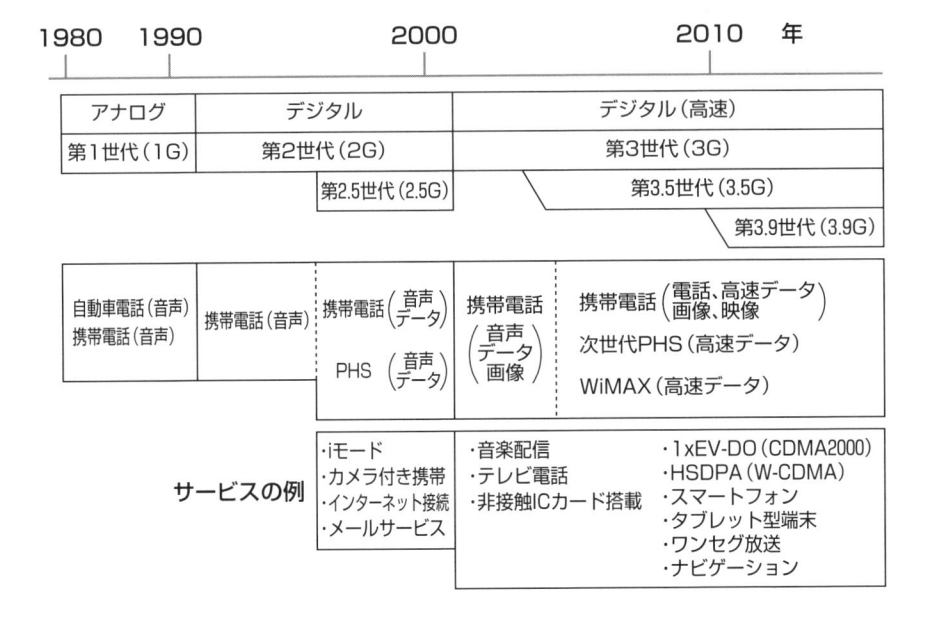

年代	1980	1990	2000	2010
方式	アナログ	デジタル		デジタル（高速）
世代	第1世代（1G）	第2世代（2G）	第2.5世代（2.5G）	第3世代（3G） / 第3.5世代（3.5G） / 第3.9世代（3.9G）

端末・サービス				
自動車電話（音声） 携帯電話（音声）	携帯電話（音声）	携帯電話（音声／データ） PHS（音声／データ）	携帯電話（音声／データ／画像）	携帯電話（電話、高速データ、画像、映像） 次世代PHS（高速データ） WiMAX（高速データ）

サービスの例
- iモード
- カメラ付き携帯
- インターネット接続
- メールサービス

- 音楽配信
- テレビ電話
- 非接触ICカード搭載

- 1xEV-DO（CDMA2000）
- HSDPA（W-CDMA）
- スマートフォン
- タブレット型端末
- ワンセグ放送
- ナビゲーション

タ通信を利用できるようになった。PHSが登場したのもこの頃で、（当時としては）データ通信が高速という特長があった。

　この当時の使い方は、パソコンを携帯電話やPHSにケーブルで接続して、外出先でもデータ通信を利用できるという程度のものであった。

　スマートフォンの原点は、1999年に登場した「iモード」および2000年に発売された「カメラ付き携帯電話」にあるといえる。

　「iモード」は、携帯電話で利用できるインターネット接続サービスで、携帯電話から直接電子メールの送受信やホームページの閲覧ができるようになった。

　「カメラ付き携帯電話」は、単に携帯電話とデジタルカメラを合体させただけではなく、「撮影した画像をそのまま電子メールで送信し、受け取った相手は直ちに携帯電話機でその画像を見る」という使い方が一般的になった。今日では、カラー液晶画面でサイズも大きくなり、動画像（映像）も携帯電話で見られるようになったが、その始まりはカメラ機能付きの携

帯電話である。

「iモード」も「カメラ付き携帯電話」も日本で始まったものである。当時、海外では携帯電話は通話とショートメッセージしか使えないのが一般的で、「このような日本の携帯電話は、独自仕様ながらすでにスマートフォンではないか」といわれたほどである。

◆第3世代の携帯電話

　携帯電話も「音声通話が主体で、ついでにデータ通信もできる」という時代は終わり、音声、写真、動画、音楽などを含むマルチメディア対応にすることが必要になった。第3世代（3G）はこのような背景の元に開発されたもので、そのねらいはデータ伝送速度の高速化である。

　日本の2G携帯電話は、NTTが独自に開発したPDC方式で、「世界の標準とはかけ離れた方式だったために国際的に孤立してしまった」という反省から、3Gでは国際標準の**W-CDMA方式**を採用した。しかし、3Gのもう1つの国際標準には**CDMA2000方式**があり、日本では、NTTドコモとソフトバンクモバイルがW-CDMAを、KDDI（au）がCDMA2000を採用したため、両者の2本立てになっている。

　3Gのもっとも大きな特長は、通話だけでなく、電子メールやインターネットを快適に利用できることだ。そのため、データ伝送速度の高速化に向けた競争が激しく、第3.5世代（3.5G）から第3.9世代（3.9G）へと進んでいる。

3 インターネットの基本技術を押さえておく
――データは得意だが、電話は苦手――

インターネットは**パケット**（小包）で信号を送るネットワークである。データ信号を一定のビット数ごとに分割し、それにアドレス（荷札）を付けてパケットという形にして送る方法で、長いデータを送っている間も回線が占有されることがなく、また必ずしも同一ルートを通らなくても、アドレスによって受信側で元のデータに再生できるので、コンピュータ間の通信は飛躍的に効率が向上する。さらに、パケット通信はコンピュータ通信（データ通信）に限らず、今日では音声や映像信号の伝送にも使われるまでに発展している。

◆コネクション型とコネクションレス型

インターネットを考える前に、まず電話網のしくみを見てみよう。

電話網は、**図表7**に示すように、交換機がダイヤルされた番号に従ってスイッチをつなぎ、発信側から着信側まで1本の回線をつくって信号を送る。この回線は送信側と受信側との間で占有され、かつ周波数帯域（単に帯域という）が決まっているので、その帯域内の信号であれば確実に相手まで届く。「周波数帯域」の代わりに「伝送速度」と置き換えても差し支えない。

このように、発信側と着信側の間にはコネクション（接続）ができているので、この通信形態を**コネクション型通信**という。そして回線の帯域が決まっているので**帯域保証型**である。帯域保証型であれば、送った信号は問題なく確実に相手まで届くので安心である。

これに対してインターネットは、**図表8**に示すように、ルータが次々にパケットを転送して相手まで届けるというしくみである。ルータはパケットのアドレスを見て、そのつど次のルータへ送るだけで、交換機のように1本の回線をつくらない。パケットが通る経路は一定ではなく、また同じ

◆図表7　交換機がスイッチをつなぐ電話網の構成◆

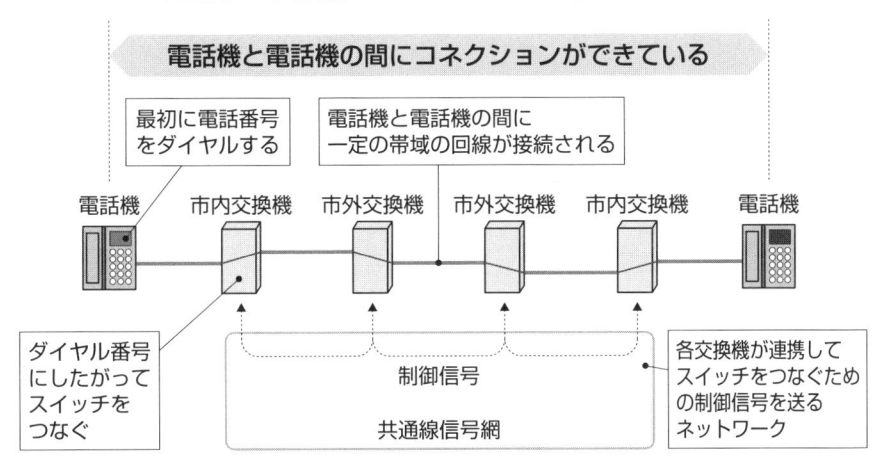

電話機と電話機の間にコネクションができている

- 最初に電話番号をダイヤルする
- 電話機と電話機の間に一定の帯域の回線が接続される

電話機　市内交換機　市外交換機　市外交換機　市内交換機　電話機

- ダイヤル番号にしたがってスイッチをつなぐ
- 制御信号／共通線信号網
- 各交換機が連携してスイッチをつなぐための制御信号を送るネットワーク

◆図表8　ルータがパケットを転送するインターネットの構成◆

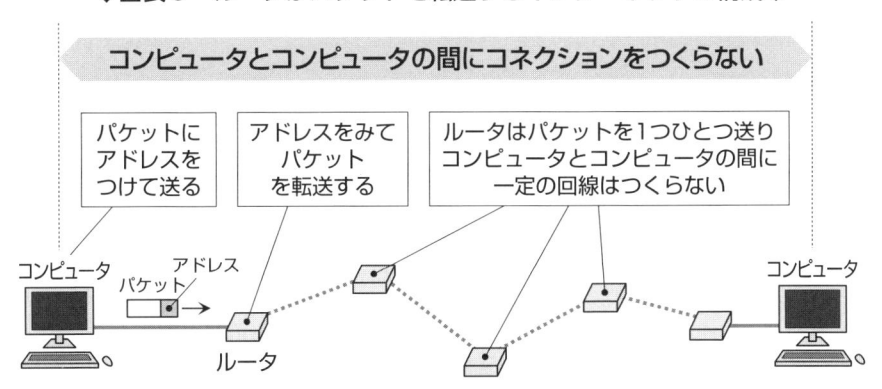

コンピュータとコンピュータの間にコネクションをつくらない

- パケットにアドレスをつけて送る
- アドレスをみてパケットを転送する
- ルータはパケットを1つひとつ送りコンピュータとコンピュータの間に一定の回線はつくらない

コンピュータ　パケット　アドレス　ルータ　　　　　　　　　　　　　コンピュータ

経路に行き先の違うほかのパケットも混在して送られる。

　このように、発信側と着信側の間にはコネクションをつくらないで信号（パケット）を送るので、この通信形態を**コネクションレス型通信**という。コネクションがないので帯域を決めることができず、ユーザから見るとネットワークの混み具合によって高速で信号を送れたり低速でしか送れなかったりするので、**帯域変動型の通信**になる（図表9）。

　これをユーザからみると、条件が良ければ高速伝送ができるが、条件が

◆図表9　ネットワークの混み具合によって伝送速度が変動する(帯域変動)◆

(a)　ネットワークが空いていれば多数のパケットを送ることができる：高速伝送

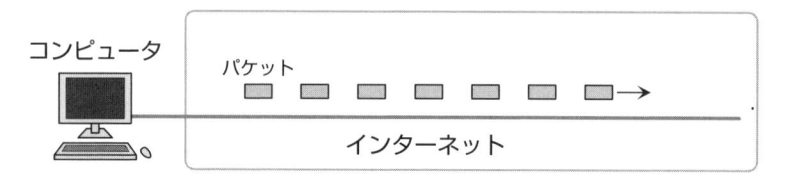

(b)　ネットワークが混んでいると少数のパケットしか送ることができない：低速伝送

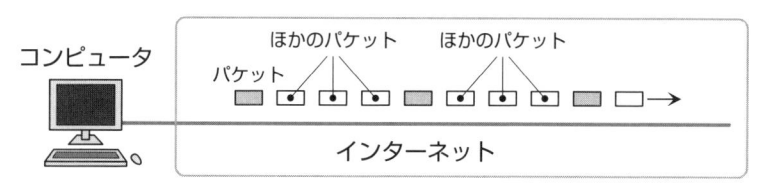

悪くなると低速伝送しかできないということになる。これが**ベストエフォート型通信**で、インターネットの代名詞のようになっている。

◆ "いい加減さ"がインターネットの安い理由

　図表7に戻って、コネクションをつくるには、途中の交換機がすべて連携をとってスイッチをつなぐ必要がある。そのため各交換機に制御信号を送るための**共通線信号網**が必要になるなど、ネットワーク・コストが高くなってしまう。

　ところが、インターネットはルータが単独で動作すればよく、ネットワークは簡単で共通線信号網などは不要である。帯域を保証するための余分な設備も要らない。そのためネットワーク・コストを低く抑えることができるのである。

　さらに信号の送り方にも特徴がある。

　電話網では、電話をかけて相手につながったらその通信回線を占有して使用する。そのため、通話をしている間は別の電話がその回線を使用することはできない。これが**回線交換方式**である。

これに対して、インターネットが採用している**パケット通信方式**では、パケットを送っている間だけ回線を使用し、回線交換方式のように回線を占有することはない。そのため、パケットとパケットの間に別の通信のパケットを入れて送ることができ、回線の使用効率が高くなる。その結果、パケットの伝送コストを大幅に下げることができる。

　電話の料金は通話時間（回線を占有している時間）と距離に応じて課金する従量制料金であるが、インターネットの料金は時間や距離に無関係に一定額を払う定額制料金になっているのはこのような理由からである。

　「インターネットでは送った信号の90％くらいしか相手に届かない」といっても信じてもらえないかもしれない（この数値はわかりやすく説明するための一例で、実際とは異なる）が、つまり、「届かなかった残りの10％は送り直せばいい」という発想だ。これで99％が届く計算になり、残りの1％はまた送り直す。これを繰り返していけば、最終的にはほぼ100％の信号が相手まで届くことになる。

　電話網では、1回で100％の信号が相手まで届くように設計され、つくられている。この10％の差はネットワーク・コストでは何倍、何十倍にもなってしまう。

　このように、インターネットはかなり"いいかげんな"ネットワークと

◆図表10　インターネットにおけるパケットの再送制御◆

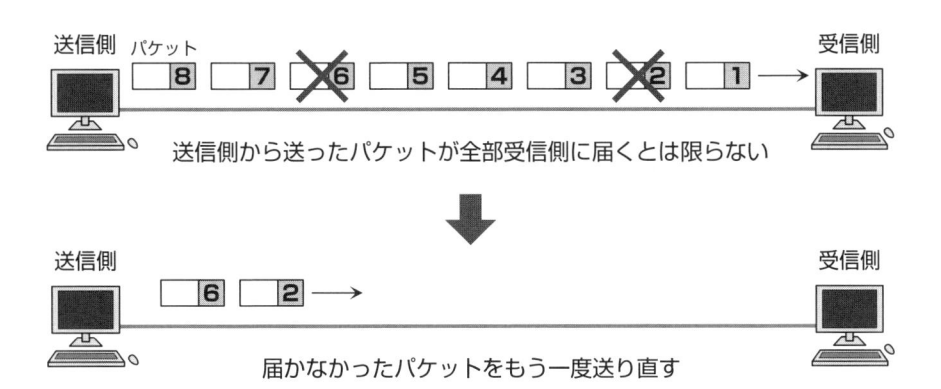

いえるが、それだけ安くつくれるということだ。もちろん、届かなかった信号を送り直すのは端末同士で自動的に行なうしくみ（**再送制御**）があるので（**図表10**）、ユーザの手をわずらわすことはない。ただ、この再送には多少の時間がかかるので、電子メールやウェブ検索のように遅れが気にならない場合はこれでいいが、電話のように転送遅延が問題となる場合は別の対策が必要になる。

◆たくさんのネットワークがつながってできている

　インターネットの便利なところは、コンピュータを通信回線で最寄りの拠点のルータに接続すれば、そこから先はルータを経由しながらほかのコンピュータと自由に通信できるようになることだ（**図表11**）。

　このようにして拠点を次々につないでいくことにより、世界中に広がるインターネットができた。実際には、プロバイダがローカルなネットワークをつくり、プロバイダのネットワーク同士を相互に接続していくことでインターネットが形成されている（**図表12**）。

◆図表11　インターネットのしくみ◆

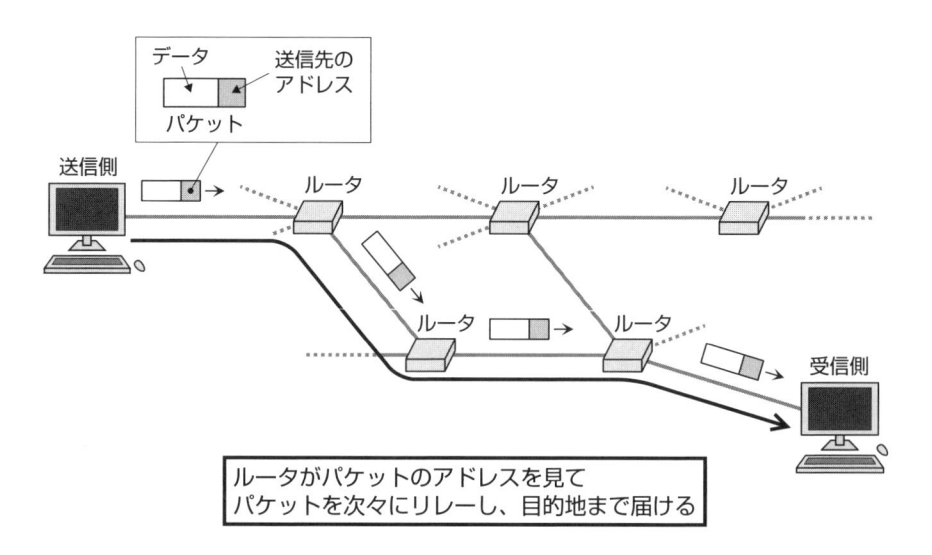

◆図表12　インターネットの形成◆

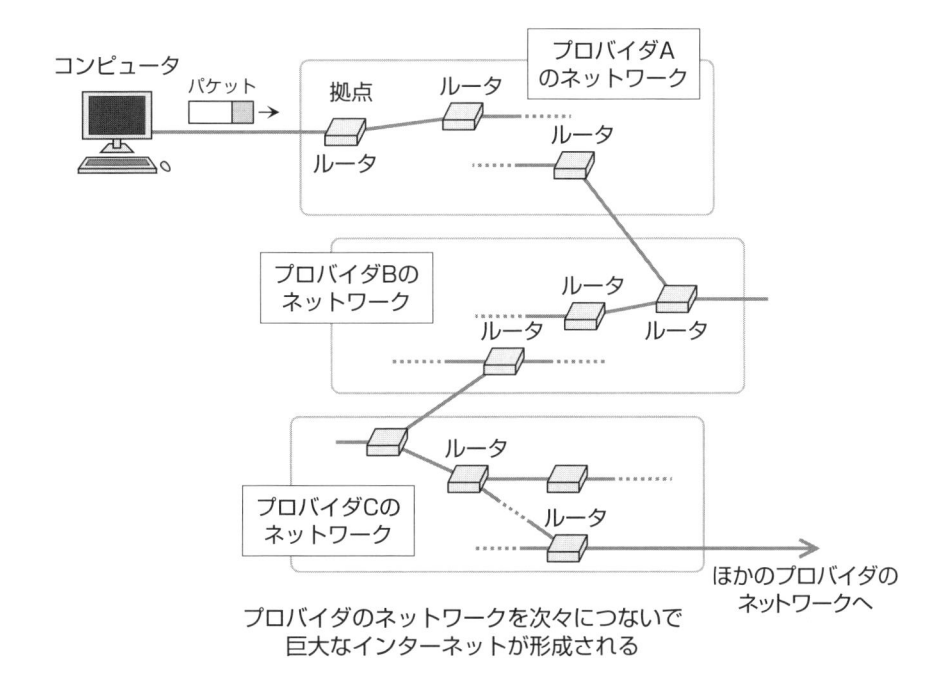

```
コンピュータ　パケット→　拠点　ルータ　プロバイダAのネットワーク
　　　　　　　　　　　　ルータ　　　　　ルータ
　　　　　　　プロバイダBの　　　　　ルータ
　　　　　　　ネットワーク　　　ルータ　　　ルータ
　　　　　　　　　　　　　　ルータ
　　　　　　　プロバイダCの　　ルータ
　　　　　　　ネットワーク　　　　　ルータ
　　　　　　　　　　　　　　　　　　　　　　→ほかのプロバイダのネットワークへ
```

プロバイダのネットワークを次々につないで
巨大なインターネットが形成される

　このローカルなネットワークには、企業や官公庁、大学などの大組織がつくった社内ネットワークもある。新しいネットワークでも、既存のネットワークとどこか1カ所でも接続すれば、世界中と通信できるようになる。このようにして、インターネットは世界規模のネットワークへと発展したのだ。

　ところが、このようなネットワーク全体を管理しているところはどこにもない。パケットを隣のルータまで送るだけで、その先のことはまったくわからず、"あとは野となれ山となれ"式の無責任な通信方式である。そのため、途中に回線容量が足りない区間が1つでもあると、十分な伝送速度がとれないのでパケットの転送遅延が増えたり、悪い場合にはパケットが相手まで届かない可能性もある。「インターネットは品質が良くない」「信頼性が低い」などといわれることがあるのはこのためである。

4 IPが拓く次世代ネットワークへの道

― IPネットワークで必要な品質を確保する ―

インターネットの登場が通信ネットワークに革命を起こした。従来の交換機を使った電話網に代わって、インターネット技術を応用したIPネットワークがこれからのネットワークになる。

◆これからのネットワークはIPになる

　NTTのような昔からの通信会社は、長い間、電話網を使って電話を中心とするサービスを提供してきた。この電話網は、交換機が相手までの回線を接続して十分な回線容量を確保できるように全体を管理・運営しているため、一定の品質が保たれる安全・確実なネットワークである。ところが、コンピュータの普及にともなうデータ通信の需要が増えてきたため、これまでのネットワークではうまく対応できなくなってきた。

　そこで、インターネットの低コスト性と柔軟性に着目し、インターネット技術を用いた独自のネットワークを構築するようになった。インターネットは品質や信頼性に問題があるとされてきたが、通信会社が責任を持ってみずから設計・構築し、管理・運用できれば、従来の電話網と同等の品質と信頼性をもつネットワークとすることができる。これが**IPネットワーク**である（**図表13**）。

　IPとはインターネット・プロトコル（Internet Protocol）の略で、インターネットで用いられている通信の方法を意味するから、厳密にはインターネットもIPネットワークに含まれるが、一般にはIPネットワークは通信会社がつくったネットワークを指し、インターネットとは区別して使うことが多い。

　すでにIPネットワークを使った電話が始まっている。通信会社は「ひかり電話」などの名称でサービスしているが、アクセス回線に光ファイバを

第1章　ここまで来た新時代の通信

◆図表13　インターネットとIPネットワークの違い◆

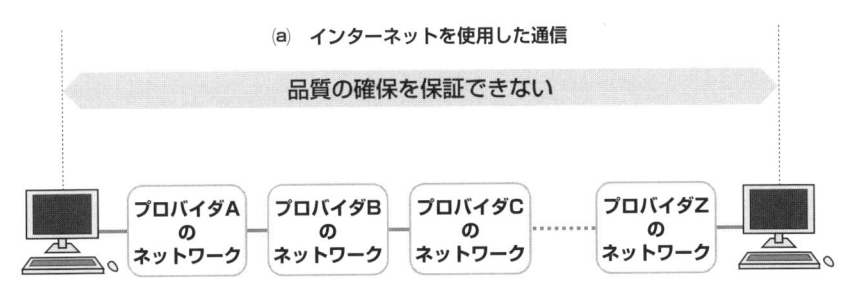

(a) インターネットを使用した通信

品質の確保を保証できない

プロバイダAのネットワーク — プロバイダBのネットワーク — プロバイダCのネットワーク — … — プロバイダZのネットワーク

プロバイダのネットワークのどれか1つでも品質が悪いと
全体の品質が悪くなる

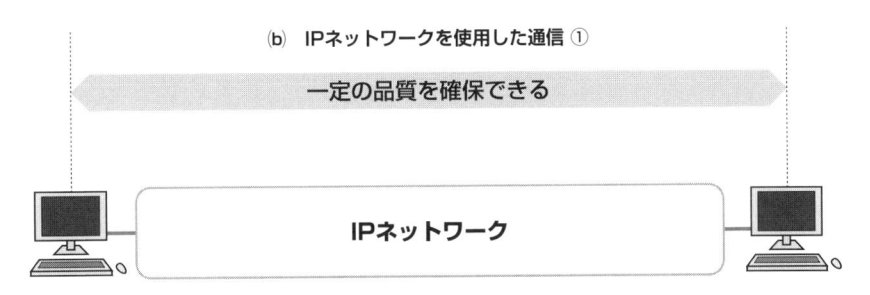

(b) IPネットワークを使用した通信①

一定の品質を確保できる

IPネットワーク

IPネットワークは通信会社が1社で
運用・管理するので、一定の品質を確保できる

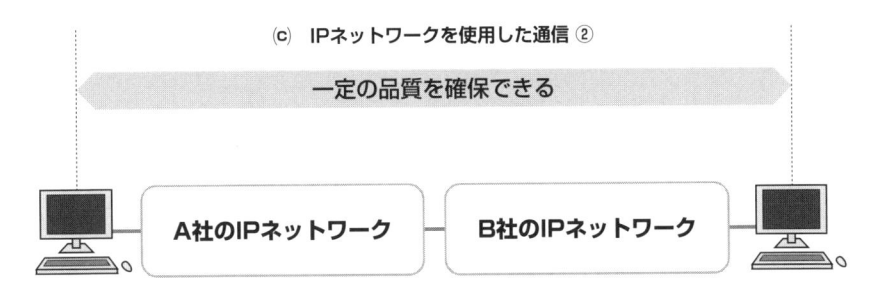

(c) IPネットワークを使用した通信②

一定の品質を確保できる

A社のIPネットワーク — B社のIPネットワーク

2つ以上のIPネットネットワークを接続しても
それぞれが一定の品質を確保しているので、
全体でも一定の品質を確保できる

使っているから「ひかり」と名付けているだけで、中身はIP電話である。利用してみると、従来の加入電話とまったく品質に差はない。

　IPネットワークの中では、電話の音声信号とコンピュータのデータ信号などが混在して送られている。ところが、データ通信に比べると電話はとくに遅延時間が短いことが求められるなど、品質に対する要求条件が厳しい。そこで、音声のパケットには優先符号をつけて、ルータでほかのパケットより先に送るようにする。これが優先制御（133ページを参照）で、電子メールのように遅延時間が少し大きくても問題がないパケットを待たせておき、電話音声のように遅延時間を短くしたいパケットを優先して転送するのである。これにはルータが優先制御の機能を備えていることが必要で、通信会社が構築したIPネットワークでなければ実現できない。

　一般に、このように一定の品質を確保するための手法を**QoS**（サービス品質）制御と呼んでいる。

　NTT東西は2015年をめどに電話をすべてIP電話にすると公表している。さらに、携帯電話でも第4世代（4G）は全面的なIP化を目指していて、IP携帯電話にする計画である。

◆次世代ネットワーク「NGN」

　NGN（Next Generation Network：次世代ネットワーク）は、電話・データ・画像など多彩な情報メディアを支える次世代の情報通信ネットワークである。それには多彩な情報信号を効率よく低コストで転送できるIPネットワークをベースとし、大容量・超高速伝送が可能な光ファイバ伝送でネットワークを構築する。そして、音声（電話）、データ（インターネット）、映像、携帯（モバイル）という4種類のサービスを1つのネットワークで提供できるようにする（**図表14**）。

　このような多彩な通信サービスに必要な品質について、従来のインターネットを利用していたベストエフォート型で十分なものもあるが、電話のように遅延時間が短いことが必要な通信、映像配信のようなリアルタイム性が要求される通信などもある。これらに必要な品質はQoS制御で確保し、

第1章　ここまで来た新時代の通信

◆図表14　NGNのねらい◆

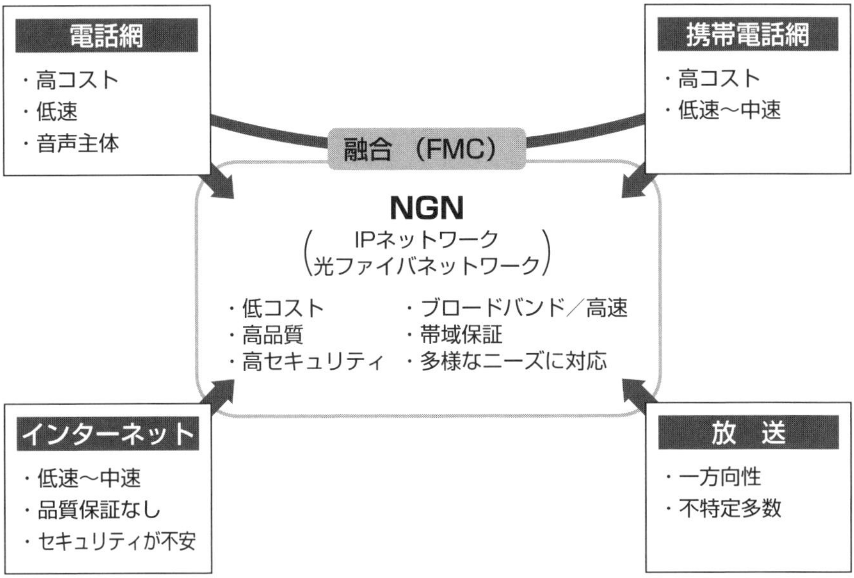

電話網		携帯電話網
・高コスト ・低速 ・音声主体	融合（FMC） **NGN** （IPネットワーク／光ファイバネットワーク） ・低コスト　・ブロードバンド／高速 ・高品質　　・帯域保証 ・高セキュリティ　・多様なニーズに対応	・高コスト ・低速〜中速
インターネット ・低速〜中速 ・品質保証なし ・セキュリティが不安		**放送** ・一方向性 ・不特定多数

従来と同じ音声通話や高精細映像の配信ができるようにする。

　さらに回線ごとに割り当てられた発信者IDをチェックし、またネットワークの入り口でなりすましや不正アクセスをブロックする機能を具備するなど、セキュリティ確保対策も行なう。

　携帯電話などのモバイル通信も、NGNを使うことによって「固定とモバイルの融合（**FMC**：Fixed Mobile Convergence）」が実現する。FMCは１つの端末機器を固定通信とモバイル通信において、いつも同じ（電話）番号で使えるようにするものである。

　NGNはあくまでもネットワーク基盤であり、いろいろなアプリケーションはこの基盤の上に構築される。そのため、アプリケーションを実現するためのインタフェースを多数用意して標準化し、これを公開して誰でも利用できるようにするのが基本である。

5 電気から光へ〜ブロードバンド通信のカギを握る

―光ファイバで光の信号を伝送する―

通信も放送も、最初から電気の信号で情報を送っていた。ところが1970年代になって、光を細いガラス繊維の中を通して伝送する技術が開発され、一気に光通信時代に突入した。光を使って信号を伝送するほうが、大量の情報を安く伝送できるからである。

◆通信になぜ光を使うの？

「光も電波（正確には電磁波）も同じものだ」といったら、みなさんは驚くかもしれない。実は、電波の周波数をどんどん高くしていくと光になるのだ。これを示したのが図表15である。

電波は周波数または波長で表される。これまでは電波を使って通信や放送を行なってきた。私たちが利用している周波数の高い電波は、携帯電話が2GHz、衛星放送が12GHz、固定無線アクセスに22GHz、26GHz、38GHzなどがあるが、それ以上は電波天文や特殊な用途にしか使われていない。電波法という法律では、電波は周波数が3THz（テラヘルツ）以下の電磁波とされている。

1970年代後半に光通信が実用になり、光を通信に使う道が拓かれた。光通信に使う光は、図表16に示すように波長が1.3〜1.6μm（ミクロン）程度の長波長帯で、周波数に換算すると約200THzとなって、私たちが利用しているもっとも高い周波数のおよそ5000倍にも達する。

周波数は波の山と谷が1秒間に何回繰り返されているかを示したものである。情報はその波の変化で表されるから、周波数が高い電波や光を使うほど大量の情報を送ることができることになる。だから大量の情報を扱うブロードバンド通信には、もっぱら光伝送が使われるのである。

ところが、光を電波のように空中を伝搬させて使うのはむずかしい。よ

◆図表15　電波と光の波長による区分と主な用途◆

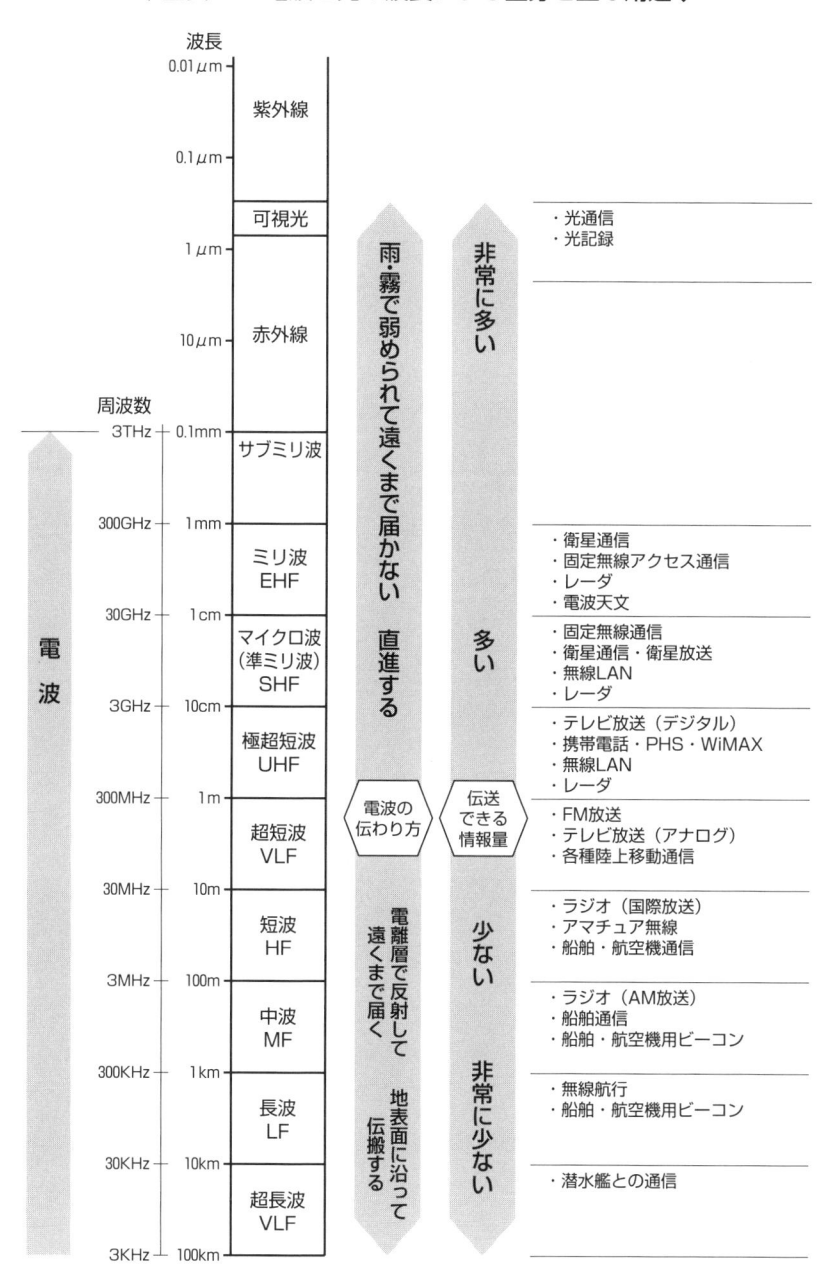

周波数	波長	区分	電波の伝わり方	伝送できる情報量	主な用途
	0.01μm	紫外線	雨・霧で弱められて遠くまで届かない／直進する	非常に多い	・光通信 ・光記録
	0.1μm	可視光			
	1μm				
	10μm	赤外線			
3THz	0.1mm	サブミリ波			
300GHz	1mm	ミリ波 EHF		多い	・衛星通信 ・固定無線アクセス通信 ・レーダ ・電波天文
30GHz	1cm	マイクロ波（準ミリ波）SHF			・固定無線通信 ・衛星通信・衛星放送 ・無線LAN ・レーダ
3GHz	10cm	極超短波 UHF			・テレビ放送（デジタル） ・携帯電話・PHS・WiMAX ・無線LAN ・レーダ
300MHz	1m	超短波 VLF	電波の伝わり方	伝送できる情報量	・FM放送 ・テレビ放送（アナログ） ・各種陸上移動通信
30MHz	10m	短波 HF	電離層で反射して遠くまで届く	少ない	・ラジオ（国際放送） ・アマチュア無線 ・船舶・航空機通信
3MHz	100m	中波 MF			・ラジオ（AM放送） ・船舶通信 ・船舶・航空機用ビーコン
300KHz	1km	長波 LF		非常に少ない	・無線航行 ・船舶・航空機用ビーコン
30KHz	10km	超長波 VLF	地表面に沿って伝搬する		・潜水艦との通信
3KHz	100km				

（電波）

◆**図表16　光ファイバ伝送に使う光の波長**◆

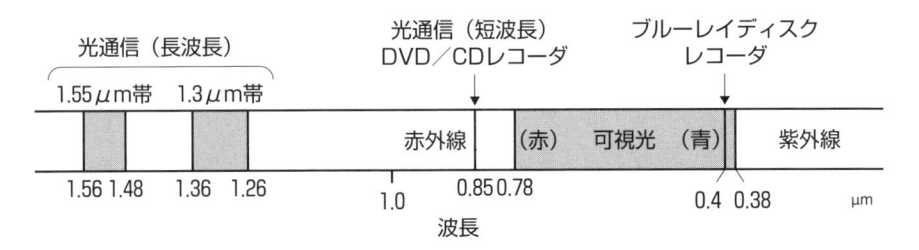

光通信（長波長）	光通信（短波長） DVD／CDレコーダ	ブルーレイディスク レコーダ	
1.55μm帯　1.3μm帯	赤外線　　(赤) 可視光 (青)	紫外線	
1.56 1.48　1.36 1.26	1.0　0.85 0.78	0.4 0.38	μm

波長

　く晴れて空気が澄んだ日ならば遠くの山もはっきりと見えるが、空気が霞んでくると見えなくなってしまう。雨が降ると近くしか見えなくなってしまうのだ。このように、光は「空中の水分に吸収されて遠くまで届かない」という性質がある。周波数の高い電波も同様で、数十GHz以上の高い周波数の電波は遠くまで届かせるのがむずかしいので通信には使われていない。

　そこで周波数がきわめて高い光を利用するときは、光信号をガラスの繊維でできた光ファイバの中を通して伝送する。非常に高純度の石英ガラスを合成してつくった光ファイバのケーブルは、これまでの銅線を使ったケーブルよりも信号の減衰が少なく、周波数の高い信号も安定に伝送できるという特長があり、今日では通信ネットワークは全面的に光ファイバ・ケーブル化されてきている。

◆超大容量化へと進む光ファイバ伝送

　パソコンや電話機、交換機やルータなどの通信機器は電気信号を使っている。これを光ファイバで伝送するには電気信号を光信号に変えなければならない。その役目をするのがレーザ・ダイオード（LD）である。レーザ・ダイオードは電圧を加えると光を出す半導体素子で、たった1つの純粋な波長の光を出すのが特徴だ。その光の波長は半導体の成分や構造で決まる。

　光ファイバ伝送で使う光の波長は、光の減衰がもっとも少ない1.3μm〜1.6μm程度の人間の目には見えない長波長帯を使っている（**図表16**）。DVDレコーダでもレーザ・ダイオードを使うが、こちらの方は記録密度を上げるためもっと波長の短い光（波長0.85μm）を使っている。さらに、

最近のブルーレイ・ディスク・レコーダは、さらに波長の短い青色の光（0.4μm）を使う。

　電気のパルスをレーザ・ダイオードに加えると、光のON、OFFが起こり、光のデジタル信号になる（**図表17**）。現在、最高40Gビット／秒、すなわち1秒間に400億回の光のON、OFFを使った大容量の光ファイバ伝送が使われている。

◆図表17　光ファイバ伝送の原理◆

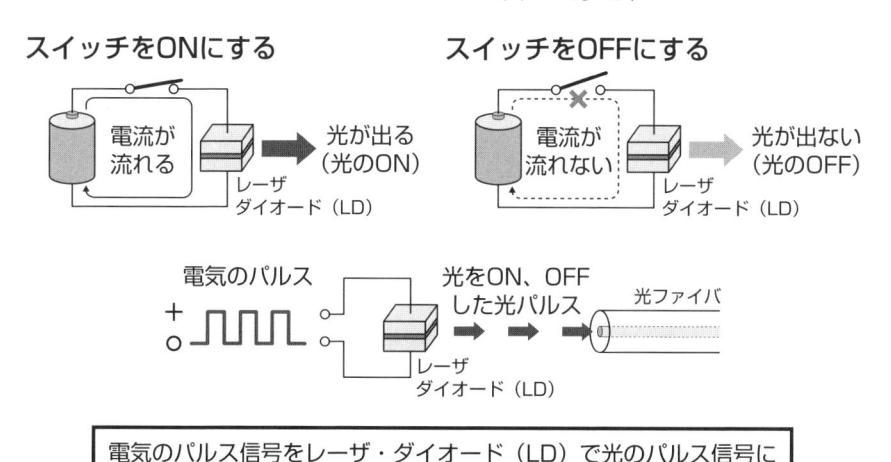

スイッチをONにする　　　　スイッチをOFFにする

電流が流れる　→　光が出る（光のON）　　　電流が流れない　→　光が出ない（光のOFF）
レーザダイオード（LD）　　　　　　　　　　レーザダイオード（LD）

電気のパルス　→　レーザダイオード（LD）　→　光をON、OFFした光パルス　→　光ファイバ

電気のパルス信号をレーザ・ダイオード（LD）で光のパルス信号に変換して、光ファイバの中を通して送る

　また、1本の光ファイバに波長の異なる光を混ぜて送り、受信側ではプリズムのように光を波長で分けて取り出す**波長多重（WDM）**も使うことができる（**図表18**）。1つの波長で40Gビット／秒伝送を行ない、40波長を使えば、1本の光ファイバで40Gビット／秒×40波長＝1.6T（テラ）ビット／秒という超大容量伝送が実現できることになる。この場合、"容量"とは「伝送速度」と同じ意味である。

　このような光ファイバ伝送の超大容量化は、**図表19**に示すように年々進んでいる。1本の光ファイバで伝送できる"容量"が大きくなれば、1ビット当たりの伝送コストはそれだけ安くなる。

◆図表18　波長多重伝送の原理◆

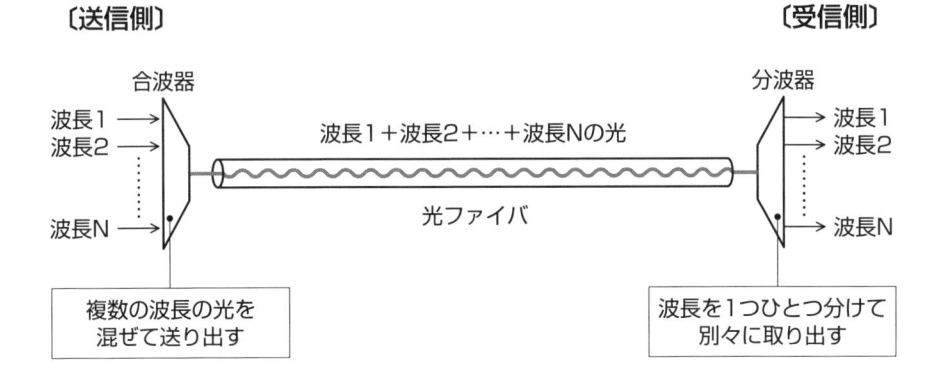

〔送信側〕　　　　　　　　　　　　　　　　　　〔受信側〕

合波器　　　　　　　　　　　　　　　　　分波器

波長1 →　　　　　　　　　　　　　　　　　　　→ 波長1
波長2 →　　　波長1＋波長2＋……＋波長Nの光　　→ 波長2
　　⋮　　　　　　　　　　　　　　　　　　　　　⋮
波長N →　　　　　　光ファイバ　　　　　　　　　→ 波長N

複数の波長の光を
混ぜて送り出す

波長を1つひとつ分けて
別々に取り出す

◆図表19　光ファイバ伝送の大容量化傾向◆

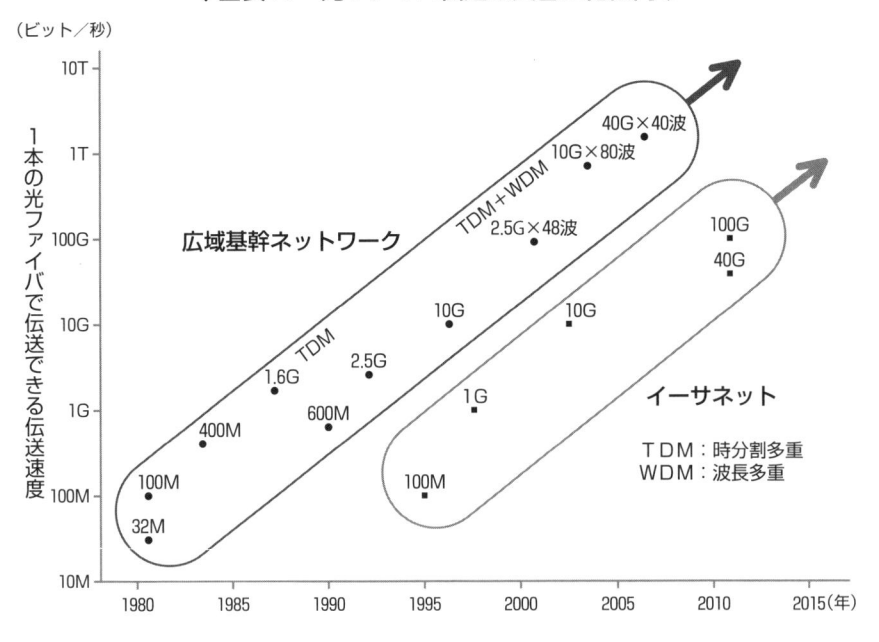

（ビット／秒）

1本の光ファイバで伝送できる伝送速度

10T
1T
100G
10G
1G
100M
10M

広域基幹ネットワーク

TDM
TDM+WDM

400M
100M
32M
1.6G
600M
2.5G
10G
2.5G×48波
10G×80波
40G×40波

イーサネット

100M
1G
10G
40G
100G

TDM：時分割多重
WDM：波長多重

1980　1985　1990　1995　2000　2005　2010　2015（年）

6 モバイルも「通信と放送」が融合する世界
――デジタル放送とブロードバンド通信で実現――

「通信」も「放送」も同じ技術を使ってスタートしたが、長い間、それぞれ別の世界を歩んで発展してきた。通信会社が放送を提供することは禁止され、その逆も同様だった。

しかし、技術の進歩が通信と放送の壁を取り除いた。その技術はデジタル化によって推進された「帯域圧縮技術」「ブロードバンド通信技術」「IP通信技術」である。

この通信と放送の融合はモバイルの世界でも始まっている。その1つがデジタル・テレビ放送とともに始まった**ワンセグ放送**である。

◆ワンセグ放送の原理

ワンセグ放送のしくみを理解するために、まず**デジタルTV放送**の原理から見てみよう。

これまでのアナログTV放送では、帯域6MHzを使ってテレビ1チャネルの信号を送っていた。デジタル放送ではこの6MHzの帯域でデジタル信号を送り、これを使ってMPEG-2で帯域圧縮符号化されたテレビ信号を放送する。このとき、6MHzの帯域を**図表20**に示すように14個のセグメントに分割し、1つをガードバンドとして除いた残りの13セグメントを放送に使う。この13セグメントの真ん中の1セグメントをモバイル用の放送に使い、残りの12セグメントを地上デジタル放送に使っている。

このように1つのセグメントだけを使う放送なので**1セグ（ワンセグ）**放送と呼ばれている。

一般に、モバイル放送では電波の受信環境が家庭のアンテナで受信する場合より悪いので、高速伝送ができない。ワンセグ放送の伝送速度は、**QPSK**（4相位相偏移変調）を使って312kビット／秒程度で、しかも映像

のほかに音声・データ・制御信号を含んでいるので、映像信号の伝送速度がたかだか180kビット／秒程度になってしまう。地上デジタル放送の伝送速度では、SDTV（標準テレビ）が約6Mビット／秒弱、HDTV（ハイビジョン）が約17Mビット／秒であるのに対して、ワンセグ放送は伝送速度が低いだけに品質が良くない。そのため、解像度の低い小型画面が対象である。

◆図表20　地上デジタル放送のセグメント構成◆

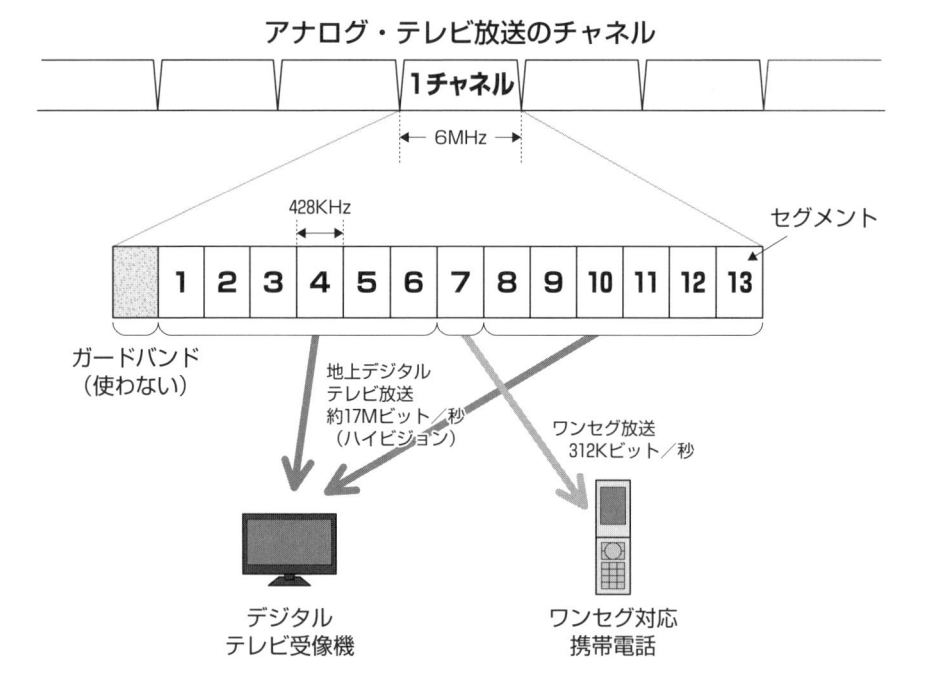

アナログ・テレビ放送のチャネル

1チャネル

6MHz

428KHz

セグメント
1 2 3 4 5 6 7 8 9 10 11 12 13

ガードバンド（使わない）

地上デジタルテレビ放送約17Mビット／秒（ハイビジョン）

ワンセグ放送312Kビット／秒

デジタルテレビ受像機

ワンセグ対応携帯電話

　このようにワンセグ放送は伝送速度が低いため、映像信号の帯域圧縮符号化（235ページを参照）にデジタルTV放送で使われているMPEG-2よりも圧縮度が大きいMPEG-4（H.264）を使っている。
　ワンセグ放送は小型の携帯端末での受信を想定したもので、いわゆる簡易動画にあたるものだ。解像度は320×240ドット（または320×180ドッ

ト）で、これは携帯電話の画面によく適合する。フレーム数も15フレーム／秒以下（通常のテレビ放送は30フレーム／秒）なので、このままでは動きが少しぎくしゃくしてしまう。そのため、受信機でフレームとフレームの間に画面を補間して挿入している。

　携帯電話でワンセグ放送を受信できるが、電波の周波数は携帯電話とは異なる。携帯電話が800MHz～2GHzを使っているのに対し、ワンセグ放送は地上デジタル放送と同じ470MHz～710MHzである（**図表21**）。そのため、携帯電話が使えても地上デジタル放送が受信できるエリアでないとワンセグ放送は受からない（その逆もあり得る）。

◆**図表21　携帯電話でワンセグ放送を受信**◆

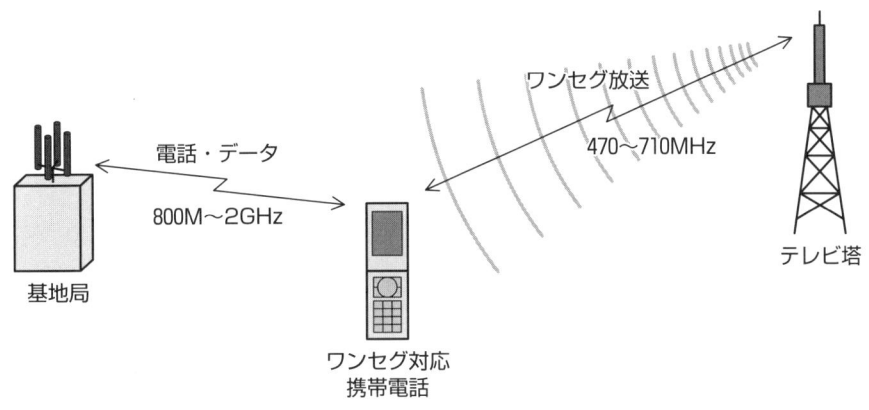

電話・データ
800M～2GHz
基地局
ワンセグ対応携帯電話
ワンセグ放送
470～710MHz
テレビ塔

◆通信と放送の融合

　携帯電話でワンセグ放送を見るのは、単に端末機を通信と放送で共用しているに過ぎない。真の意味での通信と放送の融合は、同じネットワーク（またはその一部）を通信と放送に使ってサービスを提供する、さらには通信と放送の中間のような新しいサービスを創出できることなのだ。

　図表22は通信と放送の進化を示したものである。

　通信も放送も最初は同じ技術でスタートしたが、その後はまったく違う道を進んで発展してきた。通信は音声という狭帯域信号が中心で、1960年

代からデジタル化が進んだ。これに対して放送は、アナログのままでテレビ映像という広帯域信号へ向かった。

1980年代になって通信では光ファイバ伝送が始まり、テレビ映像のような広帯域信号も低コストで伝送できるようになった。また、デジタル信号処理技術の進歩によって映像信号の帯域圧縮符号化が可能になり、伝送速度を大幅に下げることができたためデジタルTV放送が実現可能になった。

さらにIPネットワークができて、映像信号を低コストで送ることができるようになった。このIPネットワークを使うと、マルチキャスト通信など新しい通信方式が可能になり、これを利用することによって通信と放送の融合が加速されるようになったのである。

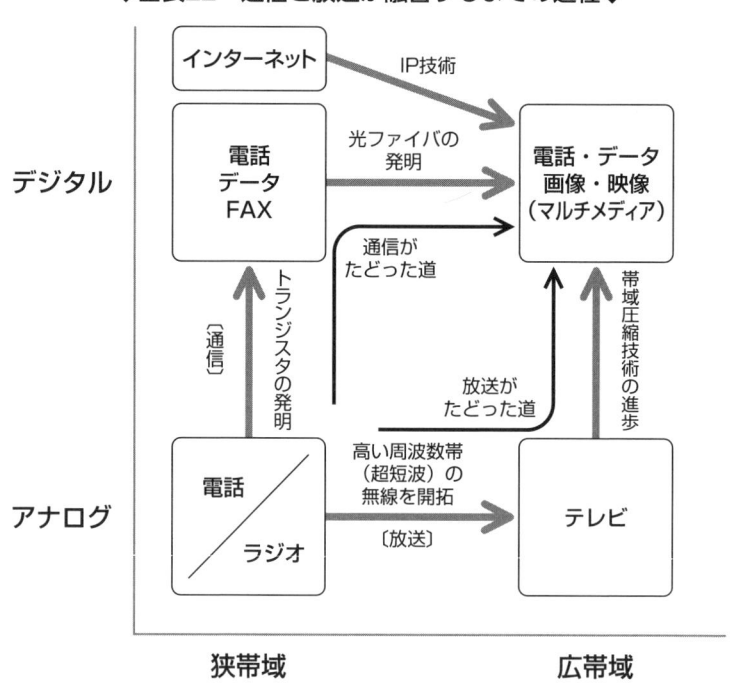

◆図表22　通信と放送が融合するまでの過程◆

第2章

モバイル通信が拓く
新しい通信の世界

1 モバイル通信が使う電波の種類は？

――電波の周波数が足りなくなってきた！――

電波は自由に使えるものだと思われがちだが、そのようなことはない。空中をどこへでも伝搬していくので、実際に通信や放送に使う電波の周波数と使用場所は法律によって厳しく定められている。モバイル通信も例外ではない。

◆すべてのモバイル通信に周波数が割り当てられている

モバイル通信といっても種類が多い。古くからある船舶通信をはじめ、タクシー無線、警察無線、消防無線、防災行政無線、タクシー無線、鉄道無線、列車電話、MCA（自営無線）、そして携帯電話やPHSなど。これらはすべて目的・用途別に使用する電波の周波数が定められていて（**図表1**）、利用するには電波免許が必要である。

これ以外にも、弱い電波できわめて狭いエリアでしか使わないものがある。たとえば、無線LAN、SuicaやPASMOのような非接触型ICカード、RFタグ、Bluetoothなどの超近距離無線、特定小電力トランシーバなど、電波免許不要で利用できるものもある。

49ページの**図表15**に示したように、電波は周波数が高くなると性質が光に近くなって直進性が強くなり、空気中に水分があると減衰して遠くまで届かなくなる。とくに、モバイル通信の多くが利用するUHF帯（300MHz～3GHz）になるとこの傾向が顕著になってくる。

その代わり、周波数が高いほど運べる情報量が大きくなる。携帯電話ではチャネル数を多くとることができ、ブロードバンド通信のための帯域も確保しやすいというメリットがある。

第2章　モバイル通信が拓く新しい通信の世界

◆図表1　各種モバイル通信に使われる周波数◆

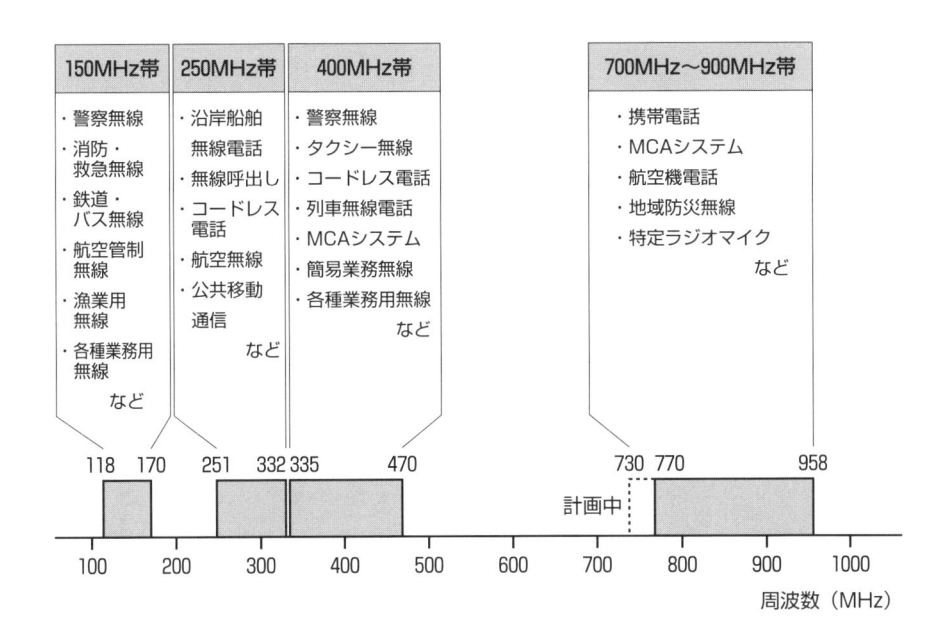

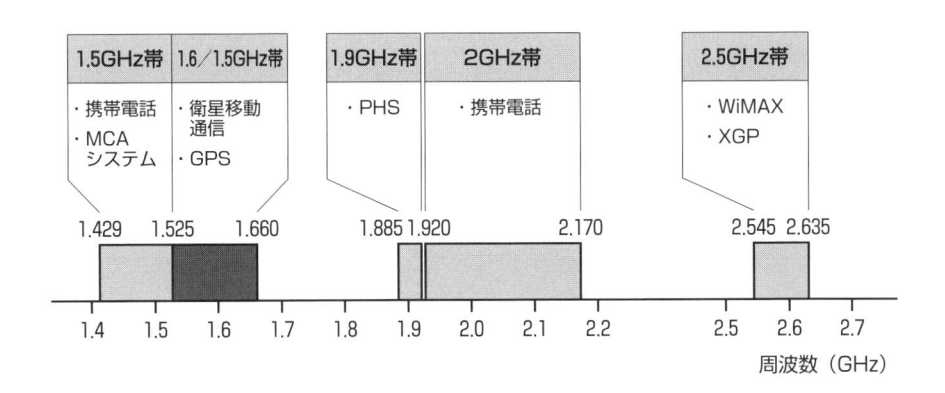

150MHz帯
・警察無線
・消防・救急無線
・鉄道・バス無線
・航空管制無線
・漁業用無線
・各種業務用無線
など
118 ～ 170

250MHz帯
・沿岸船舶無線電話
・無線呼出し
・コードレス電話
・航空無線
・公共移動通信
など
251 ～ 332

400MHz帯
・警察無線
・タクシー無線
・コードレス電話
・列車無線電話
・MCAシステム
・簡易業務無線
・各種業務用無線
など
335 ～ 470

700MHz～900MHz帯
・携帯電話
・MCAシステム
・航空機電話
・地域防災無線
・特定ラジオマイク
など
730（計画中）　770 ～ 958

周波数（MHz）

1.5GHz帯
・携帯電話
・MCAシステム
1.429

1.6／1.5GHz帯
・衛星移動通信
・GPS
1.525 ～ 1.660

1.9GHz帯
・PHS
1.885 ～ 1.920

2GHz帯
・携帯電話
1.920 ～ 2.170

2.5GHz帯
・WiMAX
・XGP
2.545 ～ 2.635

周波数（GHz）

59

◆図表2　携帯電話、PHS、WiMAXが使う周波数帯◆

現在の周波数配置

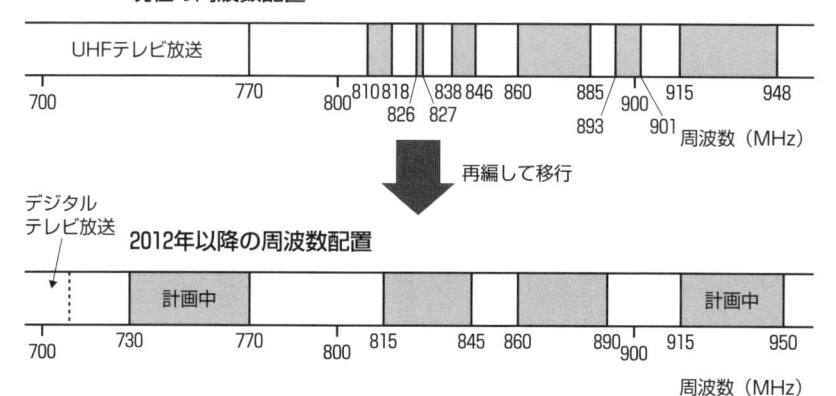

UHFテレビ放送

700　　　770　　800 810 818 838 846 860　885 900 915 948
　　　　　　　　　　　826 827　　　　　893 901
　　　　　　　　　　　　　　　　　　　　　　周波数（MHz）

再編して移行

デジタルテレビ放送

2012年以降の周波数配置

計画中　　　　　　　　　　　　　　　　　　計画中

700　　730　　770　　800　815　845　860　890 915　950
　　　　　　　　　　　　　　　　　　　　900
　　　　　　　　　　　　　　　　　　　　　周波数（MHz）

地上デジタル放送への完全移行で空く700MHz帯の一部と2G携帯電話の終了に伴う800MHz〜900MHz帯を合わせて3.9G携帯電話向けに周波数帯を再編成する

(a) 700MHz〜900MHz帯

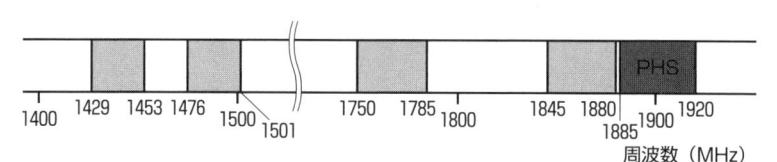

PHS

1400　1429 1453 1476 1500　1750 1785 1800　1845 1880 1900 1920
　　　　　　　　　　1501　　　　　　　　　　　1885
　　　　　　　　　　　　　　　　　　　　　　　　周波数（MHz）

(b) 1.5GHz、1.7GHz、1.9GHz帯

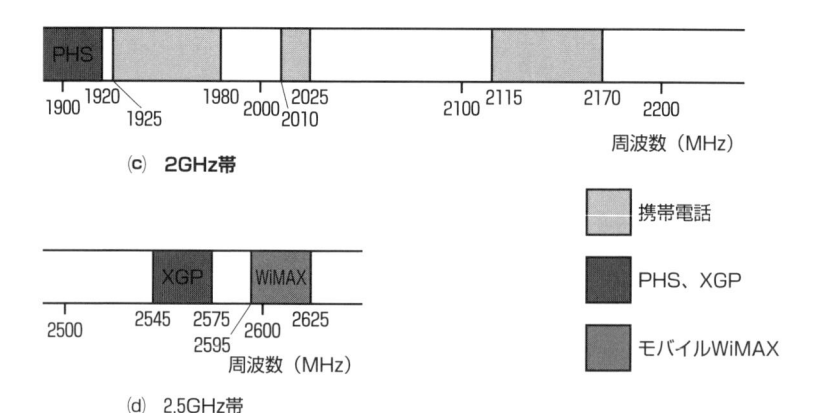

PHS

1900 1920 1925　1980 2000 2025　2100 2115 2170 2200
　　　　　　　　　　　　2010
　　　　　　　　　　　　　　　　　　　　周波数（MHz）

(c) 2GHz帯

XGP　　WiMAX

2500　2545 2575 2600 2625
　　　　　　2595
　　　　周波数（MHz）

(d) 2.5GHz帯

■ 携帯電話
■ PHS、XGP
■ モバイルWiMAX

現在、**図表2**に示すように、携帯電話やモバイル・データ通信には、700（800）〜900MHz帯、1.5GHz帯、1.7GHz帯、1.9GHz帯、2GHz帯、2.5GHz帯が割り当てられている。このうち、800〜900MHz帯については、第3.9世代（3.9G）の携帯電話LTEの導入などを想定して、新たに700MHz帯を加えて700〜900MHz帯として再編を進めている。700MHz帯はこれまでUHFテレビ放送（450MHz〜770MHz）に使われてきたが、アナログ放送の停止で不要になった730MHz〜770MHzを携帯電話に振り向けるものである。さらに900MHz帯は第2世代（2G）のデジタル携帯電話に使われていたのを、2Gの終了にともなって3.9G用に再編する。これらの周波数帯は周波数が低いだけに使いやすく、最後の"黄金周波数帯"と呼ばれて注目を集めている。

さらに、次の第4世代（4G）携帯電話に向けて新しい周波数帯を開拓しなければならない。これには、もっと周波数が高い3.4〜3.6GHz帯を使うことが検討されている。

◆電波の波長がアンテナの長さを決める

電波は周波数で表わされるが、波長を使うこともある（**図表3**）。この周波数と波長には一定の関係があり、

波長(m) ＝ ［光の速度(m／秒)］÷［周波数(Hz)］

という式で表わすことができる。このように周波数と波長は逆比例の関係にあり、周波数が高いほど波長は短くなる。

この波長はアンテナの長さを決める尺度になり、波長の1/4の長さにすることが多い。光の速度は真空中（空気中でもほぼ同じ）で30万km／秒であり、現在の3G携帯電話が使っている周波数2GHzの電波の波長は、「300,000,000m／秒÷2,000,000,000Hz＝0.15m」、すなわち15cmになる。したがって、アンテナの長さは15cmの1/4で3.75cmとなり、携帯端末の中にすっぽり収まるサイズである。

図表4は携帯電話機のアンテナの例を示したものである。外付きのアン

◆図表３　電波の波長◆

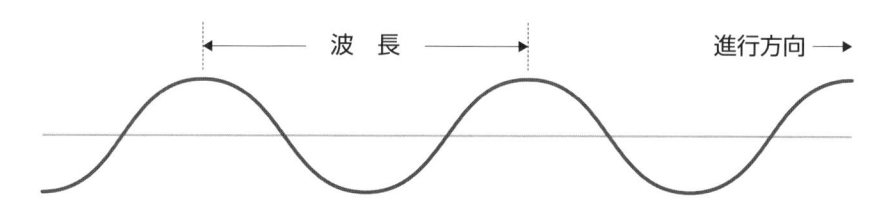

◆図表４　携帯電話機のアンテナ◆

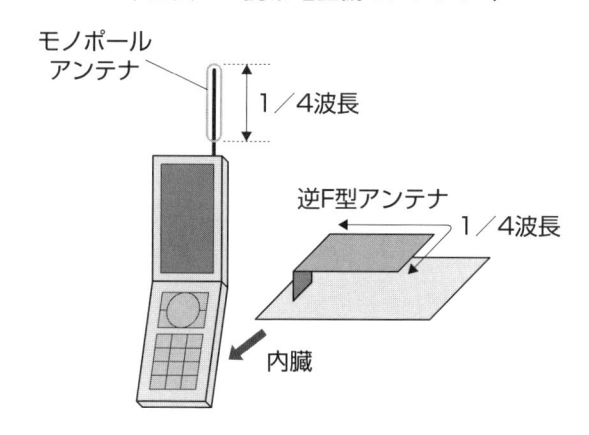

テナはモノポールアンテナ（ホイップアンテナ）で、長さが1/4波長である（実際にはアンテナ特性が変化するのを軽減するため、3/8波長の長さにしている）。これとは別に、電話機本体の中にも板状の逆F型アンテナがあり、2辺の長さが1/4波長になっている。2つのアンテナを使うのは、携帯電話機をどのように傾けて使っても電波をよく受けるようにするためである。

2 携帯電話の発展を支えるセル方式

―広いサービスエリアを多数のセルでカバーする―

　無線を使う携帯電話は、限られた電波の周波数をできるだけ有効に利用して、できるだけ大勢の人が利用できるようにしなければならない。そのために考え出された方法が「セル方式」である。携帯電話に限らず、多くのモバイル通信がセル方式を使うようになった。

◆最近のモバイル通信がよく使っているセル方式

　アンテナから発射された電波が届く範囲を**ゾーン**という。たとえば、東京タワーから送信されたテレビ放送の電波はだいたい関東一円に届くが、これがゾーンであると同時にテレビ放送（関東地区）のサービスエリアにもなっている。

　一般に、電波は周波数が高くなると空気中の水分に吸収されて遠くまで届かなくなり、また直進性が強くなるため山陰や高いビルの裏側には届きにくくなる傾向がある。携帯電話が使っている800MHz帯以上の周波数の高い電波はこのような性質が顕著である。

　そこで、電波の出力を弱くして遠くまで届かないようにし、ゾーンの半径を数km以下にしたものを**セル**（cell）という。広いサービスエリアはセルを隙間なく並べてカバーする（**図表5**）。これがセル方式で、携帯電話に代表される最近のモバイル通信がよく使っている。

　携帯電話のことを英語で「Cellular Phone（セルラー電話）」と呼ぶのはこのためである。

　携帯電話のセルは半径2～5km程度で、大都会のように利用者が多いところでは半径を小さくし、田舎のように人口密度が低いところでは大きくするなど、柔軟に対応している。

　各セルにはアンテナがある基地局を置き、携帯端末は基地局と電波で結

◆図表5　セル方式の構成◆

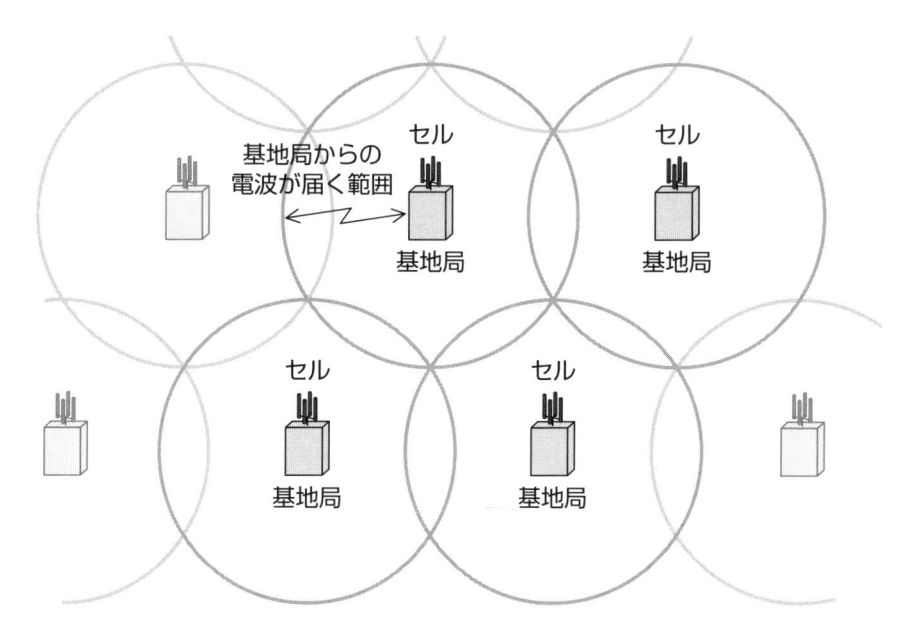

広いサービスエリアを多数のセルでカバーする

んで信号を送受する。携帯端末からの電波は周辺の基地局でも受信できるが、携帯端末はもっとも強い電波を受けた基地局のセルにいると判断する。**図表6**に示すように、携帯端末が通信中に移動して、セル1から隣のセル2に入ると、セル2の基地局で受ける電波の方が強くなるので、交換機のスイッチをセル2の基地局へ切り換えて通信を継続できるようにする。これを**ハンドオーバ**という。このとき、一瞬でも通話が途切れることがないように、短時間の間だけ交換機のスイッチを2つの基地局の両方につないだままにしておく。これが**ソフトハンドオーバ**で、電話の品質を落とさないために大切な技術である。

　隣接したセルでは同じ周波数の電波を使うことができない。電波は少し弱くなっても隣のセルまでは届くので、同じ周波数の電波を使うとお互いに混信してしまう。

◆図表6　セルを切り換えるハンドオーバ◆

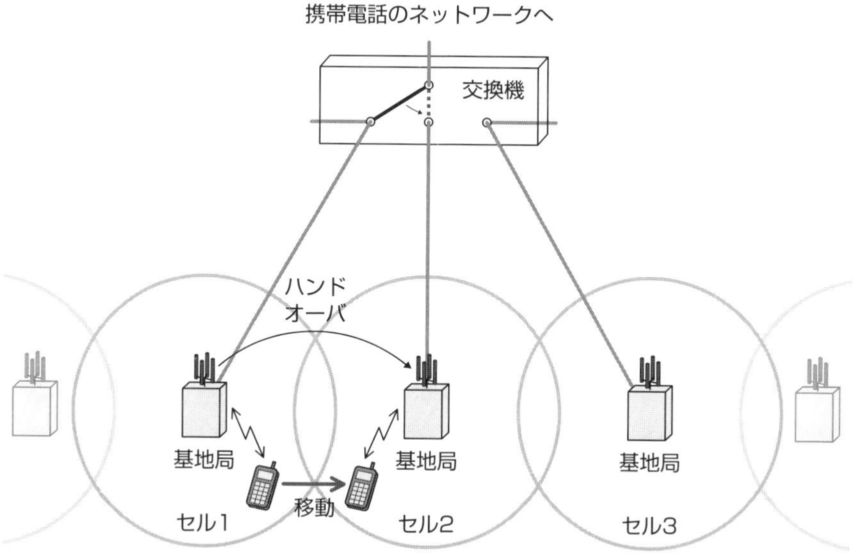

携帯端末がセル1から隣のセル2へ移動すると
基地局を切換えて通話を継続できるようにする

　第1世代、第2世代の携帯電話の方式ではこの混信を避けることができない。そのため、セルごとに異なる周波数を割り当てて使うようにするが、遠く離れたセルなら電波も減衰して届かないので同じ周波数を繰り返し使うことができる。このようにすれば同じ周波数の電波を繰り返し利用できるので、周波数を効率よく使うことができる。これがセル方式の特長である。

　これを示したのが**図表7**で、隣接したセルで同じ周波数を使わないようにするには最低3種類の周波数を使う必要があるが、実際には安全を見て4種類ないし7種類の周波数を使う。

　基地局の設置場所も問題だ。セルの中心に置くと、基地局はセルと同じ数だけ必要になって場所の確保が大変である。そこで**図表8**のように3つのセルの中心に基地局を置いて、3本のアンテナがそれぞれ120度の範囲をカバーするようにする。これをセクターセルという。この場合、棒状の

◆図表7　セルへの周波数の割り当て◆

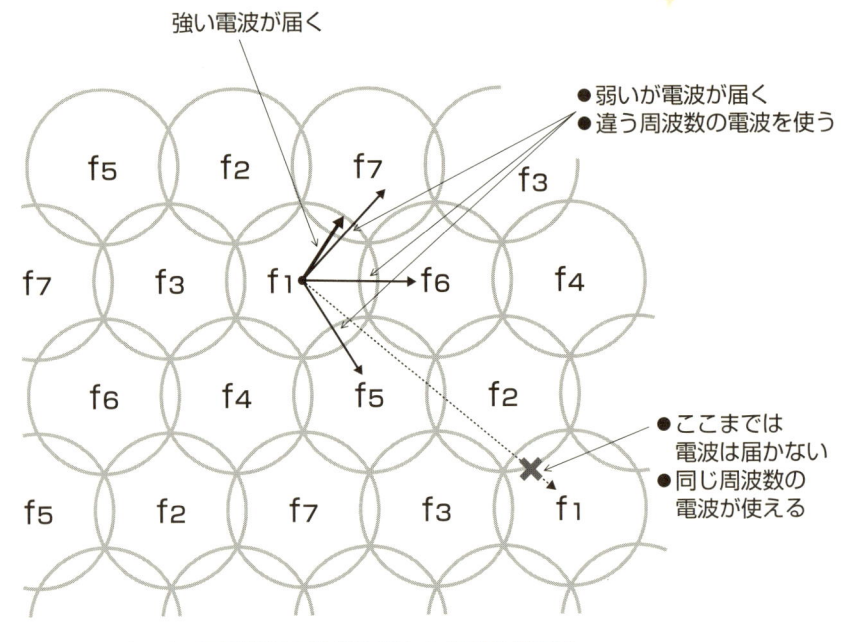

強い電波が届く

● 弱いが電波が届く
● 違う周波数の電波を使う

f5	f2	f7	f3
f7	f3	f1	f6	f4
f6	f4	f5	f2
f5	f2	f7	f3	f1

● ここまでは電波は届かない
● 同じ周波数の電波が使える

f_1〜f_7の7種類の周波数を各セルに割り当てる

　アンテナに反射板をつけて他のセルには電波が行かないようにしたセクター・アンテナを使う。1つの基地局がカバーするセルの数を4個、6個とすることも可能である。

　写真1と**写真2**はこのような携帯電話基地局のアンテナの例で、3本のアンテナ（写真では白い棒）がそれぞれ3つのセクターセルを1つずつカバーするようになっている。

◆マイクロセル、ピコセル、フェムトセル

　セルの半径をもっと小さくして数百m程度にしたものを**マイクロセル**、数十mにしたものを**ピコセル**、10〜20m以下にしたものを**フェムトセル**という（**図表9**）。

　マイクロセルはPHSが使っている。距離が短いので弱い電波でも届き、

第2章　モバイル通信が拓く新しい通信の世界

◆図表8　セクターセルの構成◆

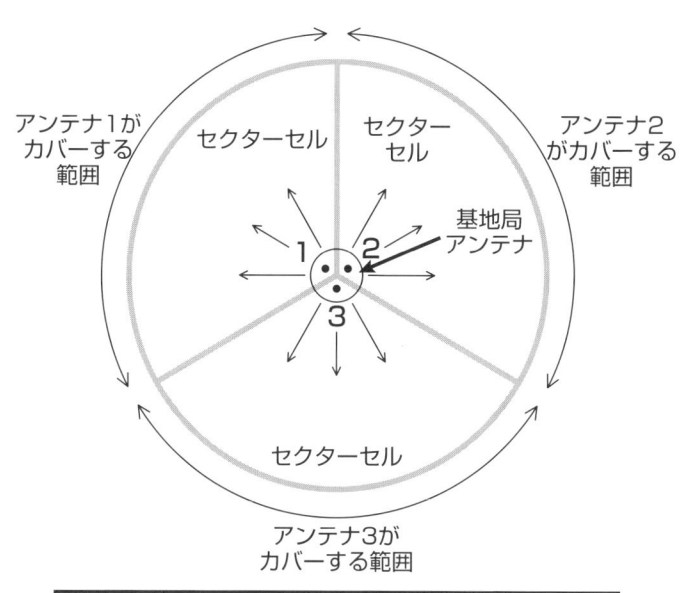

アンテナ1がカバーする範囲
アンテナ2がカバーする範囲
アンテナ3がカバーする範囲
セクターセル
セクターセル
セクターセル
基地局アンテナ

3本のアンテナでそれぞれ120°ずつの範囲をカバーする

◆写真1　ビルの上にある基地局◆ 　　◆写真2　鉄塔の上にある基地局◆

◆図表9　いろいろなセルの大きさ◆

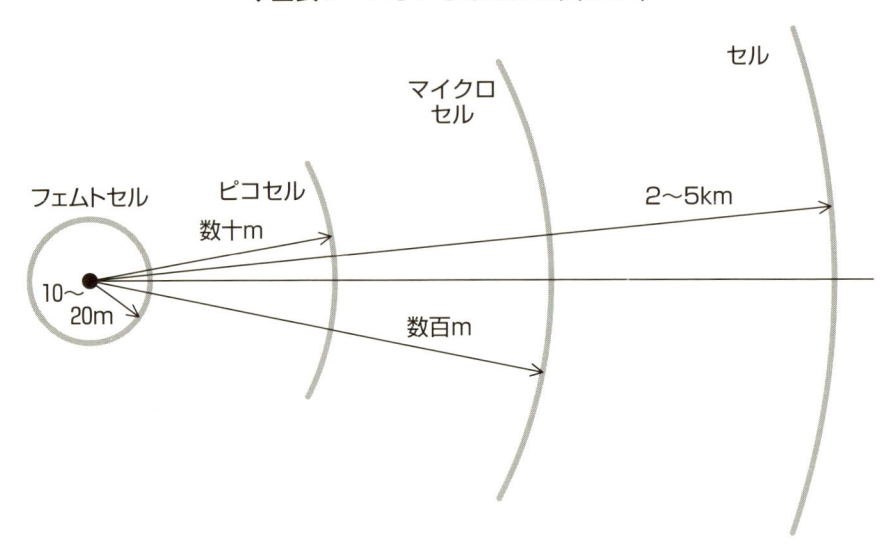

セル
マイクロセル
ピコセル
フェムトセル
10〜20m
数十m
数百m
2〜5km

バッテリーが長持ちする。基地局も小型・低コストにできるが、広いサービスエリアをカバーするには基地局の数が増えるのが問題だ。

　ピコセルは無線LANの領域である。構内であればこの程度で使えるし、電波も弱くていいので免許不要で使用することができる。

　最近注目を集めているのがフェムトセルだ。「フェムト（femto）」とは1000兆分の1を表わす接頭語で、普通のセルよりも1000兆分の1も小さいセルということではないが、言葉のイメージとして「非常に小さいセル」を意味している。

　携帯電話でもこのフェムトセルを利用すると新しい使い方ができる。

　たとえば、無線LANのアクセス・ポイント並みに小型化したフェムトセル基地局を家の中に設置し、FTTHなどのブロードバンド回線で携帯電話のネットワークと接続する（**図表10**）。

　このフェムトセル基地局は屋外の基地局と同じ周波数の電波を出すので、携帯電話から見ると普通の基地局と通信するのとまったく同じように使える。電波の出力が小さく、携帯端末との距離が短いだけである。フェムト

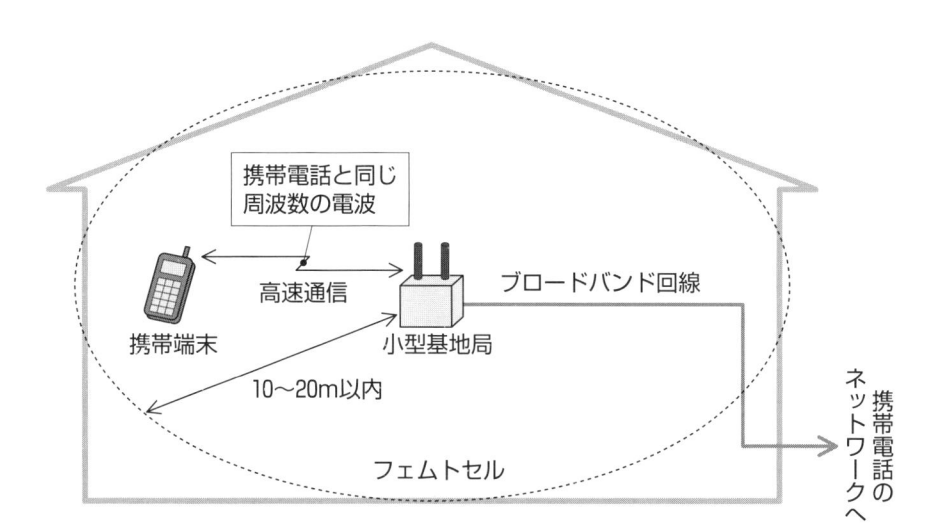

◆図表10　フェムトセルを用いたモバイル通信◆

　　　　　　　　　携帯電話と同じ
　　　　　　　　　周波数の電波

　　　　　　　　　　　　　　　　　　ブロードバンド回線
　　　　　　　高速通信
　　携帯端末　　　　　　小型基地局
　　　　　　　　　　　　　　　　　　　　　　　　携
　　　　　　　　　　　　　　　　　　　　　　　　帯
　　　　　　10〜20m以内　　　　　　　　　　　　電
　　　　　　　　　　　　　　　　　　　　　　　　話
　　　　　　　　　　　　　　　　　　　　　　　　の
　　　　　　　　　　　フェムトセル　　　　　　　ネ
　　　　　　　　　　　　　　　　　　　　　　　　ッ
　　　　　　　　　　　　　　　　　　　　　　　　ト
　　　　　　　　　　　　　　　　　　　　　　　　ワ
　　　　　　　　　　　　　　　　　　　　　　　　ー
　　　　　　　　　　　　　　　　　　　　　　　　ク
　　　　　　　　　　　　　　　　　　　　　　　　へ

　セルはゾーンが小さく、その中で利用する人の数が少ないので、高速通信が可能だ。通常のセルでは利用者数が多いため、1人が利用できる通信速度が低下してしまうのに比べると大きなメリットといえる。周波数の高い電波が届きにくい建物の中や地下街、高層マンションなど不感地対策として有効であるが、フェムトセルの特長を生かした使い方もある。
　家庭内のさまざまな家電機器とフェムトセルを連携させて、外出先から携帯電話を使って家庭内の機器をコントロールすることができる。また、携帯端末がフェムトセルの圏内にいるかどうかを検出できる機能を備えておき、家族の在宅確認などに利用することができる。GPSでは建物の中にいる人の位置情報を検出するのはむずかしいが、フェムトセルを利用すれば半径10m程度の精度で検出可能である。

3 携帯電話がつながるしくみ
―携帯電話の現在位置を探してつなぐ―

　携帯電話は「どこに移動しても確実につながること」が前提だ。それには、携帯電話の現在位置をネットワークに登録しておき、そこに回線をつなぐようにする。

◆携帯電話の位置登録

　電話をかけるとき、相手の電話番号をダイヤルすると相手とつながる。固定電話の場合、電話番号は「局番（市外局番＋市内局番）＋加入者番号（4桁）」という構成になっている。「局番」とは文字どおり電話局の番号だから、相手の電話機がどの電話局の交換機につながっているかがすぐわかり、電話番号だけから相手を選んで回線をつなぐことができる。

　ところが、携帯電話は全国どこへでも持ち歩いて利用できるので、携帯電話番号には「局番」がなく、電話番号だけから直ちに相手まで回線をつなぐことができない。

　そこで、**図表11**に示すように、携帯電話のネットワークに**ホームメモリ**を置き、携帯端末は電源が入っている限り基地局とデータをひんぱんにやりとりして自分が現在どのエリアにいるかをホームメモリに登録しておく（**位置登録**）。誰かがその携帯端末に電話をかけると、交換機はまず090（または080）で始まる番号の携帯端末が現在どのエリアにいるかをホームメモリに問い合わせ、その結果を受けて該当するエリアで相手を呼び出して回線をつなぐというしくみである。このエリアは「位置登録エリア」と呼ばれ、多数のセルをまとめた県単位よりも少し小さいくらいのエリアで、全国で数十程度ある。

　携帯端末を呼び出すには、位置登録エリア内で全端末に向けて呼び出し信号を一斉に送る。携帯端末は常に基地局からの電波を受信していて、自

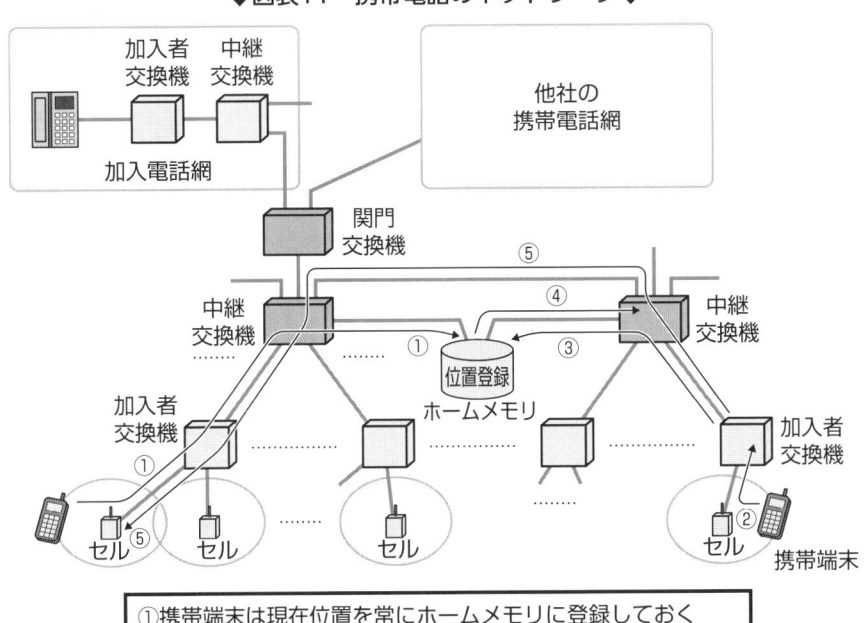

◆図表11　携帯電話のネットワーク◆

①携帯端末は現在位置を常にホームメモリに登録しておく
②相手の携帯電話番号をダイヤル　③相手の現在位置を問合せ
④現在位置を通知　⑤回線を接続

分が呼び出されたことがわかって応答すると、基地局がこの応答信号を受けて携帯端末がどの基地局のセルにいるかが確認できるのである。

　携帯電話の電話番号は**SIMカード**（UIMカード、USIMカードなどとも呼ばれる）というICチップを埋め込んだカードに記録され、このSIMカードを携帯端末にセットすると、その番号で利用できるようになる。

◆携帯電話は、電話とデータの2本立て

　今日の携帯電話は、音声による通話だけでなく、電子メールやウェブ検索などのデータ通信にも利用できるようになっている。

　携帯端末と基地局を結ぶ無線回線は通話（電話）とデータ通信で共用しているが、携帯電話のネットワークに入ると制御装置で電話とデータ通信の2つに分けられる（**図表12**）。それは、電話のつながり方は固定電話と

◆図表12　携帯電話網の構成◆

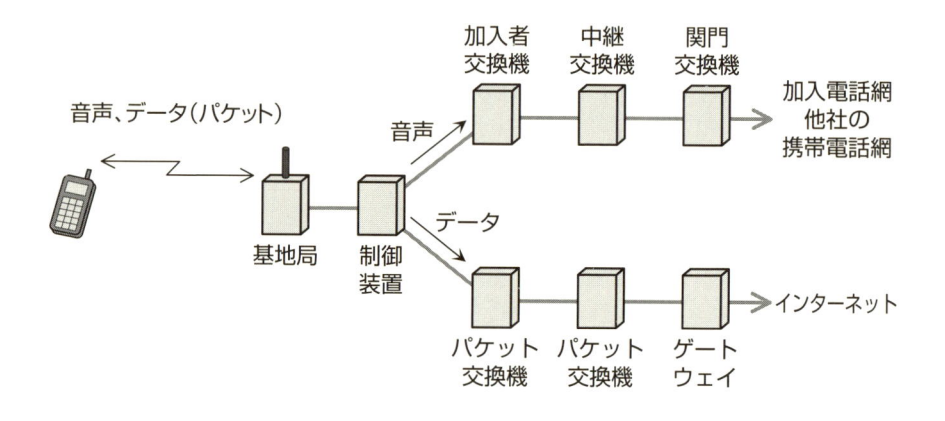

```
音声、データ(パケット)
     ┌───音声───→ 加入者交換機 → 中継交換機 → 関門交換機 → 加入電話網
[携帯]↔[基地局]→[制御装置]                                      他社の携帯電話網
     └───データ──→ パケット交換機 → パケット交換機 → ゲートウェイ → インターネット
```

同じで交換機が回線を接続する回線交換方式を使うのに対して、データ通信は回線交換とはまったく異なるパケット通信方式を使っているからであり、交換機も電話用の回線交換機とは別のパケット交換機を使う。

　データ通信では、ほかのネットワークとの接続はすべてゲートウェイを経由する。

　パケット交換機は全国に多数設置してあり、これらのパケット交換機とゲートウェイとはIPネットワークで接続されている。

　電子メールを送る場合を例にとると、携帯端末で書かれたメールは、基地局から制御装置を経由し、パケット交換機で中継されてゲートウェイのところにあるメールサーバに届く。メールの宛先がインターネットであれば、メールサーバからインターネットに送られて相手のパソコンに届くが、同じ携帯電話会社の携帯端末宛の場合は、メールアドレスと携帯電話番号の対応表があるデータベースを参照して対応する携帯端末にメールを転送する。このとき、着信側の携帯端末がどのエリアにいるかをホームメモリで確認し、相手を呼び出してからゲートウェイにあるサーバがメールを送信する。インターネットでは相手のパソコンが所属しているプロバイダのメールサーバにいきなりゲートウェイからメールを送って、パソコンがあ

とからメールサーバにメールを取りに行くが、携帯電話の場合はネットワーク側から直接携帯端末にメールを着信させるという点が異なっている。

　現在、固定電話ではIP電話の普及が進み、将来はすべて音声もパケットで伝送する時代になると予想されている。携帯電話でも第4世代（4G）以降は音声をパケットで送ることが計画されている。このように携帯電話もIP電話になれば、携帯電話網も**図表12**に示したような音声とデータの2系列の構成にする必要がなくなり、パケット通信のネットワーク（IPネットワーク）で1本化することができるようになる。

4 3G携帯電話のキーワードはCDMA
―大勢の人が同じ電波を使い分けるための技術―

　セルの中では大勢の人が同じ電波を受けながら、それぞれ携帯電話を使って混信しないように通話ができなければならない。それには基地局に割り当てられた電波の周波数帯域を何らかの方法で分けて多数のチャネルをつくり、ユーザはそのチャネルの中からどれか１つを使って通信できるようにする必要がある。これを**多元接続**という。

　テレビ放送でも、同じアンテナで電波を受けながらいろいろな番組を見ることができるように、電波の周波数を少しずつ変えて多数のチャネルを用意している。放送の場合、各チャネルは最初から特定の放送局に割り当てられているが、携帯電話ではそのつどユーザにチャネルを割り当てるところが異なっている。

◆多元接続には３種類の方法がある
①FDMA

　図表13(a)に示すように、一定の周波数帯域を周波数で分けて多数のチャネルをつくり、ユーザはその中から他の人が使っていないチャネルを指定してもらって使うようにする。これを**FDMA**（Frequency Division Multiple Access：周波数分割多元接続）といい、第１世代のアナログ自動車電話・携帯電話で使われた。

②TDMA

　周波数で分ける代わりに、図表13(b)に示すように、時間で分けて多数のチャネルをつくる方法がある。これを**TDMA**（Time Division Multiple Access：時分割多元接続）といい、第２世代のデジタル携帯電話やPHSで使われた。TDMAはFDMAよりも電子回路が簡単で、装置も小型で安

第2章　モバイル通信が拓く新しい通信の世界

◆図表13　携帯電話の無線回線の使い方には3つの方法がある◆

(a) 周波数で分けたチャネルを選んで使うFOMA

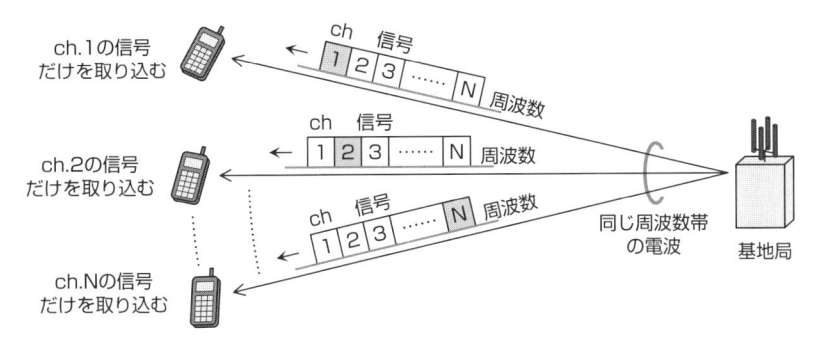

(b) 時間で分けたチャネルを選んで使うTDMA

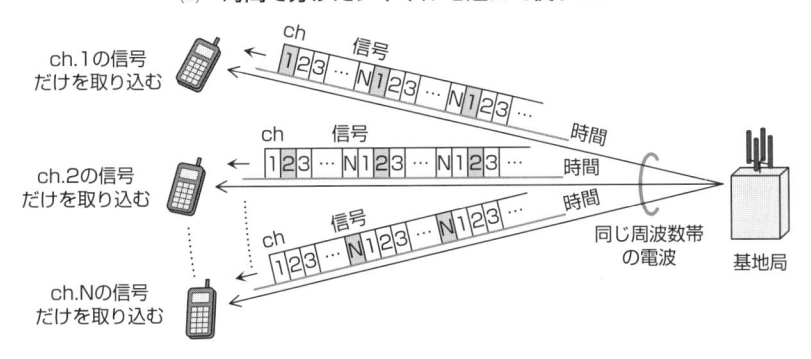

(c) 符号で分けたチャネルを選んで使うCDMA

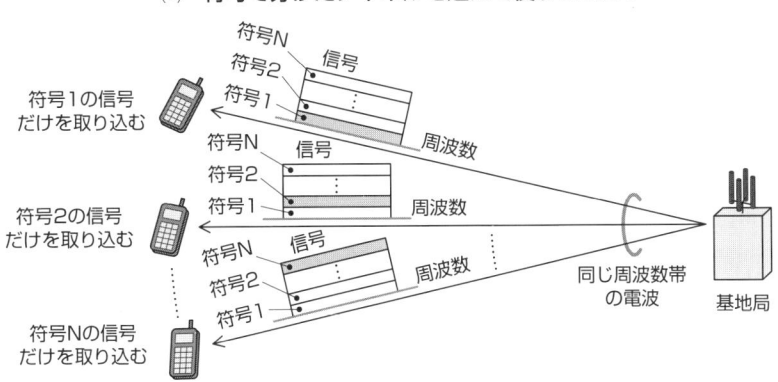

価につくれるなどメリットが多い。

③CDMA

　周波数や時間でチャネルを分けるのではなく、**図表13(c)**のように符号でチャネルを区別するのが**CDMA**（Code Division Multiple Access：符号分割多元接続）で、第3世代の携帯電話で使われている。これは**図表14**に示すように、チャネルごとに異なるパターンの特殊な符号（**拡散符号**という）を用意しておき、デジタル信号にその符号を掛け合わせる処理を行なって送る方法である。この特殊な符号を掛け合わせた信号はそのままではノイズと同じで何もわからないが、受信側で同じ符号を掛け合わせると元の信号が再現できるという性質がある。そのため、異なる符号で処理した多数のチャネルの信号を混在させて同じ電波で送っても、受信側である符号を掛け合わせれば対応するチャネルの信号だけが再現され、ほかのチャネルはノイズのままで何もわからない。これがCDMAの原理である。

　音声やデータなどのデジタル信号に拡散符号を加えて処理をすると、もとのデジタル信号よりも広い周波数帯域に拡がってしまう（**図表14**）。こ

◆**図表14　CDMAを使った携帯電話の原理（cdmaOneの例）**◆

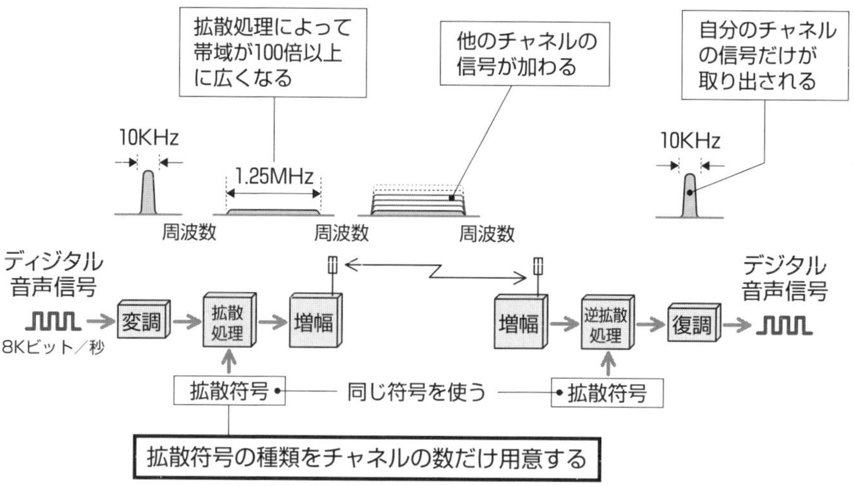

れを**スペクトラム拡散**（105〜106ページを参照）といい、古くから知られた通信方法であるが、アメリカのQUALCOMM（クアルコム）社がこれを改良して携帯電話にも使えるようにしたのがCDMAである。

日本では第2世代の後半に、auがcdmaOneとしてサービスを始めたのがCDMAの最初で、デジタル信号を帯域1.25MHzに拡散して伝送する。同じ帯域に多数のチャネルの信号が重なって送られてくるが、符号で各チャネルを識別できるので問題はない。

◆CDMAの優れた3つの特長

CDMAの第1の特長は「高速伝送ができること」である。FDMAもTDMAも電波の周波数を細かく区切ってチャネルをつくっているが、そのチャネルは電話音声に合わせているので帯域が狭く、高速伝送ができない。CDMAならば広い帯域全体を使って伝送するので、高速伝送ができるということだ。これなら低速から高速までいろいろな信号を自由に伝送できるので、マルチメディア通信に適している。3G携帯電話がCDMAを採用しているのはそのためで、広い帯域（5MHz）を使うので**W-CDMA**（Wideband CDMA）と呼ばれている。

第2の特長は「雑音妨害に強く、品質の良い通信ができること」である。これはCDMAが利用しているスペクトラム拡散通信の特長である。無線通信を利用する携帯電話は途中で雑音や妨害電波が混入してしまう。そのような妨害は特定の周波数に集中していることが多く、これに受信側で拡散符号を掛け合わせると、信号はもとに戻るが妨害は広い帯域に拡散されてわからなくなってしまうのである。

第3の特長は「セルごとの周波数割り当てが容易になること」である。FDMAでもTDMAでも、隣接するセルには異なる周波数を割り当てる必要があったが、CDMAはチャネルを周波数ではなく符号で識別するので、隣接するセルでも同じ周波数を使うことができる（**図表15**）。これをSFN（Single Frequency Network：単一周波数ネットワーク）という。その結果、セルごとの周波数配分が楽になるというのが大きなメリットだ。

◆図表15　セルへの周波数の割り当て◆

(a)　FDMA、TDMAの場合

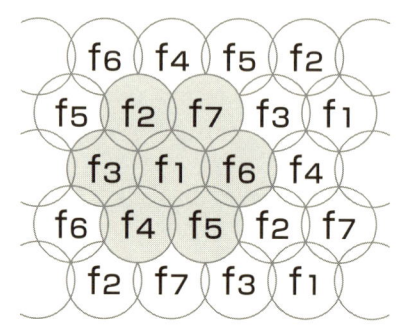

f_1〜f_7の7種類の周波数を用意して隣のセルが同じ周波数にならないように割り当てる

(b)　CDMAの場合

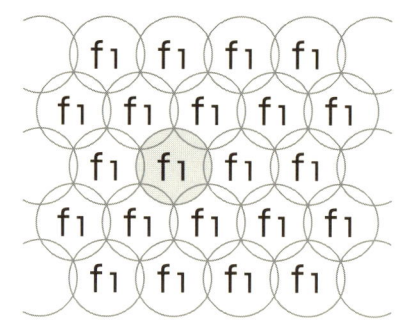

すべてのセルで同じ周波数f_1を使うことができる
(SFN：Single Frequency Network)

第2章　モバイル通信が拓く新しい通信の世界

5 まだまだ進化する「モバイル高速データ伝送」技術
― 無線でも光ファイバ並みの高速伝送を ―

　最近は、携帯電話や無線LANなどでも高速データ伝送が求められるようになってきた。光ファイバを使うことができる有線伝送に比べると、限られた周波数の電波を使う無線伝送では高速化がむずかしいとされてきたが、さまざまな新技術を利用してモバイル通信でも光ファイバ並みの高速伝送ができるようになった。

◆データ専用の帯域で高速化を実現

　携帯電話で高速データ伝送に対応できるようになったのは第3世代（3G）からであるが、とくに高速化が進んだのは第3.5世代（3.5G）になってからだ。
　このデータ伝送の高速化を実現するには、いくつかのポイントがある。

①電話とデータを別の帯域に分けて伝送すること
　携帯電話は、「音声による通話（電話）」と「メールやウェブ検索などのデータ通信」という2つの目的に使われている。このとき、同じ周波数帯域に電話とデータを混在させて送ると、データ伝送速度をあまり高くすることができない。最初の3G携帯電話ではデータ伝送速度は最大2Mビット／秒（実際にサービスされたのは384kビット／秒）であった。このデータ伝送を高速化するには、まずCDMAの帯域を性質の異なる音声とデータとで分けて別々に伝送することである（図表16）。そのうえでデータはパケットにして伝送する。

②広い帯域を使うこと
　無線でデジタル伝送を行なう場合、［1回の変調で送るビット数］×［1

79

◆図表16　CDMAにおけるデータ信号の送り方◆

(a)　音声とデータを混ぜて送る　　　(b)　データだけを送る

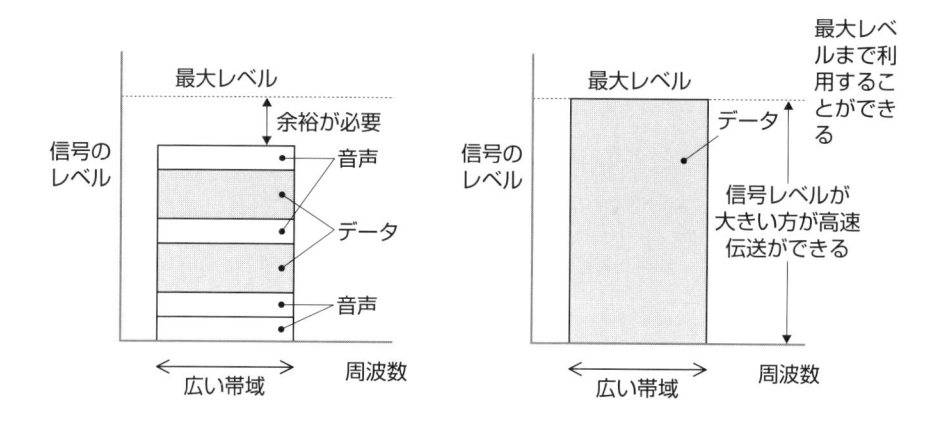

◆図表17　高速伝送には広い帯域を使う◆

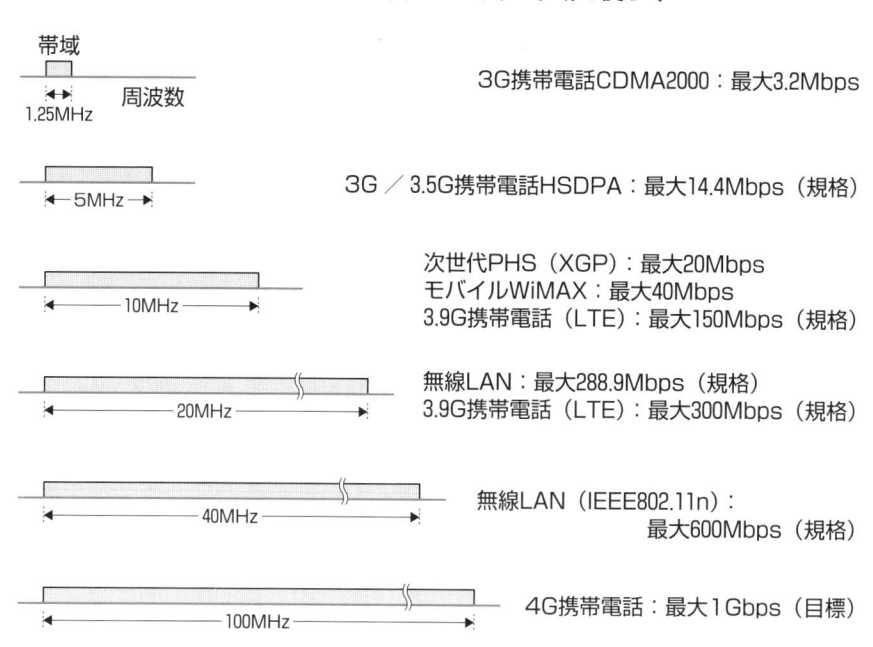

帯域
1.25MHz　周波数
3G携帯電話CDMA2000：最大3.2Mbps

5MHz
3G／3.5G携帯電話HSDPA：最大14.4Mbps（規格）

10MHz
次世代PHS（XGP）：最大20Mbps
モバイルWiMAX：最大40Mbps
3.9G携帯電話（LTE）：最大150Mbps（規格）

20MHz
無線LAN：最大288.9Mbps（規格）
3.9G携帯電話（LTE）：最大300Mbps（規格）

40MHz
無線LAN（IEEE802.11n）：
　　　　　　　最大600Mbps（規格）

100MHz
4G携帯電話：最大1Gbps（目標）

秒間に行なう変調の回数〕が伝送速度になる。このうち、〔1秒間に行なう変調の回数〕は信号を送る周波数帯域に比例するから、高速伝送を行なうには、帯域を広くすることが必要である（**図表**17）。

3G携帯電話は多元接続に帯域を広く使うCDMAを使っているので、高速伝送を行なうのに適している。とくに、NTTドコモやソフトバンク・モバイルが採用しているW-CDMAは帯域が5MHzあるのが強みだ。3.9G携帯電話ではさらに最大20MHzまで拡大して、より高速化を実現している。さらに4G携帯電話では、帯域を最大100MHzまで使うことを検討している。

無線LANは最初から帯域20MHzを使っているが、さらにこれを拡大して40MHzにするなどの方策も進められている。

◆図表18　高速伝送を行なうための条件◆

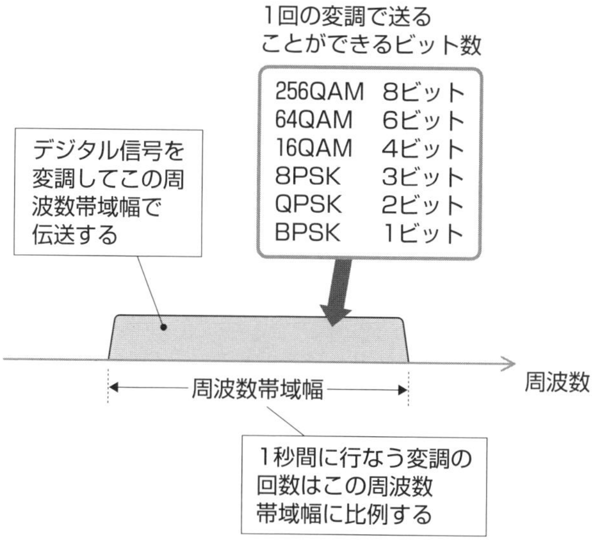

1回の変調で送る
ことができるビット数

256QAM	8ビット
64QAM	6ビット
16QAM	4ビット
8PSK	3ビット
QPSK	2ビット
BPSK	1ビット

デジタル信号を変調してこの周波数帯域幅で伝送する

周波数帯域幅

周波数

1秒間に行なう変調の回数はこの周波数帯域幅に比例する

伝送速度＝〔1回の変調で送るビット数〕×〔1秒間に行なう変調の回数〕

③高度な変調方式を使うこと

［1回の変調で送るビット数］を増やすことで高速化が実現できる（**図表18**）。3.5G携帯電話は16QAM（1回の変調で4ビット送る）を使っているが、3.9G携帯電話では64QAM（1回の変調で6ビット送る）を使って高速化を実現している（192ページを参照）。

無線LANは64QAMを使うことが多い。

1回の変調で送るビット数をもっと増やせば、それだけ高速伝送ができるが、雑音や干渉などの影響でビット誤りを起こしやすくなるので、モバイル通信では64QAM程度が実用上の限界といえる。

実際には、64QAMを使っていても、距離が長くなって電波が弱いところで使ったり、雑音が多い環境で使ってビット誤りが大きくなると、自動的に変調方式を「64QAM→16QAM→QPSK」のように雑音に強い方式に変えて伝送速度を下げて使うようにしている。

④誤り訂正符号を使うこと

③で説明したように、欲張って高速伝送をしようとするとビット誤りを起こしやすくなる。

そこで、デジタル信号を一定の長さのブロックに区切り、これに**誤り訂正符号**（220ページを参照）を付けて送るようにする。この誤り訂正符号を使うことによって、高度な変調方式を採用してビット誤りが多少増えても自動的にビット誤りを訂正できるので、高速伝送を実現する上で有効な手段である。ただし、100％確実に訂正できるという保証はなく、ビット誤りを見逃してしまうこともある。

今日では携帯電話や無線LAN、デジタル放送などほとんどの無線通信で誤り訂正符号を使っている。

⑤OFDMを使うこと

OFDM（直交周波数分割多重、199ページを参照）は限られた周波数帯域を効率よく使って高速伝送を実現できる方法で、電波の変動が激しい状

況や雑音・干渉が多い環境でもあまり伝送速度を落とさずに伝送できる強みがある。

携帯電話では3.9Gから使われ始めたが、無線LANでは以前から使われている。

◆送受信に複数のアンテナを使う

無線通信では、これまで送信・受信ともアンテナは１本ずつ使うのが常識だった。携帯電話などでアンテナを２本使うこともあるが、これはダイバーシティといって電波を安定に送受信できるようにするためで、伝送速度を上げる目的ではない。

ところが最近、送信・受信ともアンテナを複数本ずつ使って高速伝送を行うMIMO（Multi-Input Multi-Output）という技術が使われるようになった。

図表19はアンテナを２本ずつ使うMIMO（2×2MIMO）の原理を示した

◆図表19　MIMOの原理◆

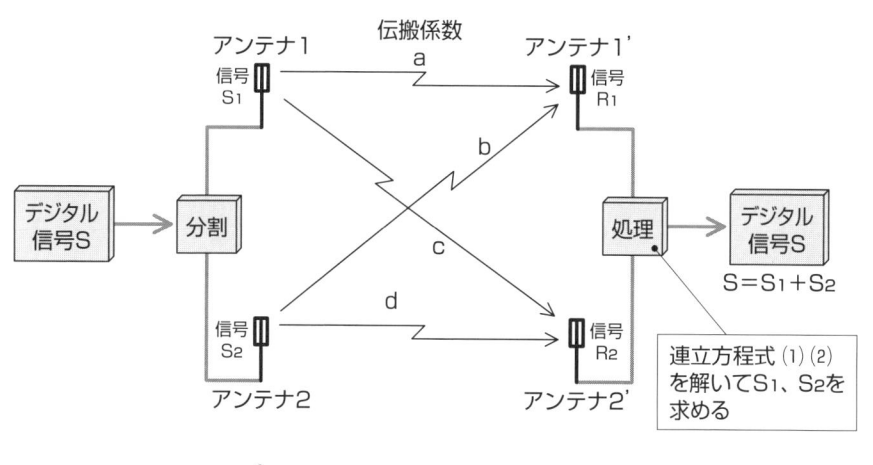

アンテナ1　伝搬係数　アンテナ1'
信号 S_1　a　信号 R_1

デジタル信号S → 分割

b
c
d

処理 → デジタル信号S
$S = S_1 + S_2$

信号 S_2　信号 R_2
アンテナ2　アンテナ2'

連立方程式 (1) (2) を解いてS_1、S_2を求める

$$\begin{cases} R_1 = aS_1 + bS_2 \cdots\cdots (1) \\ R_2 = cS_1 + dS_2 \cdots\cdots (2) \end{cases}$$

ものである。デジタル信号Sを2つに分けてS_1、S_2とし、それぞれ別々に2本のアンテナから同じ周波数の電波で送信する。受信側では2本のアンテナでそれぞれS_1とS_2が混ざった信号が受かるが、途中の電波の伝搬特性がわかれば、図に示した式を使ってS_1とS_2を求めることができる。図の伝搬係数a～dは、送受信アンテナ間の電波の伝搬特性で決まる値である。これで、アンテナが1本ずつの場合に比べて、伝送速度は2倍になる。

このようなことができるのは、2本のアンテナ間の伝搬特性に差があることが条件で、周波数が高い電波を使い、送受信側とも2本のアンテナを離して置くことが必要である。この方法では、同じ周波数の電波を使いながらアンテナの数を増やせばそれだけ高速化が図れることになるが、実用上は4～8本くらいまでが使われる。

このMIMOは高速無線LAN（IEEE802.11n）や3.9G携帯電話、WiMAXなどで使われるようになったが、4G携帯電話でも積極的に使われる予定である。

❻ 携帯電話もブロードバンドの時代
― 第3.5世代で本格的に始まった高速データ伝送 ―

　第3世代（3G）の携帯電話は、マルチメディア対応に高速伝送が特徴になっているが、最近はインターネット接続による大量のデータを伝送したり、映像をダウンロードするなど一層の高速化が求められている。これに応えるために開発されたのが第3.5世代（3.5G）の携帯電話である。

◆3.5G携帯電話HSDPAのデータ伝送方式

　3.5G携帯電話は、W-CDMAを用いた**HSDPA**（High Speed Downlink Packet Access）という方法で最大14Mビット／秒（下り）という高速伝送を実現している（実際にサービスしているのは最大7.2Mビット／秒）。この技術をみてみよう。

　W-CDMAは帯域幅5MHzを使うCDMA方式で、この帯域をデータ伝送だけに使って高速伝送を行ない、音声通話は別の帯域を使う。データ信号は16QAM（1回の変調で4ビット送る）で変調し、この帯域全体を使って送る。

　このデータ信号を基地局から携帯端末に向けて送る場合、**図表20**のようにデータ信号を2ミリ秒単位で区切って順番に送るようにする。このように短い時間で区切った1つの単位を**TTI**（Transmission Time Interval）と呼び、この場合は1秒間に500個のTTIを送ることになる。変調されたデータ信号はこのTTIの中で送られるが、1つのTTIで送ることができるビット数は約28000ビット（最大）である。この28000ビットが1秒間に500個送られるので、1秒間の合計は1400万ビットとなり、伝送速度は14Mビット／秒となる。

　これは電波の状況が理想的な場合の計算値であり、雑音電波が多い状況やビル陰などで電波が弱くなると、変調方式を雑音に強い方式に変えて

◆図表20　HSDPAにおける信号の送り方◆

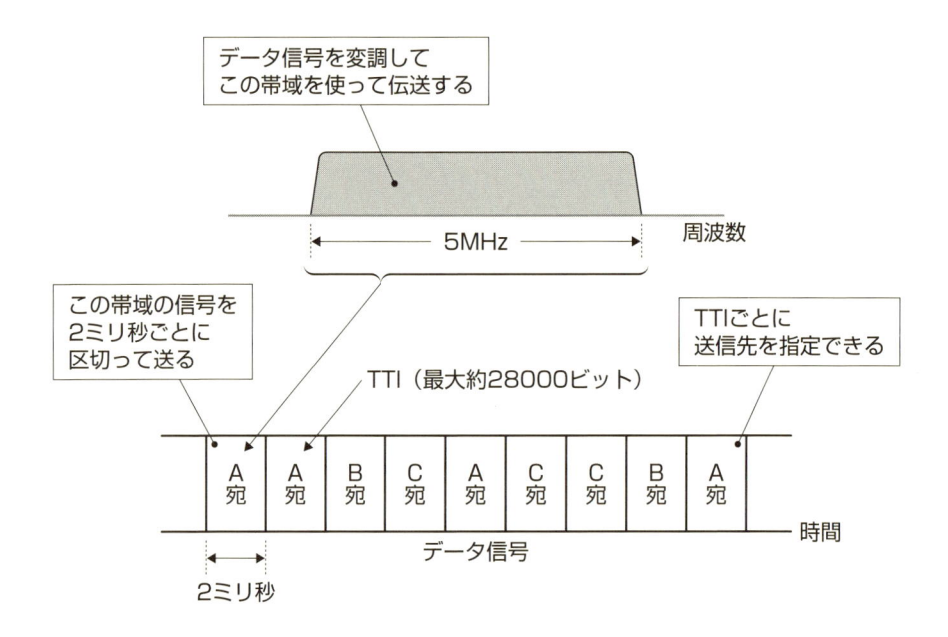

データ信号を変調してこの帯域を使って伝送する

5MHz　周波数

この帯域の信号を2ミリ秒ごとに区切って送る

TTIごとに送信先を指定できる

TTI（最大約28000ビット）

| A宛 | A宛 | B宛 | C宛 | A宛 | C宛 | C宛 | B宛 | A宛 |

データ信号　時間

2ミリ秒

TTIのビット数を減らす必要があり、それだけ伝送速度が低下してしまう。このビット数の調整はTTIごとに行なうことができ、電波の状況に合わせてきめ細かく変調方式を変えることにより、効率のよいデータ伝送ができるようになる。

第3世代（3G）携帯電話にはW-CDMAのほかにCDMA2000がある。

◆図表21　第3世代および第3.5世代携帯電話のデータ伝送速度◆

	第3世代（3G）		第3.5世代（3.5G）	
	CDMA2000	W-CDMA	CDMA2000 1xEV-DO	HSDPA
帯域幅	1.25MHz	5MHz	1.25MHz	5MHz
最大伝送速度*	下り：144kbps 上り： 64kbps	下り：384kbps 上り： 64kbps	下り：3.2Mbps 上り：1.8Mbps	下り：7.2Mbps 上り：5.7Mbps
変調方式	QPSK	QPSK	16QAM	16QAM

＊実用方式の値　　　　　　　　　　　　　　　　　　　　（bps：ビット/秒）

CDMA2000は帯域が1.25NHzでW-CDMAの5MHzよりも狭いため、伝送速度はW-CDMAよりも低い。このCDMA2000でもHSDPAと同じようにしてデータ伝送の高速化を図ったCDMA2000 1xEV-DOという方式があるが、帯域が狭いため伝送速度はHSDPAよりも低い（**図表21**）。

このHSDPAという用語は下り方向（Downlink）の高速パケット伝送を意味するが、最近は上り方向（Uplink）でも高速伝送を行なうHSUPA（High Speed Uplink Packet Access）も登場し、両者を合わせてHSPA（High Speed Packet Access）という用語が使われることが多くなっている。

◆ベストエフォート型の通信

図表20のようにTTI単位で区切ったデータ信号は、TTIごとにユーザ（携帯端末）を切り替えてデータ信号を送ることができる。1つの基地局のセル内に複数のユーザがいると、TTI単位で各利用者にデータ信号を配分するという方法で大勢の人が利用できる。したがって、最大14Mビット／秒という伝送速度は、セル内でたった1人の利用者がすべてのTTIを占有して利用する場合の値であり、2人のユーザがTTIを半分ずつ使うようにすると、1人当たりの平均伝送速度は1/2に低下してしまう。

どのTTIをどの携帯端末に割り当てるかは基地局で決めるが、TTIのビット数が最大になる（すなわち、電波条件が良い）携帯端末に、優先的にTTIを割り当ててデータ信号を送るようにする。その結果、電波の条件の良いところにいるユーザは多数のTTIを利用でき、しかもTTI当たりのビット数も多いので、伝送速度が高くなる。逆に、電波条件の悪いところにいるユーザは割り当てられるTTIの数が少なく、TTI当たりのビット数も少ないので、伝送速度は低くなってしまう（**図表22**）。

この方法では伝送速度は保証されないが、各利用者にTTIを平均的に割り当てる方法よりも、電波条件の良い利用者ははるかに高速でデータ伝送を利用できるようになる。すなわち、ベストエフォート型通信（132ページを参照）である。

このようにして条件の良いところにいる携帯端末ばかりを優先すると、

◆図表22　ユーザごとに伝送速度を変える◆

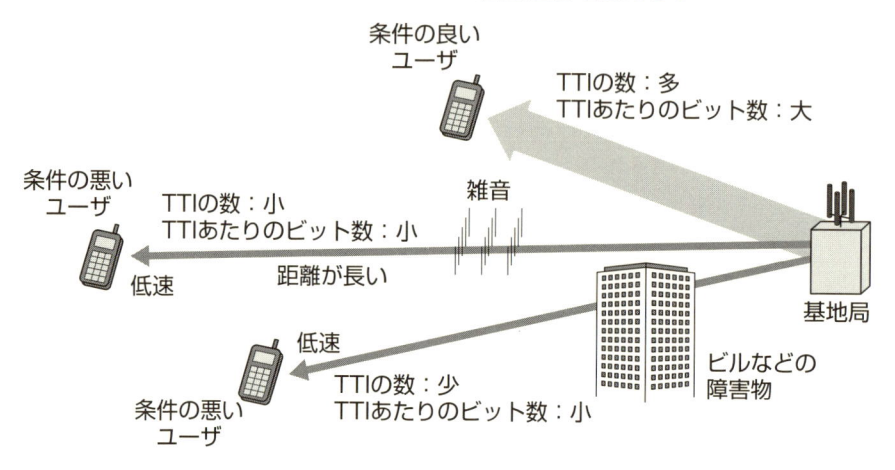

他の端末との間で伝送速度の格差が非常に大きくなってしまうので、実際にはできるだけ均等に通信機会を与えるような制御を行なっている。

7 いよいよ始まった第3.9世代の携帯電話LTE

― 3.5Gの10倍以上の高速性が最大の魅力 ―

　第3.9世代（3.9G）の携帯電話は第4世代（4G）に限りなく近い第3世代ということでこのように呼ばれている。これは**LTE**（Long Term Evolution）規格にもとづいて、3.5Gよりも高速化を図ったもので、日本では2010年末にサービスが始まった。

◆LTEの6つのポイント

　3.9G携帯電話LTEは、3.5G携帯電話HSDPAの技術をベースに、さらに新技術を導入して更なる高速化を実現したものである（**図表23**）。そのポイントは、次のとおりである。

---

①信号を伝送する帯域幅をHSDPAの5MHzからLTEでは最大20MHzに拡大する。帯域幅を広くすればそれに比例して伝送速度を高くできる。

②デジタル信号の変調方式をHSDPAの16QAM（1回の変調で4ビット送る）からLTEでは64QAM（1回の変調で6ビット送る）に高度化する。

③送受信のアンテナを最大4本ずつにする（**MIMO**を採用、83ページを参照）。1本ずつのアンテナを使う場合に比べて、理想的には伝送速度が4倍になる。

④セルのサイズを半径数百m程度に狭くして電波の条件を良くする（従来は3〜5km）。

⑤変調したデータ信号の伝送に、周波数帯域を効率よく使うことができ、マルチパスのような複雑な電波の伝搬状況にも強い**OFDM**（199ページを参照）を使う。

⑥多元接続をそれまでのCDMAから、利用者（携帯端末）ごとにきめ細かくチャネルを割り当てることができるOFDMA（直交周波数分割多元接続）にする。

◆図表23　3.5G（HSDPA）から3.9G（LTE）への高速化技術◆

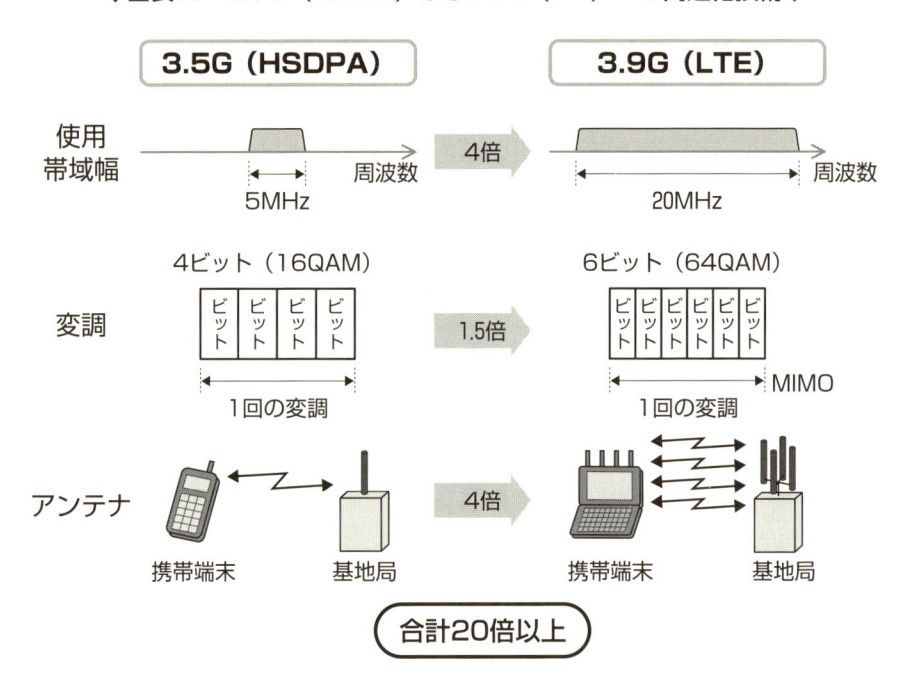

3.5G（HSDPA）　　　　**3.9G（LTE）**

使用帯域幅　5MHz　→4倍→　20MHz

変調　4ビット（16QAM）　→1.5倍→　6ビット（64QAM）　MIMO
1回の変調　　　　1回の変調

アンテナ　携帯端末⇔基地局　→4倍→　携帯端末⇔基地局

合計20倍以上

　LTEの魅力は、「高速伝送」「低遅延時間」「高い周波数利用効率」の3点である。このうち、ユーザにとっての最大の魅力は高速伝送ができることだろう。LTEの規格上は最大300Mビット／秒（下り）であるが、実際のサービスでは最大75Mビット／秒（下り）程度になる。これでも3.5Gの10倍以上の高速伝送だ（**図表24**）。

　低遅延時間も大きな特長である。無線区間での遅延時間を5ミリ秒以下と規定し、端末・端末間で遅延時間を数十ミリ秒以下に抑えている（これまでの仕様では遅延に関する規定はない）。このような低遅延は、モバイル通信でテレビ会議や対戦型ゲームなどを行なうために重要である。とく

◆図表24　3.5G携帯電話（HSDPA）と3.9G携帯電話（LTE）の比較◆

	3.6G (HSDPA)	3.9G (LTE)	
		規格	実用方式
伝送帯域幅	5MHz	1.4M〜20MHz	5MHz、10MHz
最大伝送速度　下り	14.4Mbps (実用方式は7.2Mbps)	300Mbps	(屋内)　75Mbps (屋外)　37.5Mbps
上り	5.7Mbps	75Mbps	(屋内)　25Mbps (屋外)　12.5Mbps
変調方式	16QAM	64QAM	
無線アクセス　下り	CDMA	OFDMA	
上り	CDMA	SC-FDMA	
遅延時間 (無線区間)	規定なし (数十ミリ秒)	5ミリ秒以下	
送受信アンテナ	1本ずつ	最大4本ずつ(MIMO)	2本ずつ (MIMO)
セルの半径	2〜3km	—	1km以下

(Mbps：Mビット／秒)

　に、遅延時間を短くすることは将来予定されているIP電話の実現にとって必要不可欠である。

　なお、3.9Gで採用する新技術はすべてデータ通信に対してだけであり、音声通話は従来の3Gの方式をそのまま利用する。

◆新しい多元接続OFDMA

　LTEが使う**OFDM**は、広い伝送帯域を多数のサブチャネルに分け、各サブチャネルの中でデータ信号を変調して伝送する方式である（200ページ）。このOFDMを多元接続に応用したのが**OFDMA**（Orthogonal Frequency Division Multiple Access）で、その原理を**図表25**に示す。

　まずOFDMのサブチャネルを12個まとめて1つのブロックとし（帯域幅180kHz）、このブロックを単位として各ユーザ（携帯端末）にチャネルを割り当てる。このとき、ブロックの割り当ても1ミリ秒ごとにユーザを切り替えることができる。3.5GのHSDPAでは信号を2ミリ秒単位で区切っていたが（86ページの**図表20**）、LTEではこれを1ミリ秒単位に短くし、さらに帯域も周波数で分割して、よりきめ細かくユーザごとに割り当てる

◆図表25　OFDMAの原理◆

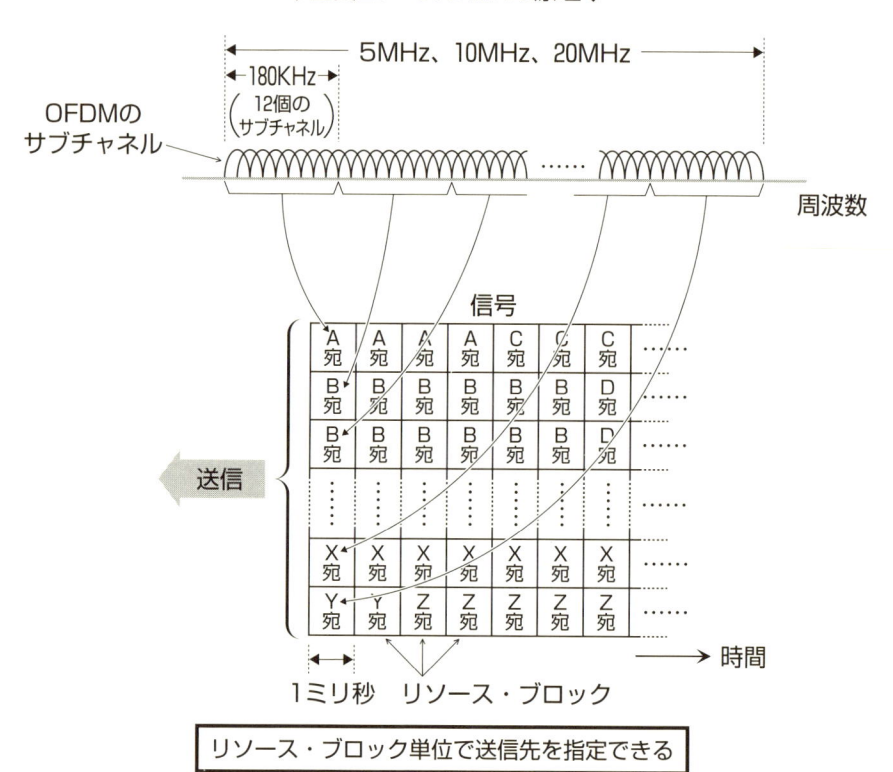

```
         ←──── 5MHz、10MHz、20MHz ────→
         ←180KHz→
         (12個の
         サブチャネル)
OFDMの
サブチャネル  〰〰〰〰〰〰〰〰〰 …… 〰〰〰〰〰
                                          → 周波数

                   信号
             ┌─┬─┬─┬─┬─┬─┬─┐
             │A│A│A│A│C│C│ │……
             │宛│宛│宛│宛│宛│宛│ │
             ├─┼─┼─┼─┼─┼─┼─┤
             │B│B│B│B│B│D│ │
             │宛│宛│宛│宛│宛│宛│ │
      ┌      ├─┼─┼─┼─┼─┼─┼─┤
      │      │B│B│B│B│B│D│ │
      │      │宛│宛│宛│宛│宛│宛│ │
 送信 ⇐      ├─┼─┼─┼─┼─┼─┼─┤
      │      │⋮│⋮│⋮│⋮│⋮│⋮│ │
      │      ├─┼─┼─┼─┼─┼─┼─┤
      │      │X│X│X│X│X│X│ │
      │      │宛│宛│宛│宛│宛│宛│ │
      └      ├─┼─┼─┼─┼─┼─┼─┤
             │Y│Y│Z│Z│Z│Z│ │
             │宛│宛│宛│宛│宛│宛│ │
             └─┴─┴─┴─┴─┴─┴─┘
                                  → 時間
             ←→
             1ミリ秒　リソース・ブロック
```

| リソース・ブロック単位で送信先を指定できる |

ようにしている。このようにして、周波数と時間でチャネルを分けて各ユーザに割り当てるという方法で多元接続ができることになる。LTEでは、この1ミリ秒と180kHz（12サブチャネル）でつくられた単位をを1つの**リソース・ブロック**と呼んでいる。

　基地局は各携帯端末との無線回線の品質を常にモニターし、回線品質の良い携帯端末に対して多くのリソース・ブロックを割り当てる（**図表26**）。回線品質が良ければ64QAMのような高度な変調を使って高速伝送ができるので、基地局全体でみると、同じ周波数帯域を使ってそれだけ多くのデータを送信できることになる。これが、LTEの魅力の1つである「高い周波数利用効率」の意味である。

第2章　モバイル通信が拓く新しい通信の世界

◆図表26　OFDMAを用いた通信◆

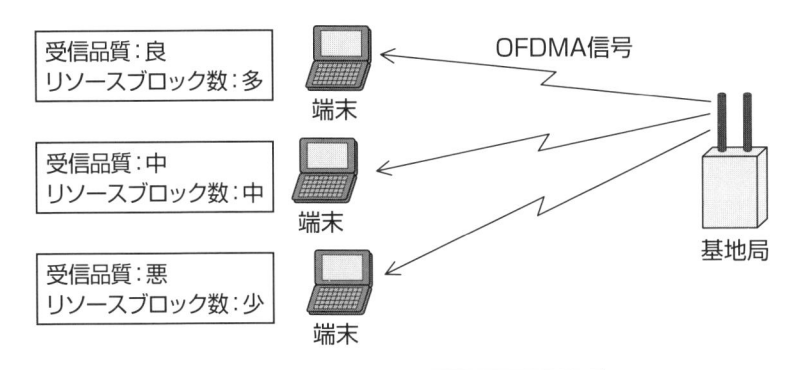

受信品質：良
リソースブロック数：多
端末

受信品質：中
リソースブロック数：中
端末

受信品質：悪
リソースブロック数：少
端末

OFDMA信号

基地局

受信品質のよい端末に優先的に
リソースブロックを多く割り当てる
（周波数スケジューリング）

8 新しく登場した高速モバイル・データ通信

―次世代PHSとモバイルWiMAX―

最近の携帯電話に要求されているのは高速データ通信の機能だ。携帯電話は電話（音声通話）とデータ通信という2つの機能を備えたモバイル通信であるが、高速データ通信だけを対象としたモバイル通信もある。**次世代PHSとモバイルWiMAX**である。

◆①PHSを高速化した次世代PHS（XGP）

1995年に始まったPHSは、携帯電話のように専用のネットワークを持たず、固定電話の交換機を利用することによって低コスト化を図った簡易型携帯電話である。

携帯電話より狭い半径100〜400m程度の**マイクロセル**を使うのが特徴で、基地局と携帯端末間の距離が短いため、電波のズレや減衰の影響が少なく、高速伝送を行ないやすいという特長がある。また、距離が短いので電波の出力が小さくてすみ、携帯端末の消費電力を減らしてバッテリーを小型化・長時間使用にできるのも大きな特長である。

PHSは上り・下りの信号伝送に対する電波の使い方に特徴がある。携帯電話では、上りと下りに周波数の異なる電波を使っているが、PHSでは同じ周波数の電波を使い、上り・下りの信号は5ミリ秒ごとに時間を区切って、前半で上り、後半で下りと交互に送る方法を採用している（**図表27**）。この方法を**TDD**（Time Division Duplex）といい、つぎに説明するモバイルWiMAXなど他のシステムでも使われるようになってきている。

これに対して、携帯電話のように、上り・下りに異なる周波数を使う方法はFDD（Frequency Division Duplex）と呼ばれる。

PHSは、最初は1.9GHz帯を使い、帯域300kHzで電話および32kビット／秒（のちに最大約800kビット／秒まで高速化）のデータ伝送を行なった

◆図表27　基地局と携帯端末の間の信号の送り方◆

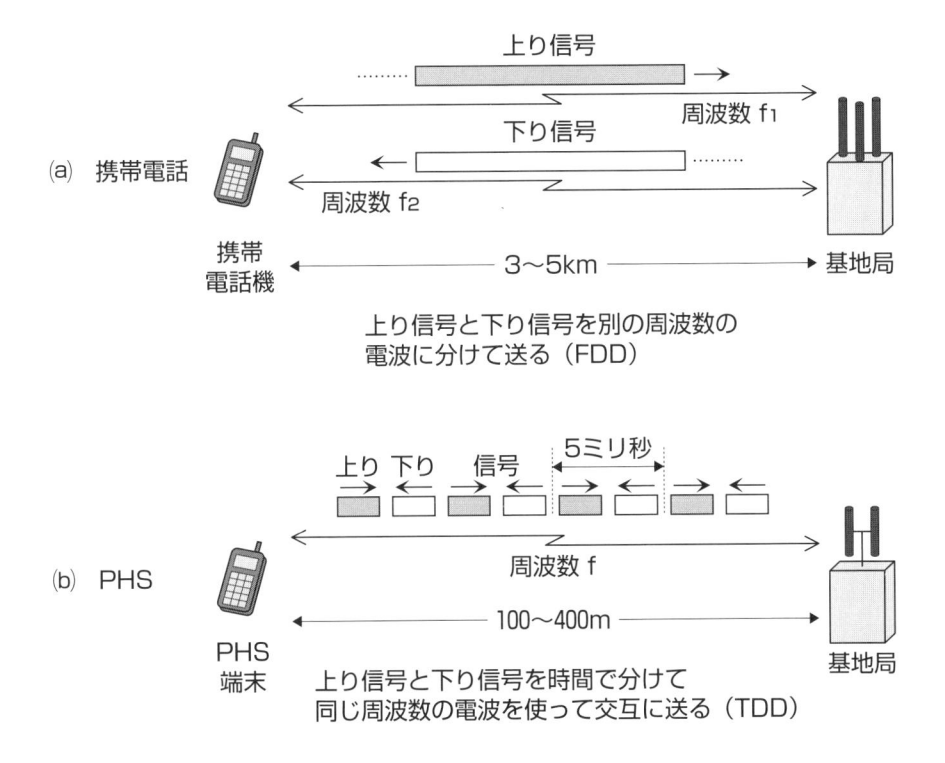

(a) 携帯電話

上り信号　周波数 f₁
下り信号　周波数 f₂
携帯電話機 ←3〜5km→ 基地局
上り信号と下り信号を別の周波数の
電波に分けて送る（FDD）

(b) PHS

5ミリ秒
上り 下り 信号
周波数 f
PHS端末 ←100〜400m→ 基地局
上り信号と下り信号を時間で分けて
同じ周波数の電波を使って交互に送る（TDD）

が、数十Mビット／秒クラスの高速データ伝送にはもっと広い帯域が必要である。そこで、新しく割り当てられた2.5GHz帯を使い、帯域20MHzで上り・下り最大20Mビット／秒の高速伝送を実現している（**図表28**）。

このように、携帯電話などと異なり、上り・下りの伝送速度が同じであるところにPHSの特徴がある。この方式は次世代PHSと呼ばれていたが、2009年からサービスを提供しているWILLCOM社は**XGP**と呼称している。

XGPで使われている新技術の1つに**アダプティブ・アンテナ**（**AAS**：Adaptive Antenna System）がある。これは、**図表29**に示すように、基地局で複数のアンテナ（図では4本）を用い、それぞれのアンテナから発射される電波の位相と電力をうまく調整することによって端末側で受信する電波の強さが最大になるようにするとともに、周辺の他の端末では受信

電波が最小になるようにする。逆に端末からの電波を受ける場合も、特定の端末からの受信電波を最大に、他の基地局と通信している端末からの電波は最小になるようにする。これができるのは、上り・下りの通信に同じ周波数の電波を使うTDDを採用しているからであり、上り電波の伝搬特性から下り電波の伝搬特性を推定できるためである。

このようにすれば、ある端末に対して特定の周波数の電波だけが強調されて届き、それ以外の周波数の電波は届きにくくなるので干渉が少なく、それだけ高度な変調方式を用いて高速伝送ができることになる。

このXGPは帯域幅10MHzで20Mビット／秒伝送を行なっているが、将来は帯域幅を20MHzにしてより高速化を図ることも検討されている。

◆図表28　高速モバイル通信システムの比較◆

		次世代PHS (XGP)	モバイル WiMAX	携帯電話* 3.5G (HSDPA)	携帯電話* 3.9G (LTE)
最大伝送速度	下り	20Mbps	40Mbps	7.2Mbps	75Mbps
	上り	20Mbps	10Mbps	5.8Mbps	25Mbps
使用周波数帯		2.5GHz	2.5GHz	1.7GHz、2GHz	700〜900MHz 1.5GHz、1.7GHz 2GHz
伝送帯域幅		10MHz	10MHz	5MHz	10MHz
変調方式		265QAM	64QAM	16QAM	64QAM
上り・下り伝送		TDD	TDD	FDD	FDD
通信距離（セルの大きさ）		100m以下	1km以下	2〜3km	1km以下
アンテナ		アダプティブアンテナ	MIMO（2本ずつ）	1本ずつ	MIMO（2本ずつ）
事業者		・WILLOM	・UQコミュニケーションズ	・NTTドコモ ・ソフトバンクモバイル ・イーモバイル	・NTTドコモ ・KDDI** ・ソフトバンクモバイル** ・イーモバイル**

*　サービス提供中の値
**　予定（2011年1月現在）

（bps：ビット／秒）

◆②データ通信に特化したWiMAX

WiMAXとは"Worldwide Interoperability for Microwave Access"の略語で、その狙いは、「世界規模で相互運用ができるマイクロ波無線によるアクセス」で端末機器を接続し、ユーザがブロードバンド通信を利用できるようにすることである。

最初は無線アクセスなどの固定通信用として開発されたが、無線を使うのでモバイル通信としても利用でき、対象を高速データ通信だけに絞ったモバイルWiMAXとしてサービスされている。

モバイルWiMAXは2.5 GHz帯の電波を利用し、帯域幅10MHzで最大40Mビット／秒（下り）の高速伝送を行なう方式である（**図表28**）。これは、変調方式に64QAM、伝送方式に周波数帯域を有効に利用してデータ信号を送るOFDM、OFDMを応用した多元接続OFDMA、送受信に2本ずつのアンテナを使うMIMO、という最近の無線伝送で用いられるようになった新技術を積極的に導入して高速伝送を実現したものである。

モバイルWiMAXのセルは半径500m～1kmで携帯電話よりも狭い。各

◆**図表29　アダプティグ・アンテナを使った通信**◆

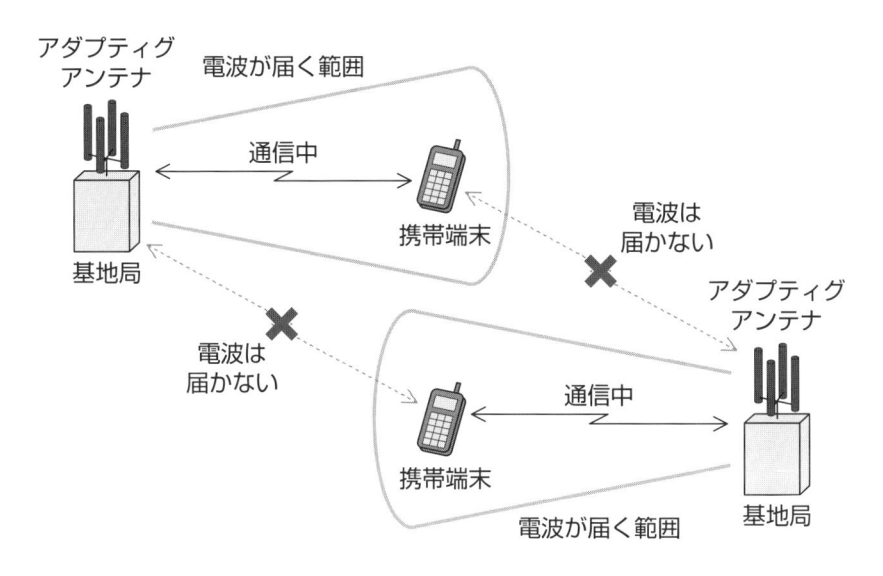

◆図表30　モバイルWiMAXの構成◆

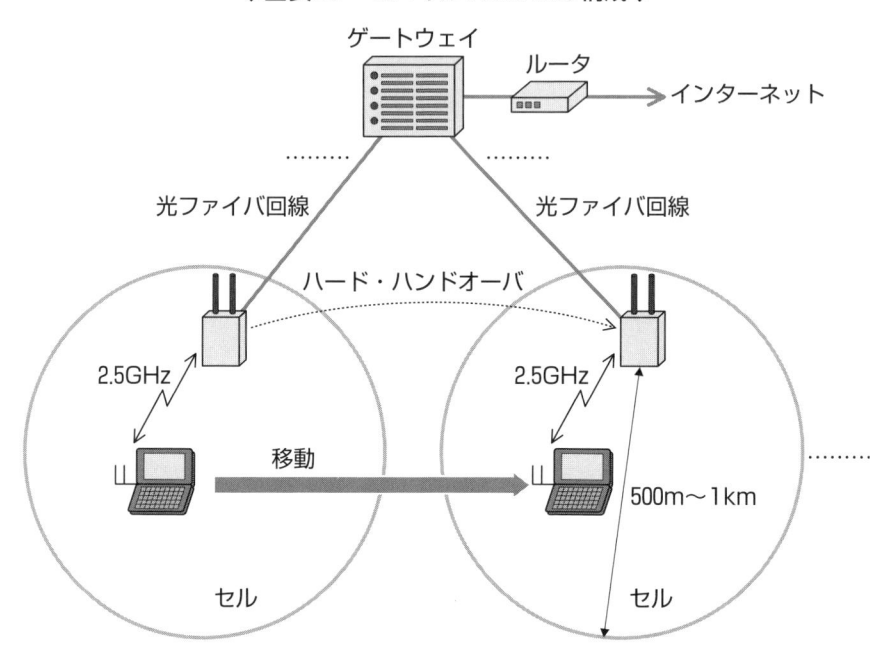

　セルにある基地局は光ファイバ回線などで通信センタにあるゲートウェイ装置につながっていて、ここで携帯端末の接続などの通信制御を行なう（**図表30**）。基地局と携帯端末との間の上り・下りの双方向通信にはPHSと同様にTDDを用いている。

　携帯端末が通信中にセルを越えて移動すると、隣接するセルの中でもっとも電波が強い基地局に切り換えて通信を継続する。このとき、携帯電話は一瞬でも通話が途切れることがないようにするソフトハンドオーバを採用しているが、WiMAXは基地局を切り換えるときに50ミリ秒ほど通信が途切れてしまうハード・ハンドオーバを使っている。データ通信は音声通話と違ってこの程度なら途切れても問題はない。このようにして小さいセルを使いながら、時速120km程度の高速で移動しながら通信できるようにしている。

　モバイルWiMAXが携帯電話などと大きく異なる点は電話番号をもたな

いことだ。そのため端末機器を識別するにはMACアドレス（185〜187ページを参照）を使う。MACアドレスはLANで機器を識別するためのアドレスで、その意味ではWiMAXは無線LANに近い。ユーザからみると、端末購入時に携帯電話やPHSのように通信事業者と契約する必要がない、パソコンや無線LAN機器と同じように買うことができる。

　携帯電話は全国ほとんどの地域で利用できるが伝送速度がやや遅い、無線LANは高速だが利用できる場所が屋内か屋外でも特定のスポットに限られる、という不満をモバイルWiMAXは解消してくれる。

　このモバイルWiMAXは、帯域幅10MHzで最大40Mビット／秒伝送を行なっているが、規格では帯域幅20MHzで75Mビット／秒伝送が実現できるとされている。将来は帯域幅を40MHzまたはそれ以上に拡大して、より高速化をねらったWiMAX2も計画されている。

9 近づいてきた第4世代の携帯電話

―1Gビット／秒伝送をめざす―

3.9G携帯電話LTEに続いて、第4世代（4G）携帯電話の開発が進められている。

その狙いは、第1にデータ伝送の超高速化である。新幹線などで高速移動中でも最大100Mビット／秒（下り）、低速移動時は最大1Gビット／秒（下り）という光ファイバと同程度の超高速伝送が目標だ。

狙いの第2はネットワークのIP化である。現在、固定通信のネットワークはIP化が進められているが、これをIPパケットで直接通信できるようにするためである。これが実現できれば携帯電話もIP電話にすることができる。

現在、4Gの有力候補には、LTEの一層の高速化を図った**LTE-Advanced**と WiMAXを高速化した**WiMAX2**がある。これは、2010年10月に国際電気通信連合（ITU）が選んだ方式である。

◆LTEはさらに高速化する

LTEの技術を踏襲し、さらに高速化を図ったLTE-Advancedという規格が検討されているが（**図表31**）、これが第4世代（4G）携帯電話の有力候補で、2014～5年頃の実用化をめざしている。

この高速化のポイントは次の4点である。

①LTEで使っている20MHzの帯域を5個束ねて（キャリヤ・アグリゲーション）最大100MHzの帯域幅にする（**図表32**）。
②送受信のアンテナをそれぞれ8本ずつ（8×8MIMO）にする（**図表33**、83ページを参照）。
③複数の基地局が協調して、同時に携帯端末にデータを送信する（**図34**）。

◆図表31　3.9G（LTE）と4G（LTE-Advanced）の比較◆

	3.9G（LTE） （最大規格）	4G（LTE-Advanced） （目標値）
使用帯域幅	（最大）20MHz	（最大）100MHz
最大伝送速度	下り：300Mbps 上り：75Mbps	下り：1Gbps 上り：500Mbps
変調方式	64QAM	64QAM
無線アクセス	下り：OFDMA 上り：SC-FDMA	下り：OFDMA 上り：SC-FDMA
無線区間の遅延時間	5ミリ秒以下	5ミリ秒以下
送受信アンテナ（MIMO）	最大4本ずつ	最大8本ずつ

（bps：ビット／秒）

◆図表32　LTE-Advancedが使う伝送帯域◆

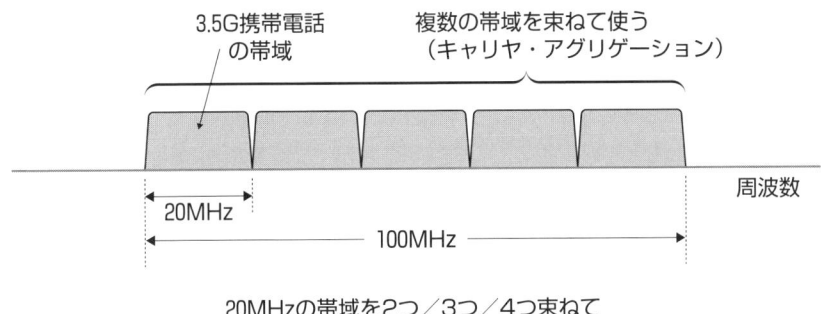

3.5G携帯電話の帯域

複数の帯域を束ねて使う（キャリヤ・アグリゲーション）

20MHz　100MHz　周波数

20MHzの帯域を2つ／3つ／4つ束ねて帯域を40MHz／60MHz／80MHzとして使うことができる

④基地局と携帯端末の間に無線を中継するリレー局を設置する（**図表35**）。

　このうち、①と②はLTEでも採用した高速化技術をさらに拡張したものである。たとえば、②の8×8MIMOはLTEの4×4MIMOを強化してアンテナの数を2倍にし、無線回線の数を2倍にしようというものだ。さらに、1つの基地局のアンテナの数を増やし、複数の携帯端末に向けて信号を送るマルチユーザMIMOという方法もある。

　③はCoMP（Coordinated Multi-Point transmission/reception）と呼ば

◆図表33　8本ずつのアンテナを使うMIMD◆

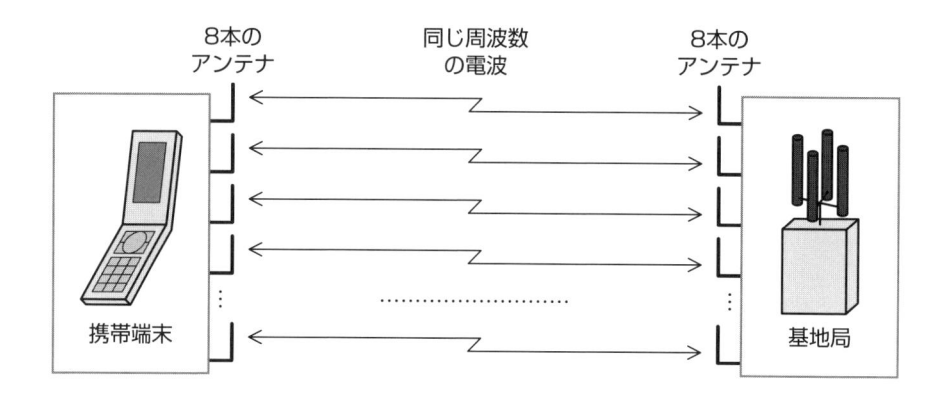

8本の
アンテナ　　　同じ周波数
　　　　　　の電波　　　　　8本の
　　　　　　　　　　　　　アンテナ

携帯端末　　　　　　　　　　　　基地局

◆図表34　複数の基地局からの電波を使うCOMP◆

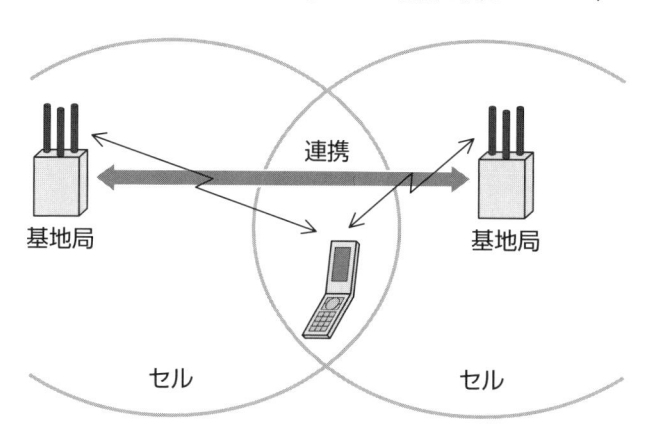

連携

基地局　　　　　　　　　　基地局

セル　　　　　　　　セル

2つ以上の基地局が連携して1つの携帯端末に対して
それぞれの基地局から電波を送る

れる技術で、たとえば、2つのセルの境界付近にいるユーザの携帯端末に対して、2つの基地局が連携してそれぞれのアンテナから電波を送ることによって、1つの基地局の2本のアンテナから電波を送るMIMOよりも通信品質を良くできるという方法である。この方法はセルの端にいるユーザに対してとくに有効である。

◆図表35　電波を中継するリレー局を設置◆

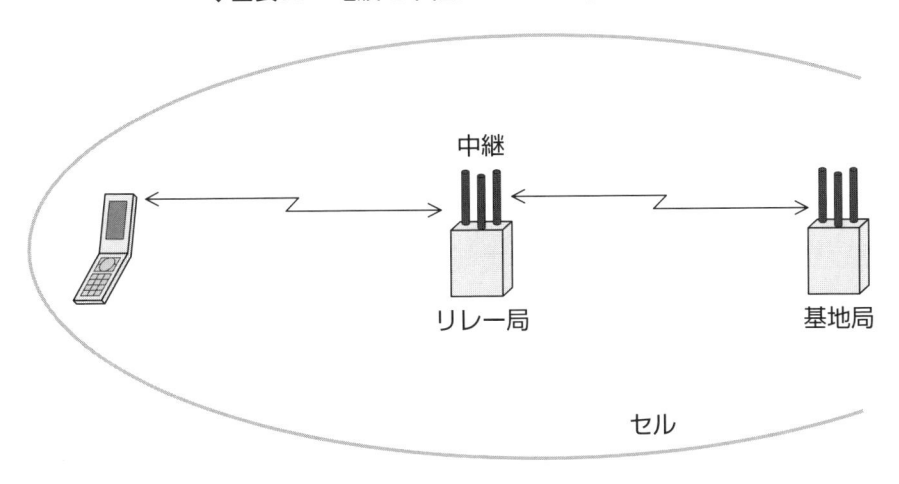

　④は基地局から距離が遠いユーザに対して伝送速度の低下を防ぐことができる有力な方法である。リレー局は、基地局からの電波を単に増幅するだけではなく、信号の再生処理などを行なってから携帯端末に向けて電波を送信する。

　また、LTEで初めて規定された遅延時間（無線区間で5ミリ秒以下）もそのまま引き継ぎ、電話も含めたオールIP化の実現を目標としている。

◆WiMAX2

　現在のWiMAXの規格では、帯域幅20MHzで伝送速度は最大75Mビット／秒とされているが、LTEと同じような技術を使って最大300Mビット／秒以上とする計画が進められている。これがWiMAX2と呼ばれているものであるが、さらに帯域幅を40MHzまたはそれ以上にして4Gの目標規格に向けた開発が進められると思われるが、詳細はこれから決まる。

10 無線LANのキホン

―構内で使う無線データ通信のためのネットワーク―

　最近はほとんどのオフィスでLANが使われている。LANではイーサネットが有名だが、ケーブルを使うため配線が面倒で邪魔になる。そこでケーブルを使わずに電波でデータ信号をやりとりする**無線LAN**が使われるようになった。さらに公衆無線LANサービスとして、駅や空港、ホテル、飲食店、商店街など人が大勢集まるスポットでも使われ、また一般家庭でもいろいろな部屋でインターネットを利用したい場合に使われるようになった。

◆無線LANに使う電波

　一般に電波を使うには電波免許が必要であるが、無線LANは使用するエリアが屋内で距離が短く、弱い電波で通信できるので、決められた周波数帯で弱い電波なら免許不要で利用できる。無線LANが使う周波数は2.4GHz帯（2.4GHz～2.5GHz）と5GHz帯（5.15GHz～5.35GHz）で、とくに2.4GHz帯の利用が多い。この2.4GHz帯は**ISM**バンドと呼ばれ、産業（Industrial）、科学（Science）、医療（Medical）などの用途に広く開放されている。

　私たちの家庭では電子レンジがこの周波数帯を使っている。2.45GHzの強力な電波を発生させ、これに水の分子が共振して温度が上がるのを利用して食料品を加熱するものだ。

　無線LANでおもに使われている2.4GHz帯には、**図表36**に示すように全部で14個のチャネルが用意されていて、ユーザはこの中からもっとも雑音や妨害が少ないチャネルを選んで利用する。同じ場所で利用できるのは、**図表36**のチャネル配置の中で周波数が重ならない3～4チャネルに限られる。1チャネルの帯域は20MHzである。

◆図表36　2.4GHz帯無線LANに使われる周波数とチャネル配置◆

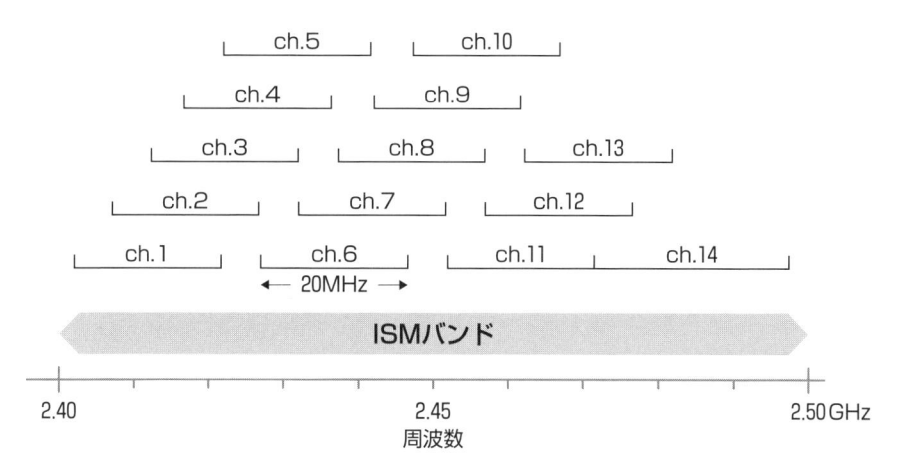

```
         ├── ch.5 ──┤   ├── ch.10 ──┤
      ├── ch.4 ──┤    ├── ch.9 ──┤
   ├── ch.3 ──┤   ├── ch.8 ──┤   ├── ch.13 ──┤
 ├── ch.2 ──┤   ├── ch.7 ──┤   ├── ch.12 ──┤
├── ch.1 ──┤  ├── ch.6 ──┤   ├── ch.11 ──┤  ├── ch.14 ──┤
              ← 20MHz →

            ISMバンド

2.40              2.45                 2.50 GHz
                 周波数
```

5GHz帯でも帯域20MHzのチャネルが複数個用意されている。

　無線LANが使用する周波数帯は、ほかの機器も自由に利用できるので、いろいろな電波が飛び交っていて信号に妨害を与えることが多い。そのため、雑音や妨害に強い信号の送り方をする必要がある。それには信号を広い周波数帯域（20MHz）に拡散して送る**スペクトラム拡散**という方法を用いる。

　通常はデータ信号を64QAMなどで変調してできるだけ狭い帯域の信号にして伝送するが、スペクトラム拡散では、**図表37**に示すように、変調されたデータ信号に**拡散符号**を加えてわざと帯域の広い信号に変換して伝送する。この拡散符号は帯域の広い信号でできた特殊な符号で、これを加えると帯域の狭いデータ信号も帯域の広い信号になってしまう。受信側では、送られてきた帯域の広い信号に送信側と同じ拡散符号を加えると（逆拡散）、もとのデータ信号に戻すことができる。

　無線で伝送中の信号に加わる雑音妨害電波は特定の周波数に集中していることが多い。これを受信側で逆拡散すると、データ信号は狭い帯域の信号になるが、雑音妨害は逆に広い帯域に拡散されてデータ信号への影響がほとんどなくなる（**図表37**）。これがスペクトラム拡散の最大の特長である。

◆図表37　スペクトラム拡散通信の原理◆

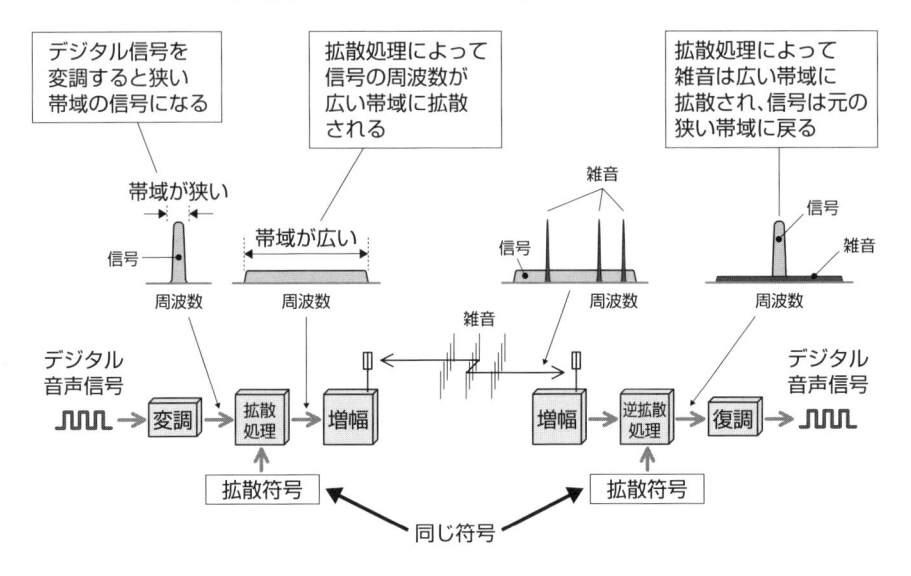

3G携帯電話で使われているCDMAはこのスペクトラム拡散を応用したものである。CDMAでは多元接続のために多数の拡散符号を使うが、無線LANでは拡散符号は1種類ですむ。

◆無線LANの使い方

　無線LANは、親機に相当する**アクセス・ポイント**（**AP**：Access Point）とパソコンなどの子機との間で電波を使ってデータをやりとりする。電波が届く範囲は100m以下で、壁や本棚などの障害物があると電波が減衰するので距離はもっと短くなる。そのため、広いエリアをカバーするにはアクセス・ポイント同士をイーサネットなどのケーブルで接続する（**図表38**）。

　アクセス・ポイントが端末（子機）と同時に接続できるのは1台だけである。複数の端末が同時に通信しようとすると混乱するので、それを避けるためのアクセス制御機能が必要である。

　他の端末が通信中かどうかは、電波を受信してみればわかる。電波が受

◆図表38　無線LANの構成◆

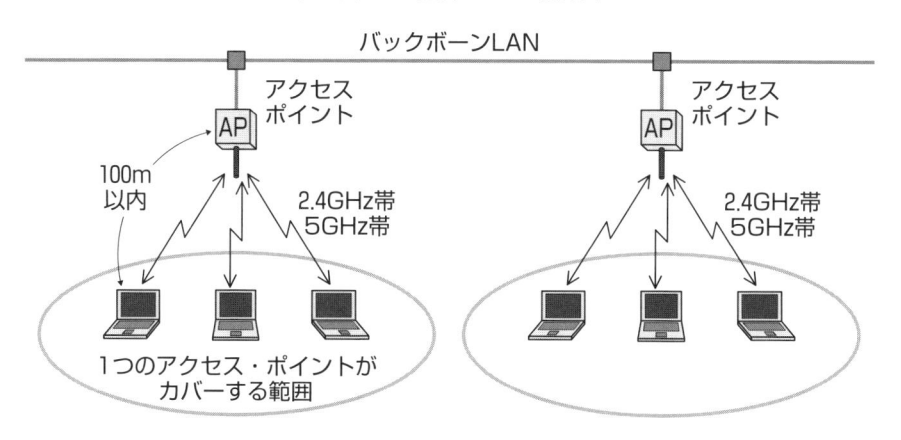

◆図表39　無線LANにおける隠れ端末の存在◆

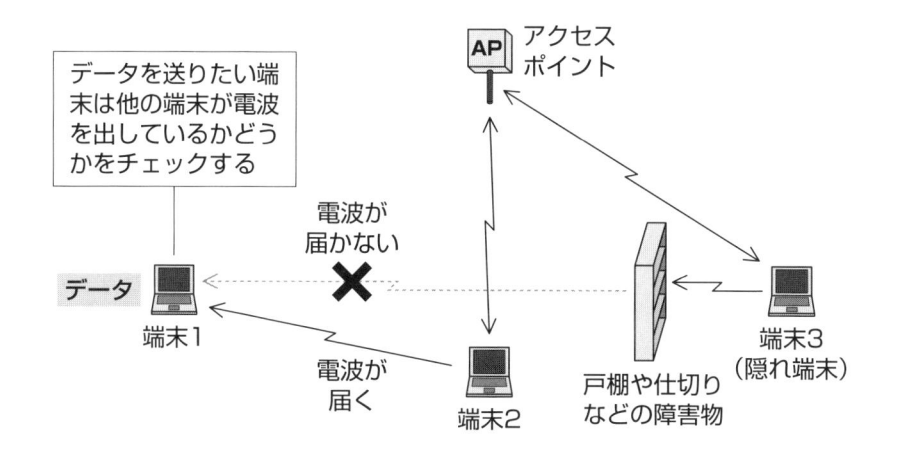

信できなければ、どの端末も信号を送っていないと判断する。しかし、**図表39**のように、端末1は端末2が出している電波は受信できるが、端末3が出した電波は離れすぎていたり、途中に障害物があるために受信できないことがある。これを「隠れ端末問題」という。

　この隠れ端末問題を避けるために、**図表40**に示すようにアクセス・ポイントとの間で制御信号をやりとりして確実に通信できるようにする。端末

1は、次の手順で通信をする。

①他の端末からの電波が出ていないことを確認する
②データを送るのに先立ってアクセス・ポイントに向けて送信要求信号RTSを送る
③アクセス・ポイントは他の端末からの電波がないことを確認して送信許可の信号CTSを送り返す
④端末1はCTSを受け取ったらデータ信号を送信する
⑤アクセス・ポイントはデータ信号を正常に受信したら確認信号ACKを送り返す

◆図表40　無線LANにおける信号の送り方◆

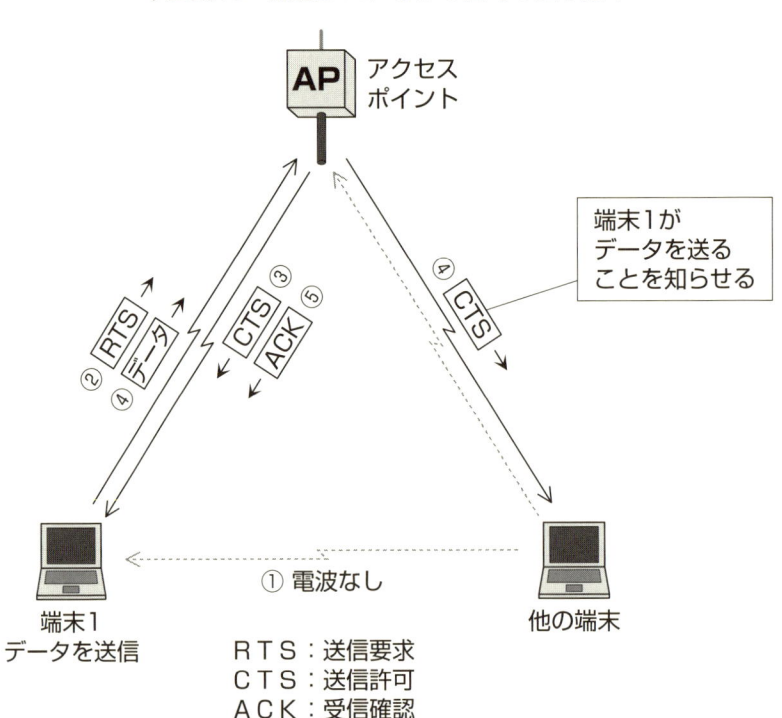

RTS：送信要求
CTS：送信許可
ACK：受信確認

第2章　モバイル通信が拓く新しい通信の世界

このとき、他の端末もアクセス・ポイントが送ったCTS信号を受信できるので、一定の待機時間（CTSで指定されている）の間は他の端末はデータを送ることができない。

これは、どの端末もアクセス・ポイントとの間では確実に電波が届くことを利用した方法である。

◆無線LANの標準

無線LANの標準はIEEE802.11シリーズで規定されている。おもなものは5GHz帯を使うIEEE802.11a、2.4GHz帯を使うIEEE802.11b、IEEE802.11g、2.4GHz帯と5GHz帯の両方で使えるIEEE802.11nである（図表41）。

この中でもっとも高速なのはIEEE802.11nである。MIMOで最大4本のアンテナを使い、帯域20MHzで最大約300Mビット／秒の高速伝送ができる。さらに、隣り合う2つのチャネルを束ねて（チャネルボンディング）、帯域40MHzとすれば、最大600Mビット／秒伝送が可能である。

最近よく耳にするWiFi（ワイファイと読む）という用語は、業界団体がつけた無線LANの規格のブランド名である。無線LANの規格はIEEE802.11シリーズで定められているが、実際にはメーカや製品の違いによって相互接続できないケースがあるので、認証試験を経てほかの製品

◆図表41　代表的な無線LANの規格◆

標準規格名	IEEE802.11a	IEEE802.11b	IEEE802.11g	IEEE802.11n	
周波数帯	5GHz	2.4GHz		2.4GHz、5GHz	
最大伝送速度	54Mbps	11Mbps	54Mbps	帯域20MHz 288.9Mbps	帯域40MHz 600Mbps
変調方式	64QAM 16QAM 4PSK 2PSK	CCK* 4PSK 2PSK	64QAM 16QAM 4PSK 2PSK	64QAM 16QAM 4PSK 2PSK	
拡散方式	OFDM	DS-SS	OFDM	OFDM	
アンテナ	1本（1対1）			最大4本（MIMO）	

＊Complementary Code Keying　相補符号変調

と組み合わせて利用できるものを「WiFi」と表示している。

"WiFi＝無線LAN"と思っている人もいるが、それは間違いだ。ただ、「WiFi」と表示されている製品のほうが安心して使えるので、製品を購入するときはよく確かめたほうが無難である。

無線LANの標準を進めた規格名は、図表41に示したようにIEEE802.11aのような番号が付けられているが、このIEEEEはアメリカの「電気・電子技術者協会」のことで、世界で最も権威のある学術学会の1つである。LANの標準はこのIEEEの傘下の802委員会（1980年2月に設立されたので、このように名付けられた）で行なわれ、IEEE802シリーズとして制定されている。代表的なLANであるイーサネット（184ページを参照）はIEEE802.3として標準規格が定められている。

11 超近距離の無線通信

―10m以内の距離を無線で接続する―

近くにある機器同士を、ケーブルを使わずに無線で接続する技術が開発された。最初は簡単なデータをやりとりするだけであったが、次第に映像を含む大量のデータをやりとりすることができるシステムへと発展している。

◆近距離を無線で通信するBluetooth

Bluetooth（ブルートゥース）は10m以内の近距離を無線で通信するもので、情報機器の間を接続ケーブルを使わずに情報をやりとりするのに使用される。携帯電話機とヘッドフォンやイヤフォンをワイヤレスで結んでハンズフリーで通信する、パソコン本体とマウスやキーボードとをワイヤレスで接続するといった目的に使われている（図表42）。

無線LANと同じ2.4GHz帯の電波を利用するので、雑音や干渉に強い**スペクトラム拡散**通信を使うが、無線LANの場合と違って、拡散符号を使わない**周波数ホッピング**という方法を用いている（図表43）。

これは2.4GHz帯のISMバンド全体を使って、1MHz間隔で79個のチャネルをつくり、このチャネルを625マイクロ秒ごとにランダムに切り替えて使いながらデータ信号を伝送するという方法である。データ信号は変調して1つのチャネルの中で伝送する。

伝送速度は1Mビット／秒程度であるが、3Mビット／秒程度に高速化した方式もある。Bluetoothは上り・下りの双方向伝送に同じチャネルの信号を時間で分けて交互に送るTDD方式を使っているので、この伝送速度は上りと下りを合わせた値であり、上りと下りの伝送速度の組み合わせにはいくつかのパターンが用意されている（図表44）。

Bluetoothで最初に機器を接続する際には、接続相手を特定するための

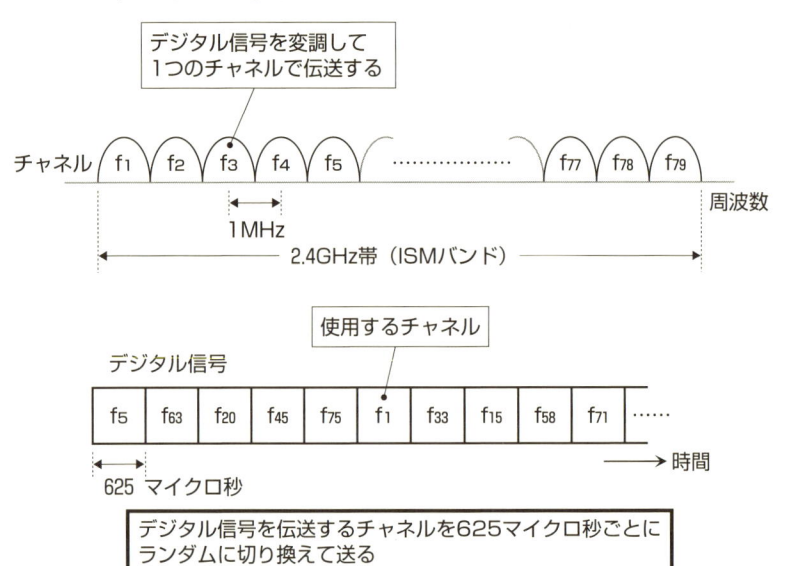

◆図表42　Bluetoothの利用イメージ◆

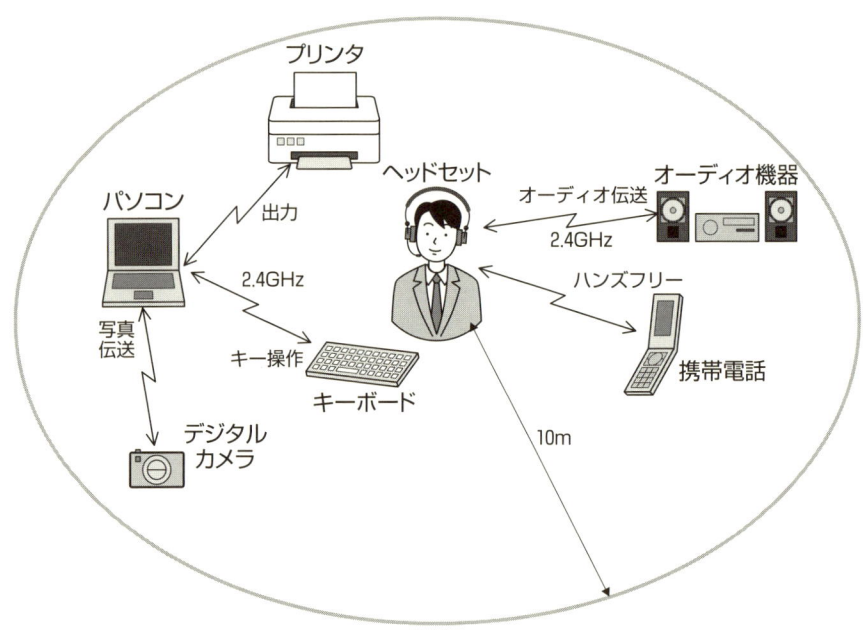

- プリンタ
- パソコン
- ヘッドセット
- オーディオ機器（オーディオ伝送 2.4GHz）
- 携帯電話（ハンズフリー）
- キーボード（キー操作）
- デジタルカメラ（写真伝送 2.4GHz）
- 出力
- 10m

◆図表43　周波数ホッピングを使った信号の送り方◆

デジタル信号を変調して1つのチャネルで伝送する

チャネル： f_1, f_2, f_3, f_4, f_5 ………… f_{77}, f_{78}, f_{79}　→周波数

1MHz
2.4GHz帯（ISMバンド）

使用するチャネル

デジタル信号： f_5, f_{63}, f_{20}, f_{45}, f_{75}, f_1, f_{33}, f_{15}, f_{58}, f_{71} ……　→時間

625マイクロ秒

デジタル信号を伝送するチャネルを625マイクロ秒ごとにランダムに切り換えて送る

◆図表44　Bluetoothの伝送速度◆

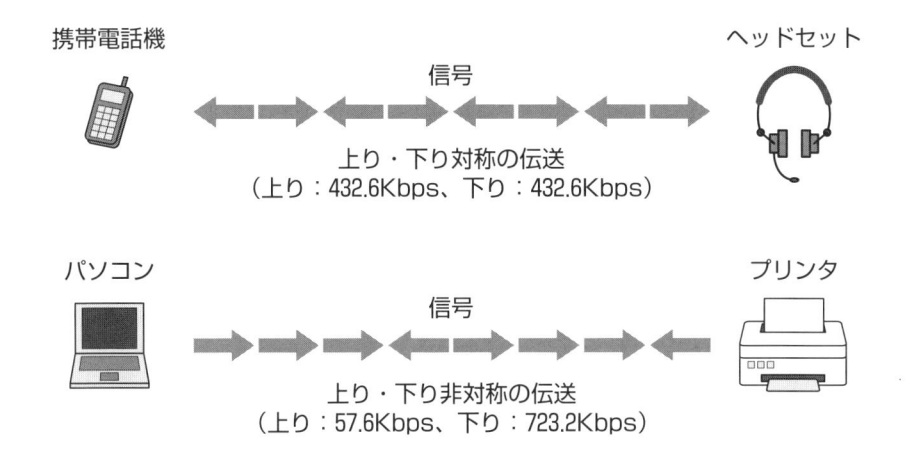

携帯電話機　　　　　信号　　　　　ヘッドセット

上り・下り対称の伝送
（上り：432.6Kbps、下り：432.6Kbps）

パソコン　　　　　信号　　　　　プリンタ

上り・下り非対称の伝送
（上り：57.6Kbps、下り：723.2Kbps）

- 同じ周波数の電波を使って上り・下りはTDDで伝送する
- 上り・下りの伝送速度の組合せを変えることができる

ペアリングという操作を行なっておく。これは一種の暗証番号のような数字を交換するもので、一度ペアリングをしておけば、あとは自動的に接続され、間違った機器とつながるという誤動作を避けることができる。

　このBluetoothという名称は、10世紀に北欧（ノルウェー、デンマーク）を無血統合したヴァイキング王のニックネームに由来している。スウェーデンのエリクソン社をはじめとする通信・コンピュータ業界の大手5社が、いろいろな機器をワイヤレスで結ぶための規格を策定し、無償で利用できるようにしたものである。

◆近距離を無線で高速伝送できるUWB（超広帯域無線通信）

　Bluetoothは伝送速度が低いため、動画像を含むような大量のデータを送受する目的には使えない。

　これに対してUWB（Ultra Wide Band：超広帯域）は、その名が示す通り非常に広い帯域幅（500MHz以上）の電波を使って、10m以下の距離

◆図表45　変調した信号が占める周波数帯域の比較◆

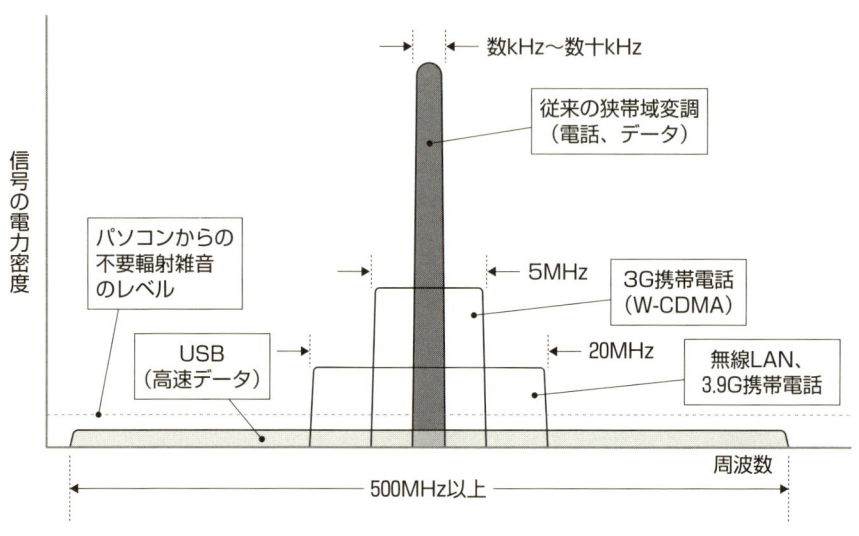

数kHz～数十kHz
従来の狭帯域変調（電話、データ）
パソコンからの不要輻射雑音のレベル
5MHz
3G携帯電話（W-CDMA）
USB（高速データ）
20MHz
無線LAN、3.9G携帯電話
信号の電力密度
周波数
500MHz以上

UWBはきわめて広い帯域を使って、低い電力密度の電波で信号を送る

で100Mビット／秒以上の高速伝送を行なうことを目的とした新しい無線通信である。

　このUWBがいかに広い帯域を使って通信するかを示したのが**図表45**である。

　これまでの無線通信では、信号を変調してできるだけ狭い帯域内に押し込めるようにして伝送する狭帯域変調が一般的だった。わざと広い帯域幅にして伝送する方式には、無線LANなどで使われているスペクトラム拡散があるが、帯域幅は20MHz程度である。Bluetoothでも100MHz以下だ。これを500MHz以上に拡大して伝送するのがUWBである。「広い帯域を使えば、それだけ高速伝送を行ないやすい」という利点がある。

　このように広い周波数帯域を使うと、同じ周波数の電波をほかの通信や放送に使っているのと重なってしまうことになる。しかし、UWBの信号は広い帯域に拡散されているので、電力密度（周波数あたりの信号電力）がきわめて小さく、雑音と同じレベル以下になっているので他の通信や放

送に妨害を与える心配はない。

　このような信号の送り方には2種類ある。1つは搬送波による変調を行なわず、1ナノ秒以下の非常に細いパルスの信号列をそのまま無線で送る方法である。細いパルスはそれ自体、数GHzの帯域幅があるので、これでUWB通信を行うことができる。ほかの1つは、スペクトラム拡散やOFDMのような技術を用いてUWB信号をつくる方法である。

　このUWBを使って、3m以内で480Mビット／秒という高速伝送を実現し、パソコン用のインタフェース規格USB2.0を無線化したワイヤレスUSBなどへの適用が考えられる。

　図表46はこのようなUWBを使った高速伝送の利用イメージを示したものである。Bluetoothでは伝送速度が低くて使えないテレビ映像信号の通信にも適用できることが特徴である。

◆図表46　UWBを使った超近距離通信の適用例◆

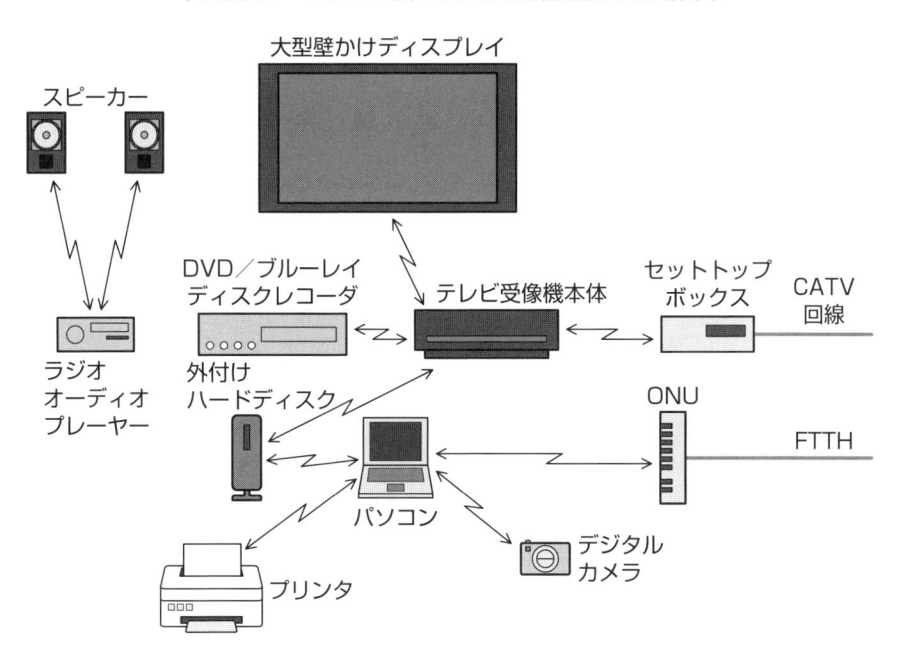

12 GPSで位置を決める
〜脇で活躍する意外な通信技術

―― 4個の衛星からの電波を受けて自分の位置を測定する ――

カーナビで、GPSはすっかりおなじみになった。今日では携帯電話もGPSを利用して現在地を確認したり、地図で目的地までの道のりを案内してくれるナビゲーション機能を搭載するようになっている。

◆**GPSの原理**

GPS（Global Positioning System：全地球測位システム）とは、人工衛星を使って地球上における現在位置を知るためのシステムである（**図表47**）。もともとアメリカが軍事用に開発したものを民間にも開放した結果、さまざまな分野で活用できるようになったものである。

◆**図表47　GPS衛星からの電波を受けて自分の位置を知ることができる**◆

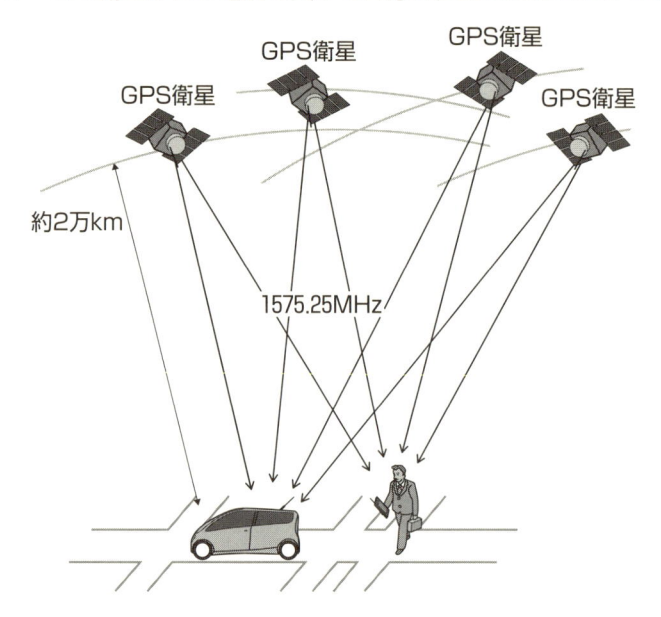

GPS衛星
GPS衛星
GPS衛星
GPS衛星
約2万km
1575.25MHz

GPS衛星は高度約２万kmの円軌道を１周12時間で回る周回衛星で、６つの軌道に４個ずつ合計24個の衛星が打ち上げられている。

　ある衛星から発射された電波（信号）を地上の受信機で受けて、電波の発射時刻と受信時刻の差を正確に測れば、電波の速度は決まっているのでその衛星からの距離がわかる。しかし、受信点は衛星からの距離を半径とする球面上のどこかということまでしかわからない。２つの衛星からの電波を受ければ、２つの球面が交わった円の上のどこかということまでわかる。そこで３つの衛星からの電波を受けてそれぞれの衛星からの距離を求めれば、**図表48**に示すようにそれらの距離を半径とする３つの球面が交わった１点が受信機の位置になる（３つの球面の交点はもう１つ存在するが、その点は地上からはるかに離れたところになるので除外できる）。

　このように、位置がわかっている３個のGPS衛星からの電波を受ければ自分の現在位置を知ることができるが、それには時間を正確に測ることが

◆**図表48　GPSによる位置測定の原理**◆

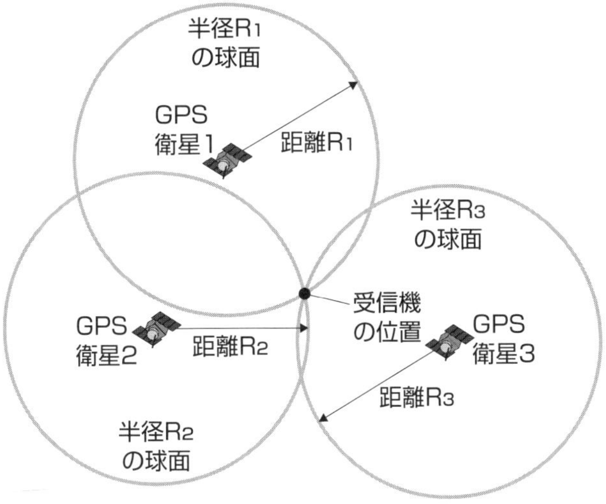

3つの衛星からの電波を受けて距離を測れば、それぞれの衛星を中心とする3つの球面の交点として受信機（ユーザ）の位置が求められる

前提だ。電波は光と同じで空気中では1秒間に30万kmの距離を伝搬するので、もし時計が100万分の1秒だけずれていると、その間に電波は300m進んでしまい、これが測定した位置の誤差になる。

そのため衛星にはきわめて高精度の原子時計が搭載されていて、その精度は$10^{-11} \sim 10^{-13}$（1000億分の1〜10兆分の1）程度である。しかし、受信機にそのような高価で大型の原子時計を使うことはできない。通常の水晶時計（クォーツ）を使っているため誤差が大きくなってしまう。そこで、**図表49**のように実際には4個の衛星からの電波を受けて、時間の誤差も補正している。

これを数式を使って簡単に説明すると次のようになる。

物体の位置は、x軸、y軸、z軸で表わされる座標の1点として示される。つまり受信機の位置はx、y、zというそれぞれ南北、東西、高度を表す3つの数値で決まる。このx、y、zという3つの未知数を求めるには3つの方程式からなる3元連立方程式を解かなければならない。そのため、正確な位置がわかっている3個の衛星からの電波を受けてそれぞれ方程式をつくり、その3つの方程式を連立方程式にするのである。これに時間の誤差Δtが加わると4つの方程式が必要になり、4個の衛星からの電波を受けて方程式を4つにしなければならないのである。この4つの方程式（4元連立方程式）は**図表49**に示したようになる。

◆携帯電話のナビゲーション機能

携帯電話の位置はGPS衛星の電波を受けて**図表49**に示す4つの方程式を計算すれば求められる。最近の携帯電話はパソコンと同じCPUを搭載しているので、この方程式は簡単に解ける。しかし、計算量が膨大なのでこれを繰り返しているとすぐにバッテリーが消耗してしまう。そこで、図表49に示したように、衛星から得たデータを通信回線でロケーション位置情報センタに送り、そこで計算した結果を送り返してもらう。このとき、位置がわかっている基地局の情報も送って、誤差を減らすようにする。

携帯電話から警察や消防へ緊急通報をする場合、電話番号だけからでは

第2章 モバイル通信が拓く新しい通信の世界

◆図表49　4つの衛星からの電波を受けて自分の位置を測定する◆

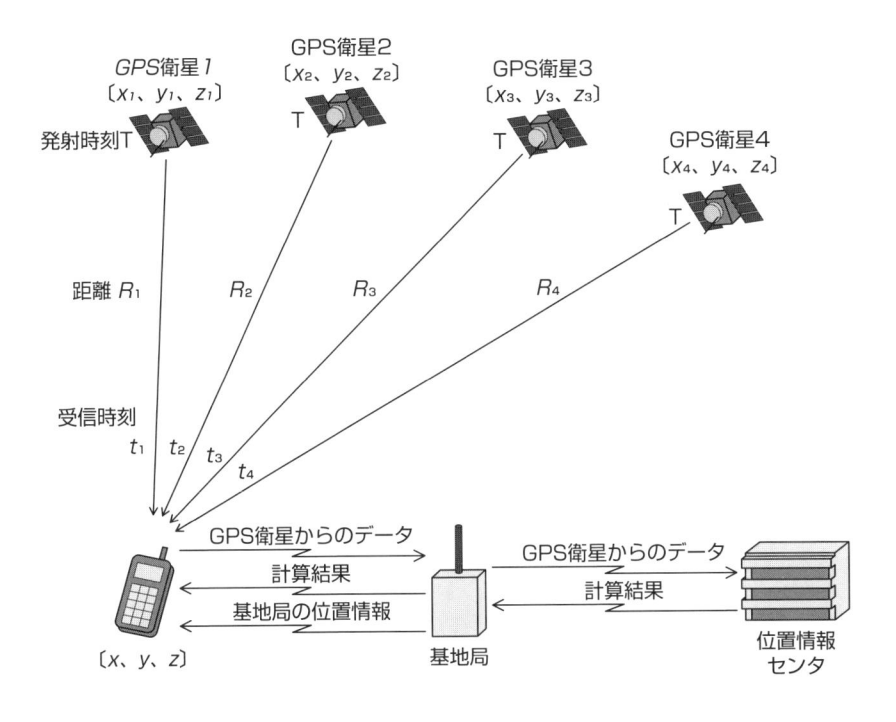

GPS衛星1 $(x_1、y_1、z_1)$
GPS衛星2 $(x_2、y_2、z_2)$
GPS衛星3 $(x_3、y_3、z_3)$
GPS衛星4 $(x_4、y_4、z_4)$

発射時刻T

距離 R_1, R_2, R_3, R_4

受信時刻 t_1, t_2, t_3, t_4

GPS衛星からのデータ
計算結果
基地局の位置情報

$(x、y、z)$　基地局　位置情報センタ

GPS衛星からのデータ
計算結果

$$\sqrt{(x-x_1)^2+(y-y_1)^2+(z-z_1)^2}+\Delta t \times c = (t_1-T) \times c = R_1$$
$$\sqrt{(x-x_2)^2+(y-y_2)^2+(z-z_2)^2}+\Delta t \times c = (t_2-T) \times c = R_2$$
$$\sqrt{(x-x_3)^2+(y-y_3)^2+(z-z_3)^2}+\Delta t \times c = (t_3-T) \times c = R_3$$
$$\sqrt{(x-x_4)^2+(y-y_4)^2+(z-z_4)^2}+\Delta t \times c = (t_4-T) \times c = R_4$$

ここで、
- $(x、y、z)$：測位点（受信機）の位置座標
- $(x_i、y_i、z_i)$：衛星 i の位置座標
- c：光速（30万km／秒）
- t_i：衛星 i からの信号電波を受信した受信機時計の時刻
- T：信号電波が衛星から発射されたときの衛星時計の時刻
  （すべての衛星は同期をとって同時刻に発射する）
- Δt：衛星時計と受信機時計のズレ
- R_i：衛星 i から受信機までの距離
- $i = 1 \sim 4$

発信者の位置を特定できないので、GPSを使った位置情報も同時に通知することが有効な手段になる。

　ナビゲーションでは、携帯電話の画面に表示される地図は上が北方向を指すのが普通なので、たとえ自分の位置がわかってもどちらが北側かを確認しなければならない。そこで携帯電話のカメラを向けた方向を画面の上側になるように地図を表示すれば使いやすくなる。

　この機能を実現するのが電子コンパス（35ページの**図表5**を参照）で、磁気センサを使って地磁気を検出し、前後、左右、上下方向の地磁気の強さの違いから北がどちらの方向かを計算して求めることができる。これを利用すれば、携帯電話のカメラを向けた方向の地図を画面に表示したり、さらに目的地をマーカで示すなど、より便利な使い方ができるようになるのだ。

第3章

これからの通信を変える技術

1 データをパケットに分解して送ることが主流に

──インターネットも、IP電話も、IP放送もパケットを使う──

　いま、パケット通信が全盛だ。もともとデータ通信にはパケットが使われてきたが、インターネットの成功が刺激になって、電話やテレビ伝送にもパケットを使うようになった。電話会社もネットワークを全面的にパケット通信に変えようとしている。

◆パケット通信とは

　パケット通信は、デジタル信号を一定の長さ（ビット数）で区切ってバラバラにし、その１つひとつに宛先を示すアドレスを付けて送り、受信側でもとのようにつなぎ合わせて再生するという通信方式である。

　この一定の長さに区切ったデジタル信号にアドレスなどを入れたヘッダを付けたものを**パケット**（packet：小包）と呼び（図表１）、このパケットをネットワークで１つひとつバラバラに送る。長いデータをわざわざ細かく区切って送ることは一見ムダなようだが、コンピュータ通信（データ通信）では大きなメリットがある。

　コンピュータのデータ信号は間欠的（バースト的）にまとまって発生し、

◆図表１　パケット◆

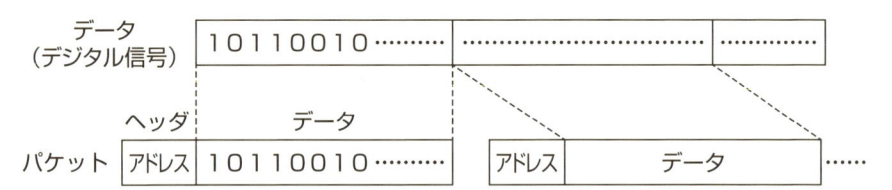

| データ
（デジタル信号） | 10110010 …… | …… | …… |

| パケット | ヘッダ
アドレス | データ
10110010 …… | | アドレス | データ | …… |

データ信号を一定の長さ（ビット数）ごとに区切り
アドレスなどを含むヘッダをつけてパケットにする

データとデータの間の空き時間が大きいことが多い。2つの通信機器が電話網のように1本の通信回線を占有する方式で、データのようなバースト的な信号を送ると、データ信号が流れていないで回線が遊んでいる時間が圧倒的に多く、効率が悪い。そこで、データを短いパケットに区切って送れば、パケットとパケットの間の空き時間にほかの通信のパケットを混ぜて送ることができて効率がよい。各パケットにはそれぞれ送信先を示すアドレスが付いているので、1本の回線に別の相手に送るパケットが混ざっていても混乱することはない。これを**パケット多重**という（図表2）。

◆図表2　パケット多重で通信回線を効率よく使う◆

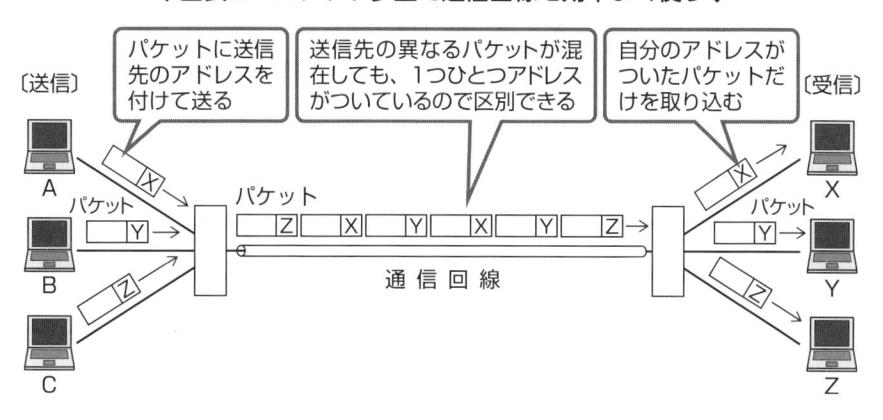

- パケットに送信先のアドレスを付けて送る
- 送信先の異なるパケットが混在しても、1つひとつアドレスがついているので区別できる
- 自分のアドレスがついたパケットだけを取り込む

〔送信〕A, B, C　→　通信回線（パケット Z X Y X Y Z）　→　〔受信〕X, Y, Z

　このようにすれば、長いデータを送っている間でも回線が占有されることがなく、また、必ずしも同一ルートを通らなくてもアドレスによってパケットが相手先まで届くので、データ通信の効率が飛躍的に向上する。そのため、コンピュータの発達とともにデータ通信の需要が急増したが、これには専らパケット通信が使われるようになったのである。

◆パケット通信の特長

　パケット通信の第1の特長は、パケット多重により通信回線を効率的に使用できることであり、それだけ信号の伝送コストを安くできる。パケット通信を利用するインターネットやIPネットワークで通信料金が安いのは

このためであり、電子メールを隣の家に送っても外国に送っても料金が同じなのは、伝送コストが安いからにほかならない。

このようなパケット通信も、信号が連続して発生するテレビ信号などでは、パケット多重による効果をあまり発揮することができない。パケット通信は、とくにデータ通信に適した方法といえる。

パケット通信の第2の特長は、いろいろな伝送速度の信号に柔軟に対応できることである。伝送速度は1秒間に送るビット数であるから、**図表3**のように、高速信号の場合は1秒間に送るパケットの数を多くし、低速信号の場合は少なくすればよい。

◆図表3　伝送速度は1秒間に送るパケットの数で決まる◆

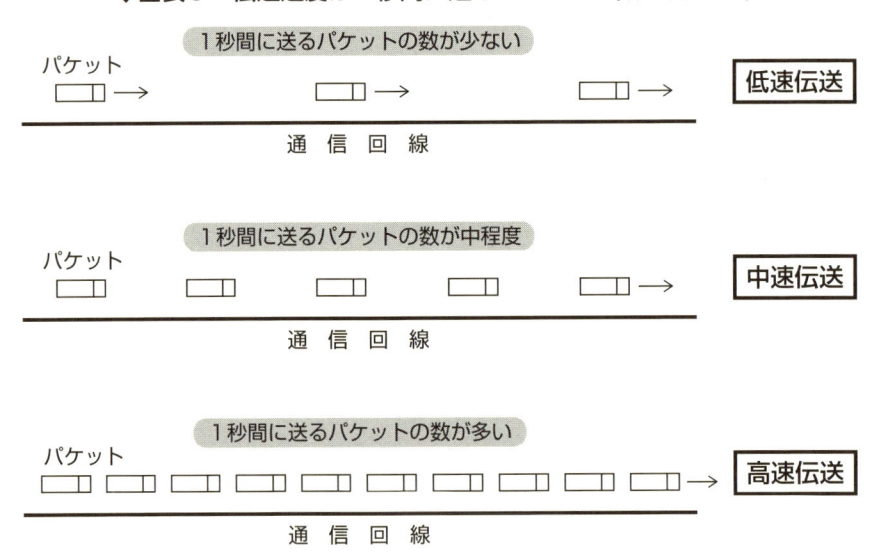

[図：1秒間に送るパケットの数が少ない場合（低速伝送）、中程度の場合（中速伝送）、多い場合（高速伝送）を示す通信回線上のパケット配置図]

パケットを使わない従来のネットワークでは、伝送速度が固定されて決まっているので、情報信号は一定の伝送速度（またはその整数倍）に合わせなければならない。パケット通信ならばそのような制約はなく、伝送速度を自由に選べるので、音声・データ・画像など多彩な情報を扱うこれからのネットワークでは、パケット通信のほうが有利といえる。

このようなメリットがある反面、パケット通信には欠点もある。それは信号の転送遅延時間がどうしても大きくなってしまうことだ。

　まず、データ信号をパケットに組み立てるのに時間がかかる。一定のビット数を集めて1つのパケットにするので、必要なビット数がそろうまで待たなければならない。さらに、1つの回線に複数の通信のパケットを混在させて送ると、2つ以上のパケットが同時に到着することがあり、1つだけを先に送って残りのパケットを待たせる必要がある。回線を効率よく使おうと思えば思うほど、1本の回線にたくさんのパケットを詰め込むので、待ち時間が増えてしまう。

　したがって、パケット通信では、このような性質をうまく利用して使うことが大切である。

2 インターネットのしくみ
―全世界をカバーする巨大なネットワーク―

　インターネットはパケット通信を利用した代表的なネットワークだ。もともとはアメリカ国防総省が1969年につくったコンピュータ用の通信ネットワークであるARPANETがルーツで、最初は学術研究用だったが、1990年代に入ると商用インターネットが始まり、今日のような誰でも使えるインターネットになった。

◆インターネットはこのようになっている
　今日では、パケット通信を用いた代表的なネットワークはインターネットである。
　私たちが利用しているインターネットは、43ページの**図表12**に示したように、多数のプロバイダのネットワークを相互に接続して構成されている。
　大規模なプロバイダは、**図表4**に示すように、全国に何カ所かネットワーク・オペレーション・センタ（**NOC**：Network Operation Center）を設置し、それらを相互に結ぶことによってプロバイダとしてのネットワークを形成している。NOCには各種のサーバやルータを置き、ほかのNOCとは光ファイバ回線で接続する。また、プロバイダは各地にアクセス・ポイント（**AP**：Access Point）を設け、ユーザ宅と結ぶアクセス回線とはここで接続するようになっている。このAPは光ファイバ回線などでNOCと接続されている。
　ユーザはアクセス回線を通して最寄りのAPに接続することにより、インターネットを利用することができる。大手のプロバイダは海外を含む他のプロバイダのNOCとも相互接続しているので、特定のエリアだけをサービス区域としている小規模なプロバイダでも、ほかのプロバイダと相互接続することによって世界中と通信できるようになっている。

第3章 これからの通信を変える技術

◆図表4　商用インターネットの構造◆

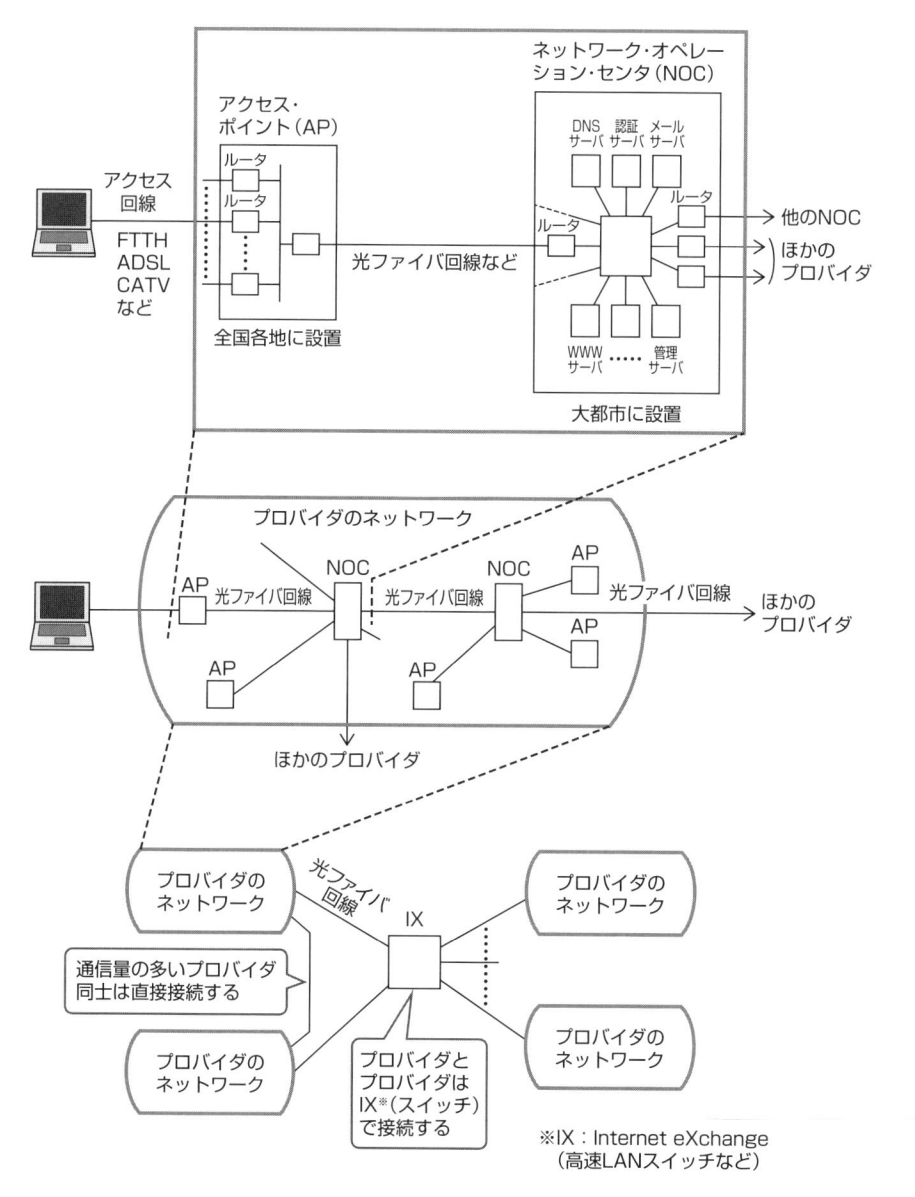

大手のプロバイダ同士は直接接続していることが多いが、すべてのプロバイダ同士を直接つなぐのは回線の数が膨大になって不経済だ。そこで**図表4**に示すようにIX（Internet eXchange）を経由してプロバイダのネットワークを相互に接続する。IXは巨大な**LANスイッチ**（184ページを参照）で、各プロバイダは自分のところのルータをIXのLANスイッチに接続することでパケットを別のプロバイダのネットワークに転送することができる。

　海外のプロバイダとは光ファイバ海底ケーブルで接続される。現在、日米間には何本もの光ファイバ海底ケーブルが敷設されていて、国際電話や企業の専用線などにも利用されているが、トラフィック（通信量）の半分以上はインターネットだといわれている。

◆LANとLANを結んでインターネットを構成する

　「インターネット（Internet）」とは「inter-networking」を略した用語で、「inter」は「～の間、相互の」といった意味だから、「（ローカルな）ネットワークとネットワークを相互に接続したもの」ということになる。ここでいうローカルなネットワークとは、構内につくられたコンピュータ通信用のLAN（184ページを参照）と考えればよく、最初は、**図表5**のようにある拠点のLANを、ルータを通して通信回線で別の拠点のLANにつないでいき、最終的に多数の拠点間でデータ信号をやりとりできるネットワークにしたものである。

　このように、1つのルータに直接つながっているネットワーク（**図表5**ではLAN）がローカルなネットワークで、このローカル・ネットワークとローカル・ネットワークがルータを介して接続されていって巨大なインターネットになったのである。今日では、多くの企業や官公庁、大学や研究所などにはLANがあり、インターネットと接続されている。

　インターネットの動作を手っ取り早く理解するには、この**図表5**を見るとわかりやすい。

　ローカル・ネットワーク（LAN）にはそれぞれ番号（ネットワーク・

◆図表5　LANを接続して構成されたインターネット◆

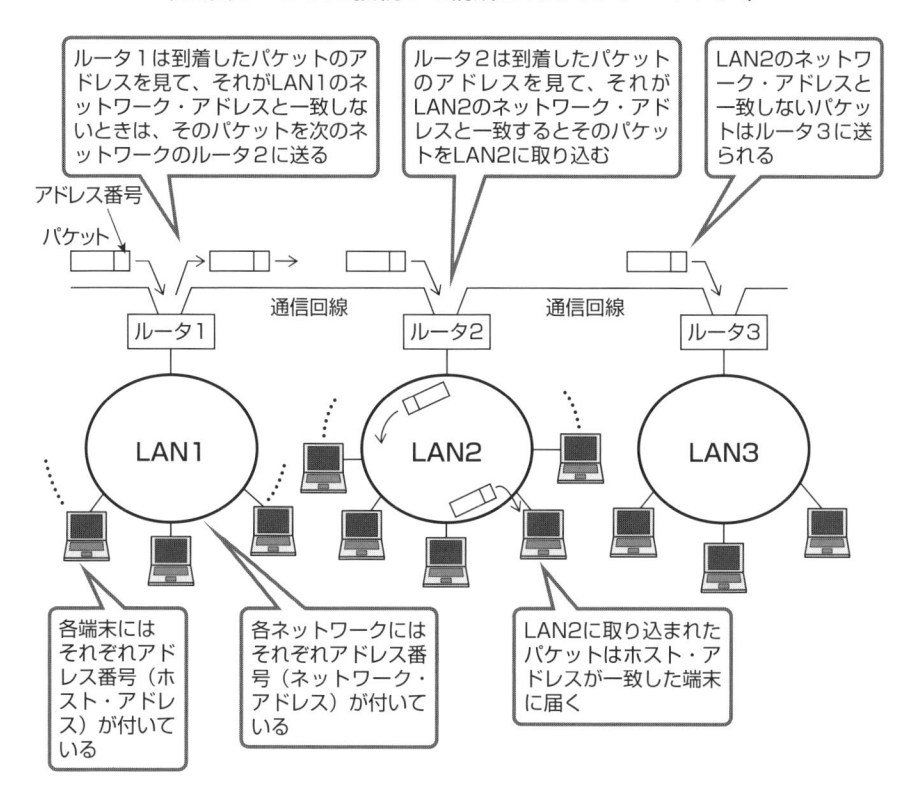

- ルータ1は到着したパケットのアドレスを見て、それがLAN1のネットワーク・アドレスと一致しないときは、そのパケットを次のネットワークのルータ2に送る
- ルータ2は到着したパケットのアドレスを見て、それがLAN2のネットワーク・アドレスと一致するとそのパケットをLAN2に取り込む
- LAN2のネットワーク・アドレスと一致しないパケットはルータ3に送られる

アドレス番号
パケット

通信回線　　通信回線
ルータ1　　ルータ2　　ルータ3

LAN1　　LAN2　　LAN3

- 各端末にはそれぞれアドレス番号（ホスト・アドレス）が付いている
- 各ネットワークにはそれぞれアドレス番号（ネットワーク・アドレス）が付いている
- LAN2に取り込まれたパケットはホスト・アドレスが一致した端末に届く

アドレス、137ページを参照）が付けられていて、ルータは送られてきたパケットのアドレスを見て、それが自分のローカル・ネットワークのアドレスであればそのパケットを取り込んで対応する端末機器に送り、そうでなければ次のルータに転送する。このようにしてパケットが転送されていき、最終的に目的とするローカル・ネットワークに接続されている端末機器に届くのである。

3 なぜ、インターネットはベストエフォート型なのか
―ネットワークが混んでくると伝送速度が低下する―

　ルータがパケットを次々と転送していく形式のインターネットは、ネットワークの混み具合によって品質が大きく変わる。そのため電話やテレビ伝送には利用しにくいが、通信事業者がつくったIPネットワークなら必要な品質を確保できる。

◆ルータがパケットを転送する

　インターネットでルータがパケットを転送する様子をもう少しくわしく見てみよう。

　ルータにパケットが到着すると、送信先のアドレスを見て目的地への経路にパケットを送信する。ネットワークが空いていれば、ルータはパケットの到着順に次々にさばくことができる（**図表6(a)**）。ところが、2つのパケットが同時に到着すると、1つのパケットを先に送り、もう1つのパケットはメモリに入れて待たせておくことになる。その結果、最初のパケットはすぐに転送されるが、2番目のパケットは待ち時間があって、遅れが出てしまう（**図表6(b)**）。その結果、パケットごとに目的地への到着時間に差が出てしまう。

　ルータに到着するパケットの数が増えると、遅延時間はますます大きくなる（**図表6(c)**）。さらにパケットが増えすぎると、ルータのメモリから溢れてパケットが捨てられてしまうのだ（**図表6(d)**）。

　このように、ネットワークが混んできて転送するパケットの数が多くなると、遅延時間が増大し、パケットごとに遅延時間がばらつく**遅延ゆらぎ**が生じ、最悪では送ったパケットが相手に届かない**パケット損失**が起こる。

　ルータが1秒間に処理できるパケットの数は決まっているので、それを超えてパケットを送ることはできない。ネットワークが空いていれば、あ

第3章 これからの通信を変える技術

◆図表6　ネットワークが混雑すると不都合なことが起る◆

（a）正常な状態

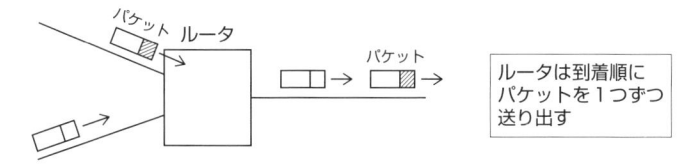

ルータは到着順に
パケットを1つずつ
送り出す

（b）遅延ゆらぎの発生

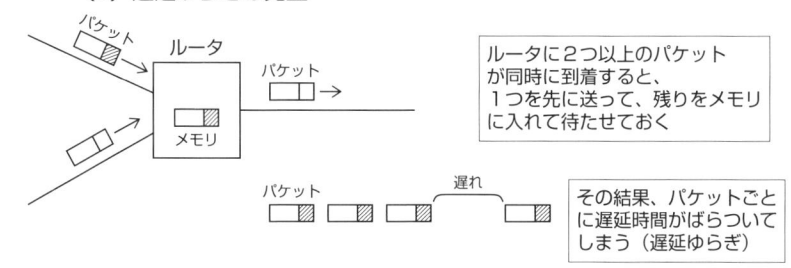

ルータに2つ以上のパケット
が同時に到着すると、
1つを先に送って、残りをメモリ
に入れて待たせておく

その結果、パケットごと
に遅延時間がばらついて
しまう（遅延ゆらぎ）

（c）転送遅延時間の増大

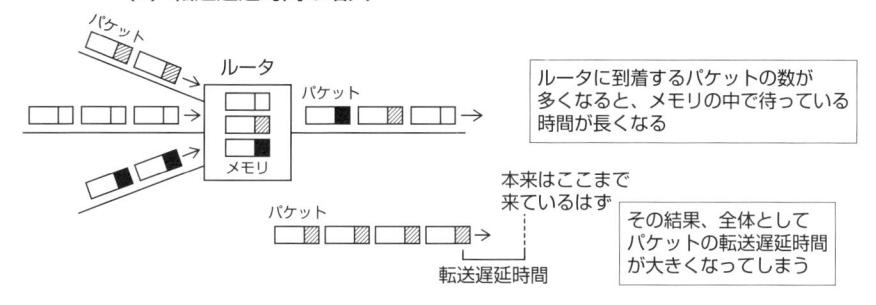

ルータに到着するパケットの数が
多くなると、メモリの中で待っている
時間が長くなる

本来はここまで
来ているはず

その結果、全体として
パケットの転送遅延時間
が大きくなってしまう

（d）パケット損失の発生

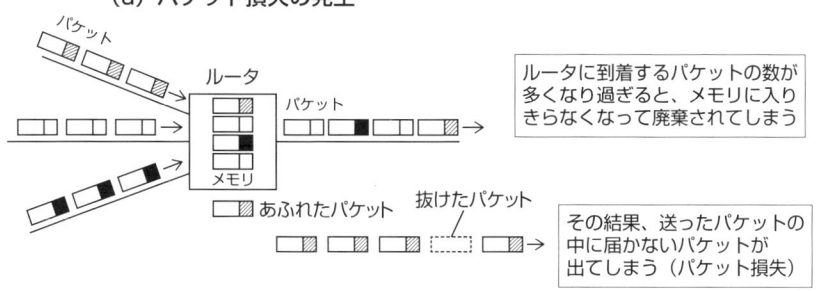

ルータに到着するパケットの数が
多くなり過ぎると、メモリに入り
きらなくなって廃棄されてしまう

あふれたパケット　抜けたパケット

その結果、送ったパケットの
中に届かないパケットが
出てしまう（パケット損失）

131

るユーザが送ったパケットは、そのまますんなりと相手まで届く。ところが、大勢のユーザがパケットを送るようになると、ルータが処理する1ユーザ当たりの平均パケット数が少なくなってしまう。伝送速度は1秒間に送るパケット数に比例するので、これは伝送速度の低下ということになる（**図表7**）。

　このように、ネットワークの混み具合によって伝送速度の変動が起こり、空いていれば高速伝送ができるのに、大勢の人が使い出すと伝送速度が低下してしまう**ベストエフォート型**通信になるのである。

　このベストエフォート型に対して、電話網のように一定の伝送速度で確実に相手まで信号を送ることができる通信のことを**ギャランティ型**と呼ぶことがある。

◆図表7　通信回線が混むと伝送速度が低下する◆

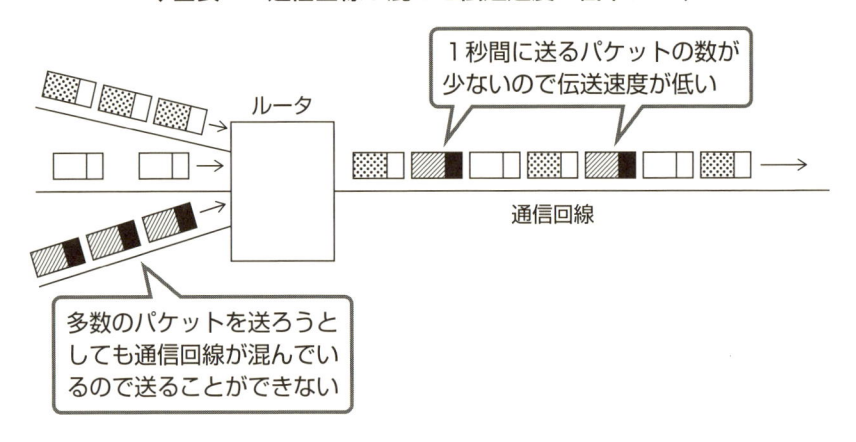

（ルータに複数方向からパケットが流入し、通信回線上では1秒間に送るパケットの数が少ないので伝送速度が低い。多数のパケットを送ろうとしても通信回線が混んでいるので送ることができない。）

◆必要な品質を確保するには

　インターネットが扱う情報はさまざまだ。もともとはコンピュータのデータ通信に使うことで始まったが、その後、電話やテレビ伝送にも利用されるようになった。

　電子メールやウェブ検索なら多少遅延時間が増えてもかまわないし、パケット損失があってもそのパケットを送り直す余裕がある。しかし、電話

やテレビ伝送のようなリアルタイム通信ではそうはいかない。遅延時間が大きいと電話では会話がしにくくなるし、パケット損失があるとテレビの映像が乱れてしまう。伝送速度が低下すると電話の声が不自然になり、テレビ画面の動きがぎごちなくなる。

インターネットで電話やテレビ伝送に必要な品質を確保できるようにすることをQoS（サービス品質）制御という。具体的には、遅延やパケット損失があると困るようなパケットを優先的に先に送るようにすることである（図表8）。そのための方法を「優先制御」という。

それには、パケットに優先符号を付けて送り、ルータはその優先符号が

◆図表8　パケット通信における優先制御◆

(a) 回線が混んでくるとパケットはルータのメモリ内で待たされるので、遅延時間が大きくなる

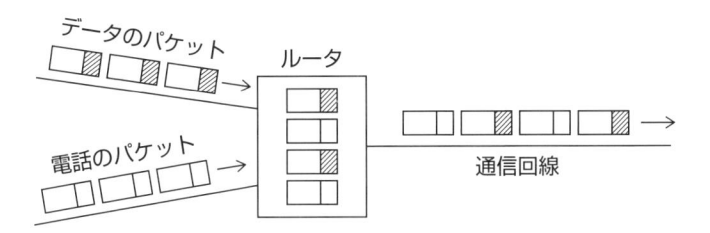

(b) データのパケットをルータのメモリ内に待たせておき、優先符号がついた電話のパケットを優先して先に送ることによって、遅延時間を小さくする

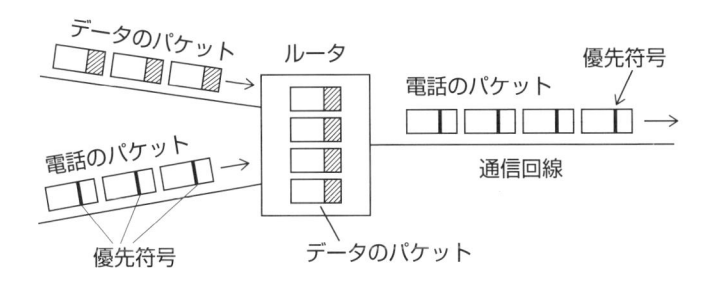

ついたパケットを受け取ると、先に到着していたほかのパケットをメモリに入れて待たせておき、優先符号のついたパケットを先に送らなければならない。そのためには、ルータは優先符号を検出して先に送る機能を備えている必要があり、ネットワークも十分余裕がある設計をしておかなければならないが、いろいろなプロバイダのネットワークから構成されているインターネットにはこのような機能はない。

　通信会社がインターネット技術を使ってつくった**IPネットワーク**ならば、最初からそのような機能を備えた設計ができるので、安心して電話にもテレビ伝送にも利用することができる。最近、IP電話やIPテレビなどが使われるようになったのは、通信会社が責任を持って設計・構築したIPネットワークを利用するようになったからである。

4 インターネットの「アドレス」とは

―ドメイン名とIPアドレス―

インターネットで電子メールを送るとき、ユーザが書くアドレスはアルファベットと数字の組み合わせで表わされたドメイン名であるが、インターネットの中では、32ビットのIPアドレス（IPv4の場合）でパケットが転送される。

◆ドメイン名からIPアドレスへの変換

私たちがパソコンでウェブ検索を行なうとき、「http://www.abcd.co.jp」のようなアドレスを入力する。電子メールを送るときも、「mailto:saito@abc.xyz.ne.jp」のようなアドレスを付けて送信する（実際に入力するときは「mailto」を省略するのが一般的）。このようなアドレスは一般には**ドメイン名**と呼ばれているが、正式には**URL**（Uniform Resource Locator）といい、インターネットの住所を示すものである。

たとえば、電子メールでユーザが書くアドレスは**図表9**(a)のような構造になっている。ウェブ検索では**図表9**(b)のようなアドレスを入力する。

ドット（.）やスラッシュ（/）で区切った文字には、それぞれ**図表9**に示したような意味があり、人間にとってわかりやすい構造になっている。しかし、インターネットで送られるパケットのヘッダにあるアドレスには、URLがそのまま入っているのではない。URLに対応する**IPアドレス**が入っているのである。たとえば、URLを住所とすればIPアドレスは電話番号のようなものだ。

URLをIPアドレスに変換するのは、**図表10**に示すような**DNS**（Domain Name System）である。電話の場合は104番に問い合わせるが、インターネットではDNSがこれを瞬時に行なう。アドレスの変換を行なうのは**DNSサーバ**（ネーム・サーバ）であるが、世界中のアドレスを1台の

◆図表9　インターネットで使うアドレスの例◆

(a) 電子メールのアドレス

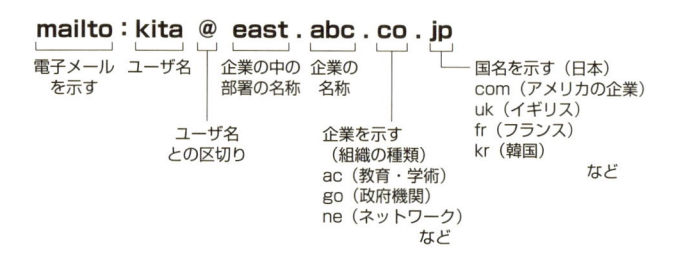

mailto : kita @ east . abc . co . jp

- mailto：電子メールを示す
- kita：ユーザ名
- @：ユーザ名との区切り
- east：企業の中の部署の名称
- abc：企業の名称
- co：企業を示す（組織の種類）
  - ac（教育・学術）
  - go（政府機関）
  - ne（ネットワーク）
  - など
- jp：国名を示す（日本）
  - com（アメリカの企業）
  - uk（イギリス）
  - fr（フランス）
  - kr（韓国）
  - など

(b) ウェブ検索のときのURL

http :// www . soumu.go.jp / menu_news / s-news / index.html

- http：ウェブブラウザを指定（アプリケーションの種類を区別）
- www：wwwサーバを指定（サーバを区別）
- soumu.go.jp：総務省のドメイン名
- menu_news：ファイルを指定（広報・報道）
- s-news：その中のファイルを指定（報道資料）
- index.html：HTML形式であることを示す

◆図表10　DNS（ドメイン・ネーム・システム）の構成◆

DNSサーバ（ネーム・サーバ）

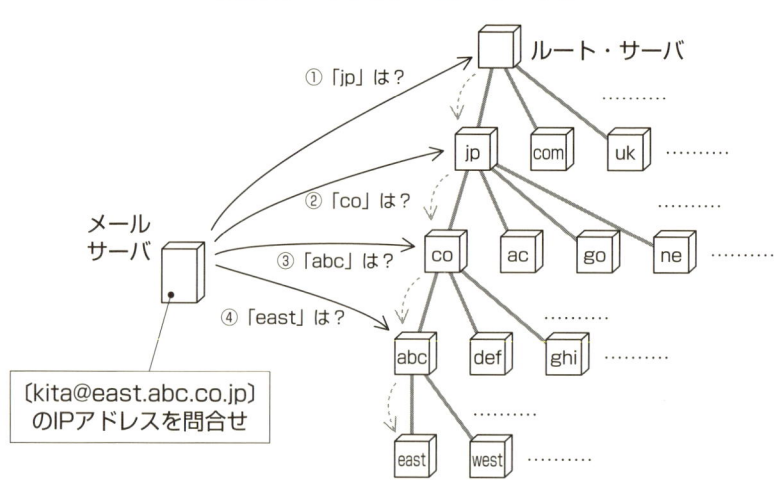

メールサーバから:
- ①「jp」は？ → ルート・サーバ
- ②「co」は？ → jp
- ③「abc」は？ → co
- ④「east」は？ → abc

〔kita@east.abc.co.jp〕のIPアドレスを問合せ

階層構造：
- ルート・サーバ → jp, com, uk, …
- jp → co, ac, go, ne, …
- co → abc, def, ghi, …
- abc → east, west, …

DNSサーバはドメイン名の単位（ドメイン）ごとに階層化されているので、順番に問合わせていく

DNSサーバでは処理できないので、**図表10**に示すように多数のDNSサーバが連携して動作する。1台のDNSサーバによって管理されるドメイン名の範囲をゾーンというが、日本の場合は「jp」のゾーン、「co」のゾーン、……という具合に階層ごとにサーバを置く構造になっている。

図表11は32ビットのIPアドレス（IPv4の場合）の例を示したものである。この32ビットのアドレスをそのまま書くのは大変なので、**図表11(a)**に示したように8ビットずつに分け、それぞれを10進数に変換して、[160. 237. 128. 90]のように表記する。

IPアドレスは、前半がローカルなネットワークの番号（**ネットワーク・アドレス**）、後半がそのネットワークにつながっているコンピュータなどの番号（**ホスト・アドレス**）になっている（**図表11(b)**）。最初は、ネットワーク番号とコンピュータ番号を区切る場所を8ビット単位で区切って、クラスA、クラスB、クラスCと分けていたが、現在は番号をもっと効率

◆図表11　IPアドレスの構成◆

(a) IPv4では32ビットのIPアドレスを使う

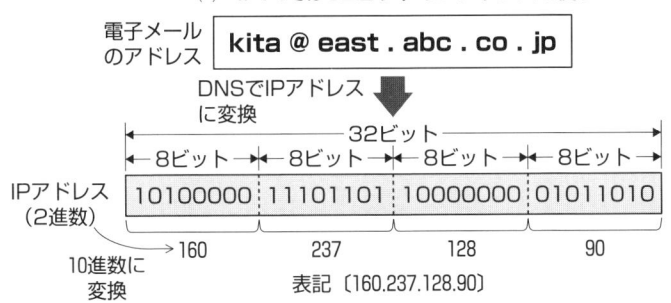

電子メールのアドレス： kita @ east . abc . co . jp

DNSでIPアドレスに変換

IPアドレス（2進数）：
8ビット	8ビット	8ビット	8ビット
10100000	11101101	10000000	01011010
160	237	128	90

表記〔160.237.128.90〕

(b) IPアドレスはネットワーク・アドレスとホスト・アドレスでできている

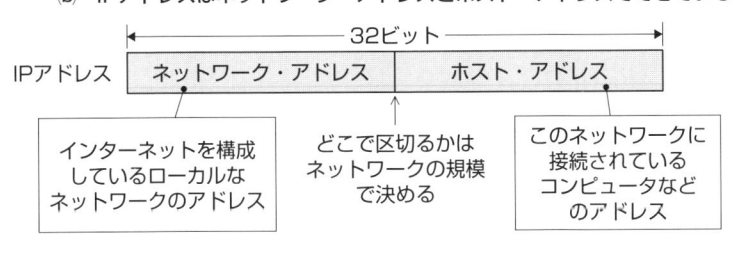

IPアドレス（32ビット）：| ネットワーク・アドレス | ホスト・アドレス |

- ネットワーク・アドレス：インターネットを構成しているローカルなネットワークのアドレス
- どこで区切るかはネットワークの規模で決める
- ホスト・アドレス：このネットワークに接続されているコンピュータなどのアドレス

的よく割り振れるように、区切りを自由に選べるクラスレスを使うようにしている。

インターネットに接続されているコンピュータ（端末機器）には、すべて固有のIPアドレスが割り当てられる。このように公式に割り当てられたアドレスは**グローバル・アドレス**と呼ばれ、同じアドレスの端末機器は世界中で1台しかない。これに対して、インターネットに直接接続されていない社内ネットワークなどでは、自由にIPアドレスを使用することができる。これは**プライベート・アドレス**と呼ばれる。

◆IPv4とIPv6

32ビットでできているIPアドレスの総数は2^{32}個で約43億個弱になる。これだけあれば十分なように思えるが、実際には余裕をもって番号を割り当てる必要があり、インターネットに接続される世界中の端末機器の数を考えると、これでは不足してしまう。そこで、アドレスのビット数を128ビットに拡大した新しい**IPv6**（IPのバージョン6）が始まった。これに対して、従来のものは**IPv4**と呼ばれる。IPアドレスを128ビットにすれば、アドレス総数は2^{128}個で、約1兆×1兆×1兆×340くらいの膨大な数になる。

現在のインターネットはIPv4を使っているが、新しいIPv6をIPv4とうまく連携させながら利用するには工夫がいる。

1つの方法は、**図表12(a)**に示すように、IPv6とIPv4のネットワークの接続点にあるゲートウェイでIPv6のパケットにIPv4のヘッダを付けてカプセル化し、IPv4のネットワークの中をトンネルを通るように転送する方式である（トンネリング）。出口のゲートウェイで元のIPv6パケットを取り出して、宛先のIPv6端末へ送ればよい。初期の段階ではIPv4のネットワークが大半を占めているので、少数のIPv6端末間の通信がIPv4経由になるときに有効な方法である。

IPv4とIPv6のそれぞれのアドレスしかもたない端末間の通信では、**図表12(b)**のように**ゲートウェイ**（トランスレータ）を置いてアドレスを変換する方法がある。

第3章　これからの通信を変える技術

◆図表12　IPv4とIPv6が共存する場合の処理の例◆

(a) トンネリングを使ってIPv6パケットを送る

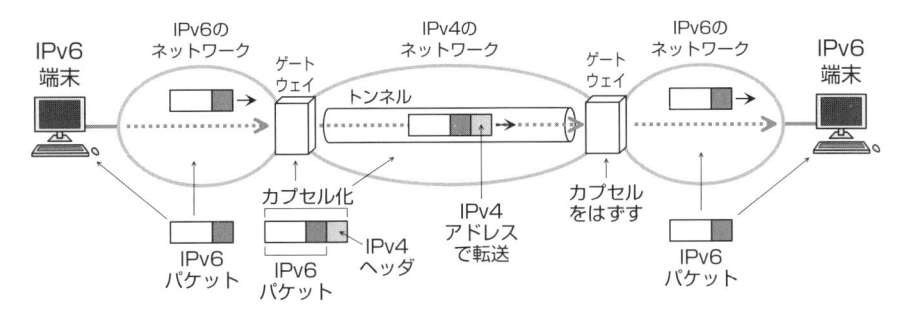

(b) トランスレータによるアドレスの変換

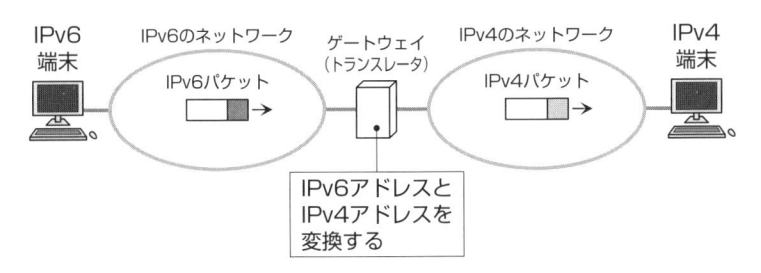

5 ネットワークにおけるルータの役割
―経路表に従ってパケットを転送する―

インターネットやIPネットワークでは、ルータがアドレスを見てパケットを次々にバケツリレーのように転送していき、最終的に目的とする相手までパケットを届ける。このようにIPパケットを目的地まで運ぶのがルータの役割で、インターネットもIPネットワークも巨大なルータのネットワークだといえる。

◆経路表を見てパケットを転送する

パケットのヘッダに入っている送信先を示すアドレス（IPアドレス）にしたがって最適な経路を選択し、パケットを目的地まで転送することを**ルーティング**といい、そのための装置が**ルータ**である。ルータの中には、IPアドレスに対応してどの伝送路にパケットを送出すればいいかを示す**経路表（ルーティング・テーブル）**があり、ルータは到着したパケットごとにIPアドレスを調べて、目的地に向けた経路にパケットを送出する。

経路表に書かれているのは、送信先（目的地）のアドレスとそこに向かうための次のルータの指定までで、最終目的地までのルート（経路）は書かれていない。この点が、最後までの経路を決めてからスイッチをつなぐ電話交換機との大きな違いである。パケットを受け取った次のルータも同様にして行き先を決定し、その次のルータに向けてパケットを送り出す。このような操作を繰り返すことによって、パケットは最終的には目的地に到達することができるというしくみである。

この様子を示したのが**図表13**である。ルータにはいくつかの**ポート（端子）**があり、それぞれ自分が所属するネットワークか伝送路で隣のルータへ接続されている。

パケットがルータに到着すると、そのIPアドレスを経路表で調べ、もし

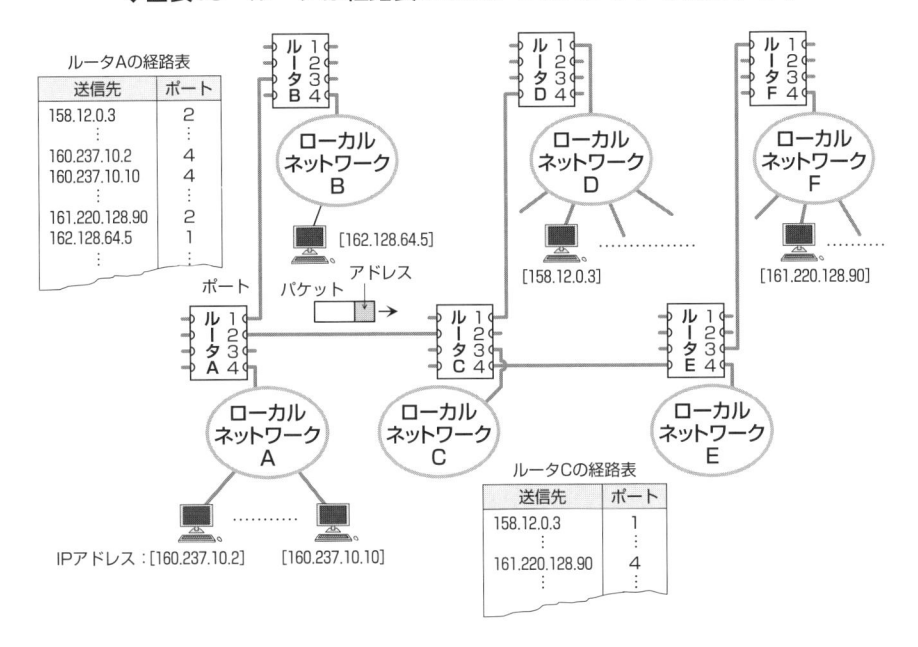

◆図表13　ルータは経路表にしたがってパケットを転送する◆

ルータAの経路表

送信先	ポート
158.12.0.3	2
160.237.10.2	4
160.237.10.10	4
161.220.128.90	2
162.128.64.5	1

ルータCの経路表

送信先	ポート
158.12.0.3	1
161.220.128.90	4

　IPアドレスがそのルータに直接つながっている（ローカルな）ネットワークのアドレス（ネットワーク・アドレス）と一致すれば、そのパケットを取り込んでネットワークへ送り、そうではなければ、経路表で指定されたポートからそのパケットを次のルータに向けて送り出す。そのパケットを受け取ったルータも同じようにしてIPアドレスを調べ、パケットを自分のネットワークに取り込むか、もしくは、次のルータに向けて指定されたポートから送り出す。この操作を繰り返すことによって、最終的にはパケットはIPアドレスと一致したネットワークへ取り込まれ、そのIPアドレスを持つ端末機器へ届くのである。

　ルータに直接接続されているネットワークに取り込まれたパケットは、ホスト・アドレスに対応する端末機器に送られる。たとえば、そのネットワークがイーサネットLANであれば、パケットはイーサネットの送り方にしたがって端末機器に届けるのである（184ページを参照）。

◆**大規模なネットワークでは**

　インターネットのような規模の大きいネットワークになると、**図表13**のように簡単にはいかない。

　1つには同じ宛先へ行くルート（経路）は1通りとは限らず、複数あることが多い（**図表14**）。その場合は、中継するルータの数（ホップ数という）が一番少ないルート、あるいはコストが最小になるルートを選ぶのが原則である。それでもホップ数が同じルートが2つ以上あることもあり、パケットごとにルートが変わることがあり得る。

◆図表14　ルータを経由してパケットが転送される経路◆

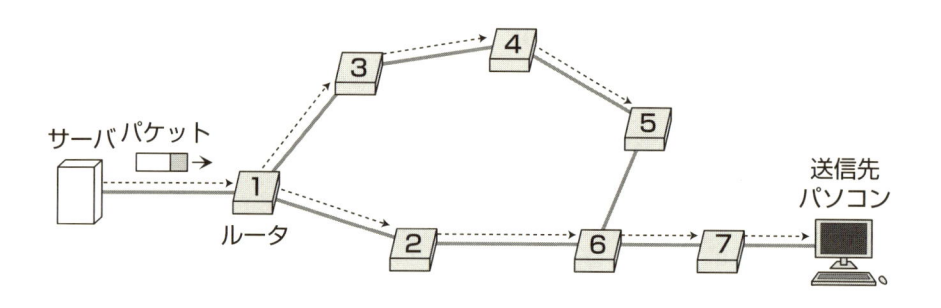

　また、1つのルータの経路表に膨大な数のIPアドレスをすべて書き込むことはできない。そこで、アドレスが完全に一致しなくても、アドレスを最初から1ビットずつ順番に調べていって、一番長くビットが一致した経路にパケットを送り出すようにする。また、宛先アドレスが経路表にないパケットはすべて決められたルータに送ってしまう「デフォルト・ルート」と呼ばれる経路で転送する方法も使われる。このようにしても、転送された先のルータの経路表にはアドレスが記載されているので問題ない。

　次に、このような経路表をどのようにして作成するのかが問題だ。インターネットでは世界中のどこかで知らない間に新しいネットワークが増えていくので、これを人手で書き込んでいくことは不可能だ。

　実際には、**図表15**のように隣接するルータ同士が情報を交換しながら経

路表を自動的に更新している。ルータに届いたパケットには発信元のアドレスが書き込まれているので、どの方向がどのアドレスに対応するかがわかる。そこで新しいアドレスと経路を隣のルータに伝えていけば、最終的にすべてのルータの経路表は最新の状態に保たれることになる。

◆図表15　ルータの経路表は自動的に更新される◆

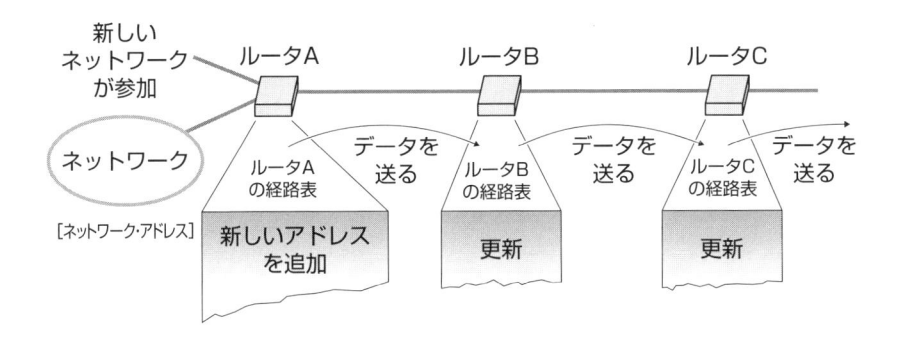

6 TCP/IPというプロトコル

―インターネットで信号を送るときの約束事―

　TCP/IPとは、インターネットでパケットにした信号を相手まで送り、データを正しくやりとりできるようにするための手順を定めたものである。この通信に必要な一連の手順・約束事を**プロトコル**といい、ネットワークではプロトコルを決めておかないと正しく情報を送受することができない。

◆TCPとIPという代表的な2つのプロトコル

　TCP/IPは**TCP**と**IP**という2つのプロトコルをまとめた用語である。これ以外にもインターネットで使うプロトコルはあるが、この2つが代表として取り上げられる。

①IP（Internet Protocol）

　パケットをヘッダの中のアドレスにしたがって相手まで確実に届けるために必要な制御信号で、これを入れたヘッダを**IPヘッダ**という。IPヘッダには、**図表16(a)**に示すように、発信元および送信先のIPアドレスのほか、パケットの長さや通過したルータの数などを示す制御信号も入っていて、全体で20バイトの長さがある（IPv4の場合）。

　ルータはこのIPヘッダの中身を見て、パケットを転送していくのである。

②TCP（Transmission Control Protocol）

　端末機器（たとえばパソコン）と端末機器（たとえばサーバ）の間で確実に情報をやりとりできるようにするために必要な制御信号である。このTCPを入れたヘッダが**TCPヘッダ**で、IPヘッダとは別に用意する。その構造は**図表16(b)**のようになっていて、長さは20バイトである。

　パケットが送る信号は「1、0」の組み合わせが並んだビット列で、そ

第3章 これからの通信を変える技術

◆図表16　IPパケットに付けられるヘッダ◆

(a) IPヘッダの構造（IPv4）

各種制御信号	パケット長	各種制御信号	生存時間	プロトコル	ヘッダの誤り検査	送信元アドレス番号	送信先アドレス番号

- パケットを分割するときの制御信号など
- パケットが何回ルータを経由したかを示す
- このパケットが使っているプロトコルの種類（TCPかUDPかなど）を示す

(b) TCPヘッダの構造

送信元ポート番号	送信先ポート番号	シーケンス番号	応答確認番号	各種制御信号	誤り検査	その他

- データの中身（アプリケーション）を示す番号
- パケットの通し番号（順序番号）
- パケットを正常に受信したことを示す
- パケット中のビット誤りの有無を検査

(c) UDP、RTPヘッダの構造

UDP

送信元ポート番号	送信先ポート番号	パケット長	誤り検査

RTP

各種制御信号	シーケンス番号	タイムスタンプ	識別子

- パケットを送った時刻など

のままではこれがどんな情報を表わすのか、電子メールか画像か音声か、という中身まではわからない。したがって、受信側の端末機器がこのビット列を受け取っても、これだけでは元の正しい情報に復元することができない。この情報の中身を示すのがTCPヘッダにある**ポート番号**で、たとえば「80」はWWWサーバ（プロトコルはhttp）を表わすと決められている。受信側でポート番号が「80」とわかれば、受信したビット列はWWWサーバからのデータだということで、ブラウザを使ってデータを正しく復元できる。つまり、ポート番号はアプリケーションを指定する番号と考えればよい。

　パケットを伝送中にビット誤りを起こすことがある。ビット誤りがあると文字化けになってしまうので具合が悪い。そこでビット誤りがあるパケットを検出して、送信側にそのパケットをもう一度送り直させる（**再送制御**）。また、長いビット列をパケットに分割して送ると、途中で抜けたり、

順番が入れ替わって到着したりすることがある。そこでパケットに通し番号を付けておき、抜けたパケットを送り直させ、順番を直して正しいビット列に戻すようにする。

このような機能がすべてTCPに入っているのだ。

③UDP（User Datagram Protocol）

音声や音楽・映像のようなリアルタイム情報の場合は、TCPの再送制御を行なっている暇はないので、TCPの代わりに**UDP**を使う（**図表16**(c)）。UDPは受信確認や再送制御などは行なわず、処理を最低限にしてデータをそのまま迅速に流すようにしているので、TCPに比べると信頼性が低い通信になる。

UDPはIP電話やIPテレビのストリーミングなどに使われるが、リアルタイム情報をパケットで送るときに使う**RTP**（Realtime Transport Protocol）と組み合わせて使うことが多い。RTPにはパケットの順序を決める番号、パケットのクロック（送った時刻）を合わせるためのタイムスタンプ などが書き込まれている。

◆TCPとIPを使ってデータを送る手順

プロトコルは**OSI参照モデル**という7つの階層（レイヤ）に分けて機能を分類することが多い。そこでTCPとIPをこれに対応させると**図表17**のようになり、TCPとUDPはレイヤ4（トランスポート層）、IPはレイヤ3（ネットワーク層）にあたる。さらにユーザ側でイーサネットなどのLANを使うときは、LANはレイヤ2（データリンク層）にあたる。

図表18はデータをインターネットで送るパケットに組み立てて実際に送るまでの過程を示したものである。

パソコンで作成した電子メールのメッセージなど（アプリケーションに対応する）のデータをネットワークが扱えるパケットの長さに分割する。これにTCPヘッダを付け、次にIPヘッダを付けるとIPパケットができる。このTCP/IPのソフトはパソコンのOS（Windowsなど）に入っている。

第3章　これからの通信を変える技術

◆図表17　TCP／IPでデータを送るときの流れ◆

OSI参照モデル

レイヤ	機能	動作の流れ
7. アプリケーション層 6. プレゼンテーション層 5. セッション層	データの作成・再生	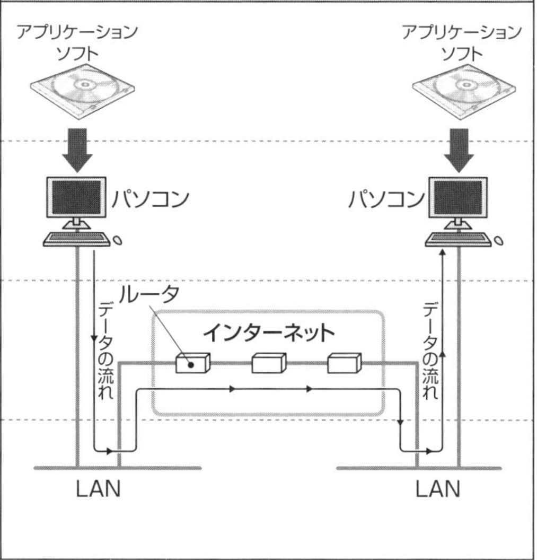 アプリケーションソフト ／ アプリケーションソフト
4. トランスポート層	TCP UDP	パソコン ／ パソコン
3. ネットワーク層	IP	データの流れ → ルータ → インターネット → データの流れ
2. データリンク層 1. 物理層	LAN (MAC)	LAN ／ LAN

　このTCPとIPのヘッダを付けたパケットをパソコンからイーサネットLANに送出するときは、さらにイーサネットのヘッダを付ける。

　インターネットを通ってパケットが受信側に届くと、IPヘッダのチェックサムでヘッダに誤りがないことを確認する。誤りが検出されたらそのパケットは廃棄する。次にプロトコル番号でどのプロトコルを使っているかを調べる。「6」ならTCP、「17」ならUDPである。

　TCPの場合は、まずTCPヘッダのチェックサムでパケットに誤りがないかどうかを調べ、もし誤りがあることがわかったら、送信側にそのパケットの再送を要求する。TCPヘッダには通し番号がついているので、廃棄されたりして届かなかったパケットは再送させ、順番が入れ替わったパケットは並べ直して、元の正しいデータを再現できるようにする。

　最後に、「送られてきたデータがどういうアプリケーションの情報を表わしているのか」を指定しなければならない。送信側では、アプリケーシ

ョンに対応したポート番号をTCPヘッダに入れて送ってきているので、受信側ではそのポート番号からどのアプリケーションかがすぐわかり、あとはパソコンの対応するソフトウェアでデータを処理すればよい。

◆図表18　データ信号をIPパケットにする過程◆

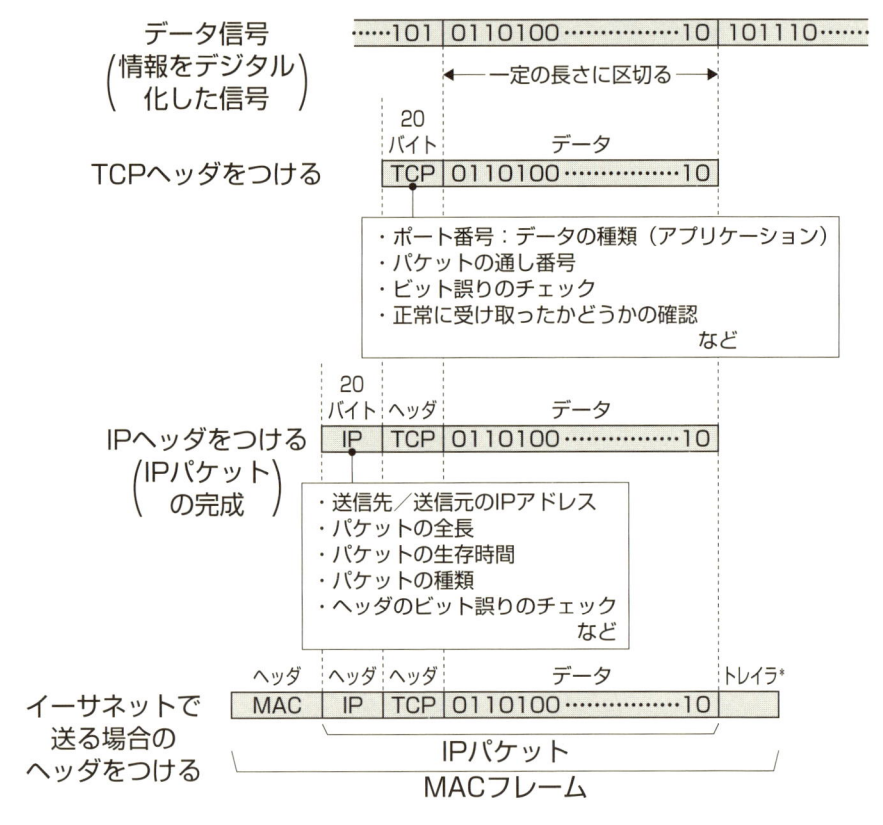

データ信号
(情報をデジタル化した信号)
……101 | 0110100 ……………10 | 101110……
←　一定の長さに区切る　→

TCPヘッダをつける
20バイト　　　データ
| TCP | 0110100 ……………10 |

・ポート番号：データの種類（アプリケーション）
・パケットの通し番号
・ビット誤りのチェック
・正常に受け取ったかどうかの確認
　　　　　　　　　　　　　　　など

IPヘッダをつける
(IPパケットの完成)
20バイト　ヘッダ　　　データ
| IP | TCP | 0110100 ……………10 |

・送信先／送信元のIPアドレス
・パケットの全長
・パケットの生存時間
・パケットの種類
・ヘッダのビット誤りのチェック
　　　　　　　　　　　　など

イーサネットで送る場合のヘッダをつける
ヘッダ　ヘッダ　ヘッダ　　　データ　　　トレイラ*
| MAC | IP | TCP | 0110100 ……………10 | |
　　　　　└──── IPパケット ────┘
　　　└──────── MACフレーム ────────┘

＊トレイラ：フレームの最後に付ける制御符号。MACフレームでは誤り検査符号が入る

7 電子メールとウェブ検索のしくみ
―インターネットを利用する代表的なアプリケーション―

インターネットでもっともよく利用するのは、電子メールとウェブによる情報検索（ウェブ検索）であろう。電子メールなら、電話と違って相手がその場にいなくてもメッセージを伝えることができるし、何を伝えたか記録が残るので安心だ。ウェブ検索は、欲しい情報を探して直ちに見ることができる便利なシステムである。

◆電子メールのしくみ

図表19は電子メールの送信から受信までの過程を示したものである。

パソコンで書いたメッセージに相手のメールアドレス（ドメイン名）をつけてメールとして送信すると（①）、まずはプロバイダの**メールサーバ**に届く（②）。ここで送信する相手側のメールサーバを選ばなければならないが、それには**DNS**（Domain Name System）を使う（36ページの図表10を参照）。DNSサーバはメールアドレスを検索し、ドメイン名をIPアドレスに変換してメールサーバに送り返す（③）。

次に、メールサーバがメッセージをIPパケットにしてインターネットで相手側のメールサーバに送る（④⑤）。このメールサーバは、到着したメールをユーザごとに用意したメールボックスに保管しておき（⑥）、ユーザにはメールが届いていることを知らせる（⑦）。メールを送られた相手は、メールが届いているという通知を受けて自分のパソコンに転送すれば（⑧⑨）メッセージを読むことができる（⑩）、というしくみである。

パソコン以外でも、携帯電話にメール機能を搭載して電子メールをやりとりすることができる。この場合は、携帯電話のネットワーク側にメールサーバを置いて、そこから携帯電話機とメールのやりとりができるようになっている。

◆図表19　インターネットで電子メールを送るしくみ◆

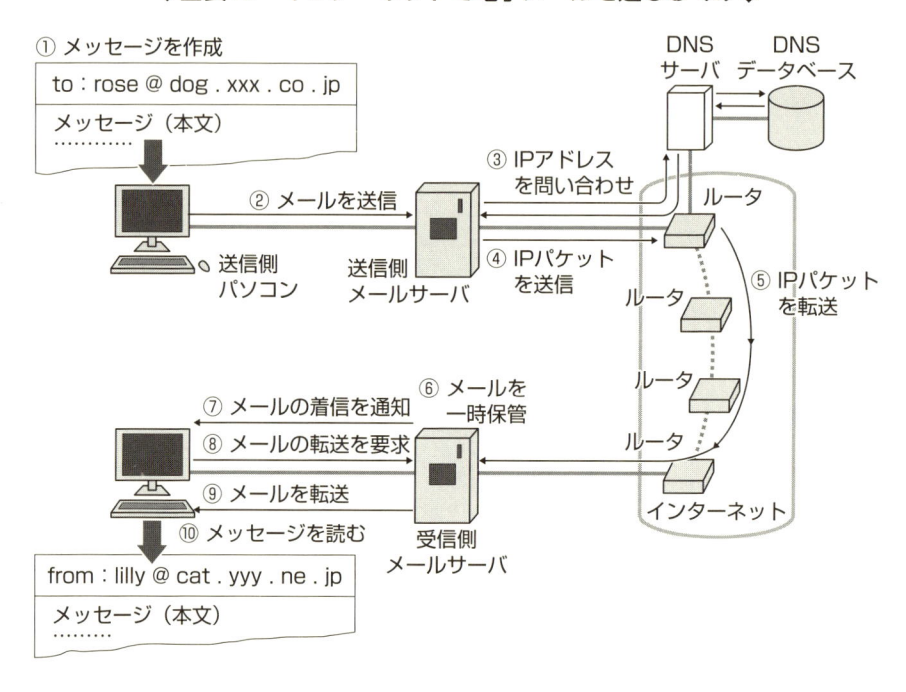

① メッセージを作成
to：rose @ dog．xxx．co．jp
メッセージ（本文）
………

② メールを送信
送信側パソコン
送信側メールサーバ

DNSサーバ
DNSデータベース

③ IPアドレスを問い合わせ
④ IPパケットを送信
⑤ IPパケットを転送
ルータ
インターネット

⑥ メールを一時保管
⑦ メールの着信を通知
⑧ メールの転送を要求
⑨ メールを転送
⑩ メッセージを読む
受信側メールサーバ

from：lilly @ cat．yyy．ne．jp
メッセージ（本文）
………

　電子メールは、送ったメッセージが相手に届くまでに多少時間がかかっても問題がないので、インターネットに適した通信といえる。

◆ウェブ検索

　ウェブ（Web）とはWWW（World Wide Web）を略した用語で、「世界的な広がりをもつクモの巣」といった意味である。世界中にクモの巣のように広がったインターネットには多数のWWWサーバがつながっていて、ここにテキスト、静止画、動画などの各種メディアの情報が収められている。ユーザはブラウザというソフトをパソコンに入れて使うことにより、欲しい情報を検索して自分のパソコンで見ることができる。
　どのWWWサーバのどんな情報を見たいのかを指定するのは、136ページの図表9(b)で示した「http://www.soumu.go.jp」（総務省のホームページ）のようなURLと呼ばれるアドレスである。

図表20はウェブ検索のしくみを示したものである。

パソコンからURLを入力してインターネットに送ると、電子メールの場合と同じようにDNSサーバがURLから目的とするWWWサーバのIPアドレスを調べてそこへ接続し、検索された情報を送り返してくる。

◆図表20　インターネットを使うウェブ検索のしくみ◆

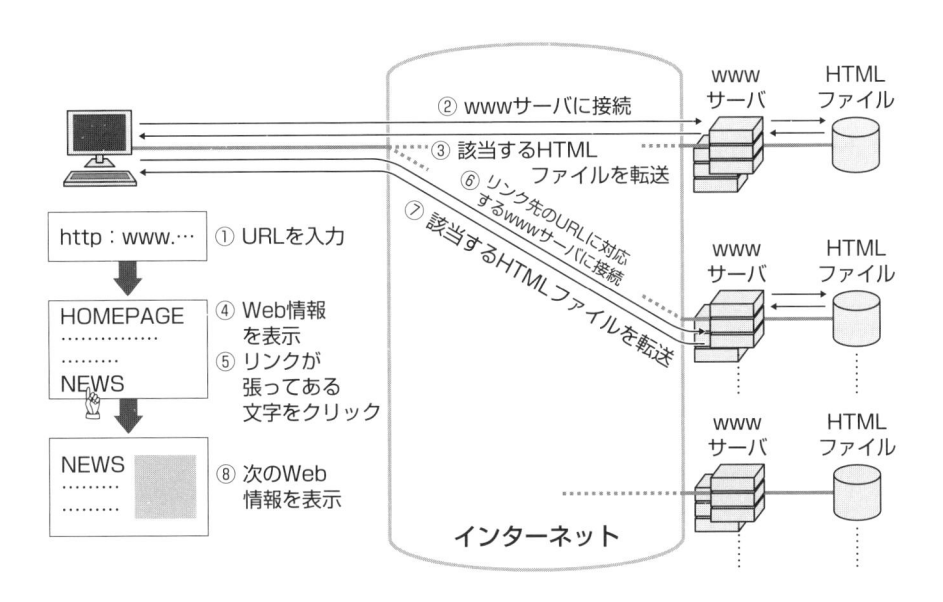

①URLを入力
②wwwサーバに接続
③該当するHTMLファイルを転送
④Web情報を表示
⑤リンクが張ってある文字をクリック
⑥リンク先のURLに対応するwwwサーバに接続
⑦該当するHTMLファイルを転送
⑧次のWeb情報を表示

ダウンロードした画面上で色の変わった文字（キーワード）をクリックすると別の画面に移れるが（**図表21**）、実際には、クリックしたキーワードには別の画面があるファイルのURLが書いてあり、そのWWWサーバに接続し直しているのである。

WWWでは、あちこちのサーバに関係のあるデータがたくさん収められているが、これらのデータを関連づけて巨大なデータベースにするしくみを**ハイパーテキスト**という。このハイパーテキストを実現するために、各ファイルは**HTML**（Hypertext Markup Language）という方法でつくられていて、**HTMLファイル**と呼ばれる。

ユーザが使っているウェブブラウザは閲覧ソフトと呼ばれ、このHTMLファイルを読み出してグラフィカルな表示に変換してパソコンの画面上に表示できるようにするソフトウェアで、これにはマイクロソフトのInternet Explorerやアップル社のSafari、Firefoxなどがある。
　最近は携帯電話にもブラウザが入っており、ウェブ検索をすることができる。

◆図表21　画面の矢印をクリックすると対応するページに移る◆

8 インターネットを電話に使うために
―IP電話に必要な技術を探る―

　パケット通信を使うインターネットは、もともとデータ通信に適したネットワークである。これを電話に利用するには音声をパケットにして送らなければならない。そのために必要な技術をVoIP（Voice over IP）という。このVoIPはインターネット電話だけではなく、IP電話でも使われる大切な技術である。

◆VoIPは音声をパケットにして送る

　インターネットはパケットをアドレスに従って相手まで送るだけのネットワークであり、パケットの中身が何であってもかまわない。そこで、パケットにデジタル化した音声信号を入れて送るようにすれば、インターネットを使って電話ができる。これがインターネット電話であり、コストが安いインターネットを利用するので、料金も安くできる。

　このインターネット電話に刺激されて、従来からの電話会社も同じ技術を使ったIP電話を開始した。インターネット電話とIP電話の違いは利用するネットワークが違うだけで、音声をパケットにして送る技術は同じである。

　これを示したのが図表22で、送信側では、アナログ音声をデジタル信号にする（符号化）、そのデジタル信号をパケットにする（パケット化）、受信側では、ばらばらに到着したパケットを並べ直す、パケットを解体してもとのデジタル信号に戻す（パケットの分解）、デジタル信号をアナログ音声にする（復号化）、という流れになる。これがVoIP技術である。

①符号化
　既存の固定電話では音声を64kビット／秒に符号化（229ページを参照）

◆図表22　音声をパケットで送るためのVoIP技術◆

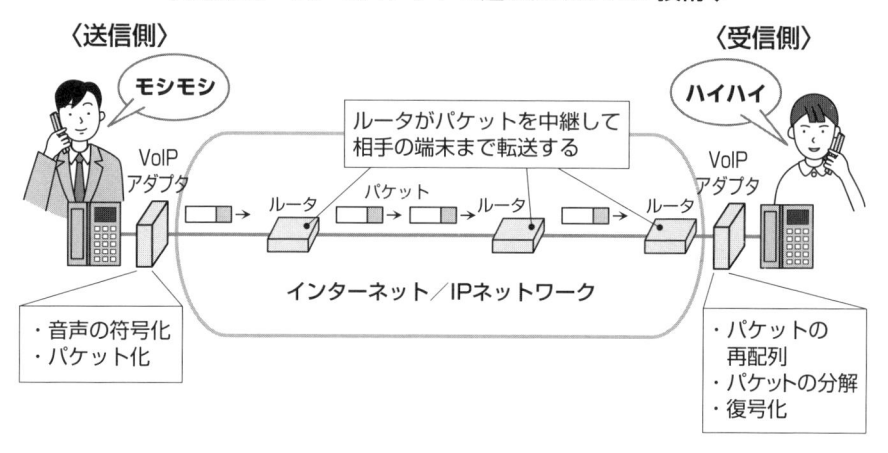

〈送信側〉　モシモシ
・音声の符号化
・パケット化

ルータがパケットを中継して相手の端末まで転送する

インターネット／IPネットワーク

〈受信側〉　ハイハイ
・パケットの再配列
・パケットの分解
・復号化

しているが、インターネットを電話に利用する試みが始まった1994年頃は伝送速度に制約があり、8kビット／秒程度の符号化が使われた。しかし品質があまり良くないので、最近は64kビット符号化を使うようになってきている。現在のIP電話は64kビット／秒符号化を採用している。

　電話音声の周波数帯域は300～3400Hzで、この音声を符号化した64kビット／秒が電話の伝送速度である。この電話音声の周波数帯域は電話網における伝送帯域の制約から決められたが、インターネットやIPネットワークのようなパケット通信を利用したネットワークでは、伝送帯域の制約がない。そのため、音声の帯域を広くしてCD音楽のようにMP3などで符号化すれば、高品質のハイファイ電話が実現できることになる。

②パケット化

　符号化した音声信号をIPパケットにするときに注意しなければならないのは遅延時間である。一定のビット数を集めてからパケットにするので時間がかかるからだ。電話では、信号の遅延時間が片道0.15秒以上になると会話がスムーズにできなくなってしまう（**図表23**）。ビット数を集めるための時間を短縮するにはパケット・サイズ（パケットの長さ）を短くして少ないビット数にすればよい。そのため、インターネット電話やIP電話で

◆図表23　電話は遅延時間が大きいと話がしにくくなる◆

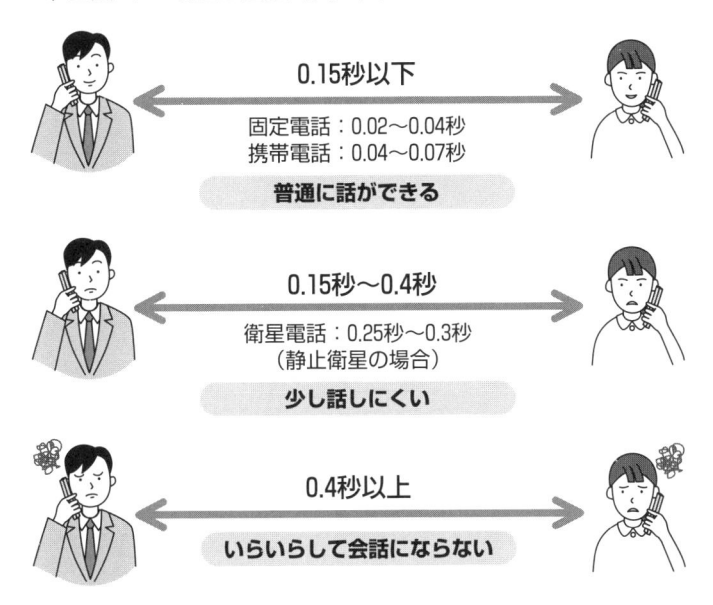

0.15秒以下
固定電話：0.02〜0.04秒
携帯電話：0.04〜0.07秒
普通に話ができる

0.15秒〜0.4秒
衛星電話：0.25秒〜0.3秒
（静止衛星の場合）
少し話しにくい

0.4秒以上
いらいらして会話にならない

使われるパケットの長さは、電子メールなどのパケットより短くしている。

③受信処理

　パケットを一定の間隔で順番に送っても、インターネットを通すとパケットはばらばらになって到着する。そこでパケットをいったんメモリに入れて順番をそろえ、パケットからもとのデジタル信号に戻す。このとき、ネットワークが混んでいて実効伝送速度が低下すると、途中でパケットが行方不明になって届かないことがある。それでもパケットを送り直しているヒマはないので、補間処理をして抜けたギャップを埋めなければならない。

◆インターネット電話の構成

　コストが高い長距離区間にインターネットを使って、安い料金で市外電話や国際電話ができるようにするのがインターネット電話の狙いである。

図表24はインターネット電話の代表的な構成を示したもので、市内電話網と市内電話網の間をインターネットにして市外電話や国際電話に使えるようにしている。コストの高い長距離伝送区間をコストが安いインターネットで置き換えて、料金を安くしようという狙いである。市内電話網とインターネットの間にはVoIP機能を備えたゲートウェイ装置を置いて相互接続をする。

◆図表24　加入電話を利用したインターネット電話の例◆

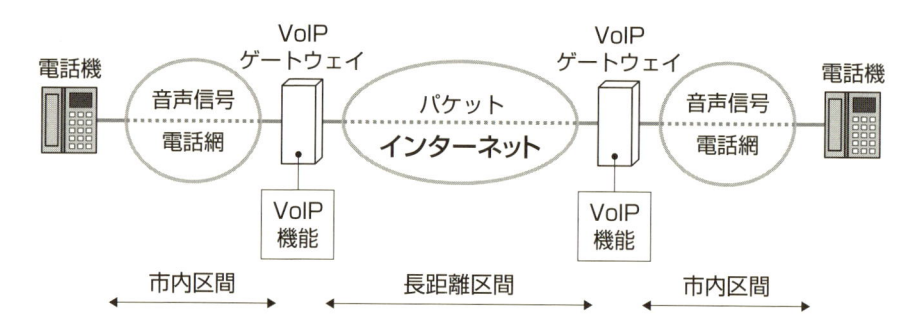

```
電話機 ── 音声信号    VoIP       パケット      VoIP    音声信号 ── 電話機
          電話網   ゲートウェイ  インターネット ゲートウェイ  電話網
                     │                        │
                    VoIP                     VoIP
                    機能                     機能

   ←─ 市内区間 ─→  ←───── 長距離区間 ─────→  ←─ 市内区間 ─→
```

パソコンにVoIP機能を入れて、直接パソコン同士でインターネット電話を使うこともできる（**図表25**）。無料のインターネット電話として話題になっているSkypeがこの形式を採用している。この場合、音声通話に支障をきたさないようにブロードバンド・アクセス回線を使う。

◆図表25　パソコンを使ったインターネット電話◆

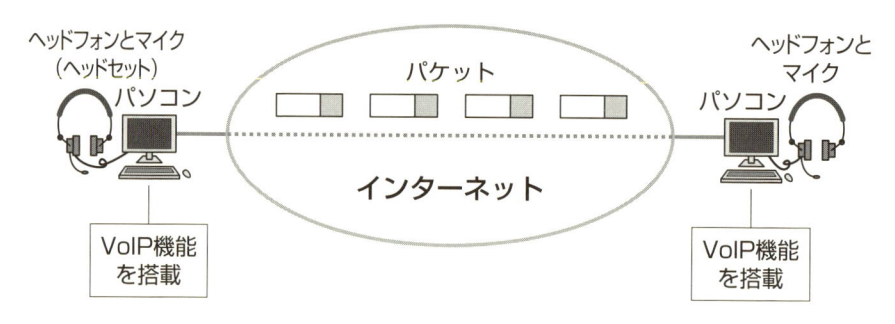

```
ヘッドフォンとマイク                              ヘッドフォンと
（ヘッドセット）                                      マイク
    パソコン         パケット              パソコン
       │     インターネット                    │
   VoIP機能                                 VoIP機能
   を搭載                                    を搭載
```

9 これからはIP電話の時代になる

―音声をIPパケットにして伝送する―

　インターネット電話は料金が安いが品質の点で問題がある。しかし、インターネット技術を使って通信事業者が構築したIPネットワークを使えば、コストが安く、品質の点でもそれまでの電話と変わらない電話が実現できる。これが**IP電話**で、NTTやKDDIのような従来からの電話会社も、将来は全面的にIP電話に切り替える計画である。

◆インターネット電話からIP電話へ

　「インターネットを利用すればタダ同然で電話がかけられる」というふれこみでインターネット電話が始まったが、「既存の電話ともつなぎたい」「もっと品質を良くしたい」という要望が強くなり、今日のようなIP電話にまで発展した。将来は、固定電話も携帯電話も、すべてIP電話になるといわれている。
　このIP電話は次のようなステップで実現された。

(a)インターネット電話① 〜 パソコンからパソコンへ

　インターネットを使った電話は、**図表26(a)**に示すような「パソコンからパソコンへ」という形態で始まった。パソコンに電話ソフトをインストールし、マイクとイヤフォンを付けて電話として利用する方式である。電話サーバにIPアドレス、登録名などのユーザ情報を登録しておき、インターネット電話ソフトを起動して電話サーバに接続すると、パソコンの画面にユーザ情報が表示されるので、その中から相手を選んで接続する。

(b)インターネット電話② 〜 パソコンから電話機へ

　図表26(b)のように、VoIPゲートウェイ（GW）を介してインターネット

◆図表26　インターネット電話からIP電話への発展（インターネット電話）◆

(a)　インターネット電話 ① パソコンからパソコンへ（1994年頃）

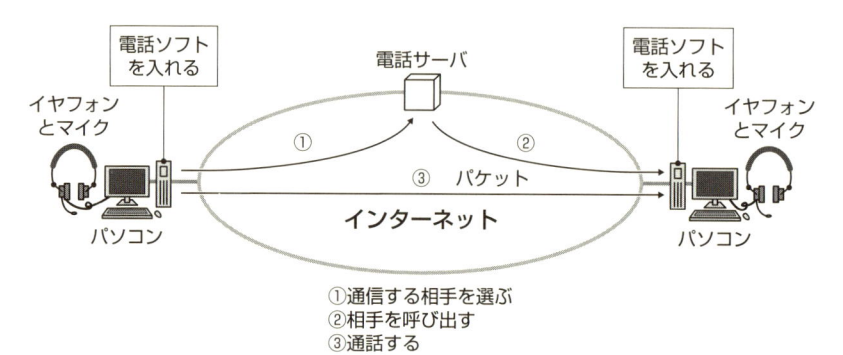

①通信する相手を選ぶ
②相手を呼び出す
③通話する

(b)　インターネット電話 ② パソコンから電話機へ（1996年頃）

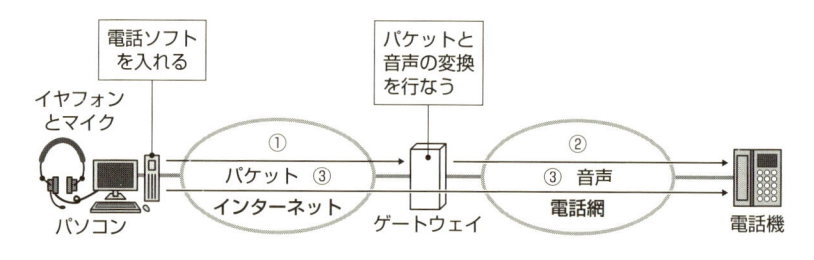

①相手の電話番号を送る
②相手を呼び出す
③通話する

(c)　インターネット電話 ③ 電話機から電話機へ（1997年頃）

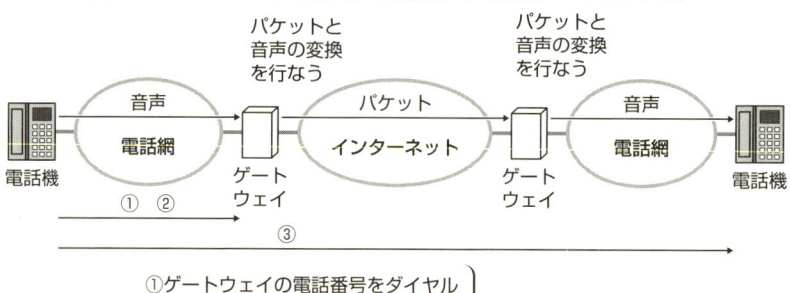

①ゲートウェイの電話番号をダイヤル
②パスワードを送る（課金のため）　　3ステップが必要
③相手の電話番号をダイヤル

と電話網と接続すれば、パソコンと電話機との間で通話ができる。パソコンからインターネット経由でゲートウェイに接続し、相手の電話番号を送ると、ゲートウェイが受信した電話番号で相手を呼び出す。ゲートウェイは利用料金が安くなるように各地に設置してあり、パケットと音声の変換を行なう。この方式は、パソコンから発信して電話機に着信できるが、パソコンには電話番号がないので、電話機から発信してパソコンに着信することはできない。

(c)インターネット電話③ 〜 電話機から電話機へ

図表26(c)のように、インターネットの両端にVoIPゲートウェイを介して電話網を接続し、一般の電話機で通話する方式である。通常は市内電話網を経由して長距離回線にはインターネットを利用し、安い料金で国際電話や長距離市外電話をかけられるようにする。

VoIPゲートウェイには電話番号を付けておき、利用者はまず最寄りのゲートウェイ番号をダイヤルする。次にパスワードを送ってユーザ認証を行なってから相手の電話番号をダイヤルする。ゲートウェイは受信した相手の電話番号を元に相手先の最寄りのゲートウェイを選択し、相手先のゲートウェイは受信した電話番号で相手に接続するというしくみである。このように、利用者は認証のためのパスワードを含めて3回ダイヤルする必要があり、手順が煩雑になる。

このインターネット電話は、1997年頃から当時の第2種電気通信事業者がサービスを提供した。

(d)IP電話① 電話機から電話機へ

図表27(d)のように、図表26(c)のインターネットをIPネットワークに置き換え、電話番号を送るための共通線信号網とも接続した方式である。電話機から相手の電話番号をダイヤルすると、共通線信号網経由で番号が相手先のゲートウェイに送られるため、インターネット電話のときのような煩雑な手順は不要で、一般の加入電話と同じようにしてIP電話を利用できる。

◆図表27　インターネット電話からIP電話への発展（IP電話）◆

(d) IP電話(1) 電話機から電話機へ（1998年頃）

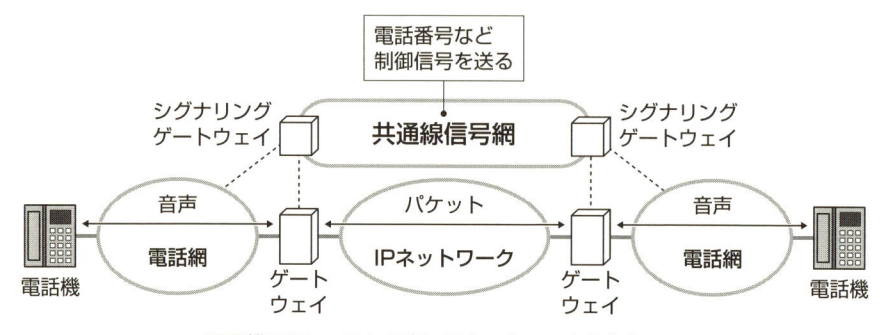

長距離区間にコストの安いIPネットワークを使うので
市外電話料金を安くできる

(e) IP電話機からIP電話機へ（現在）

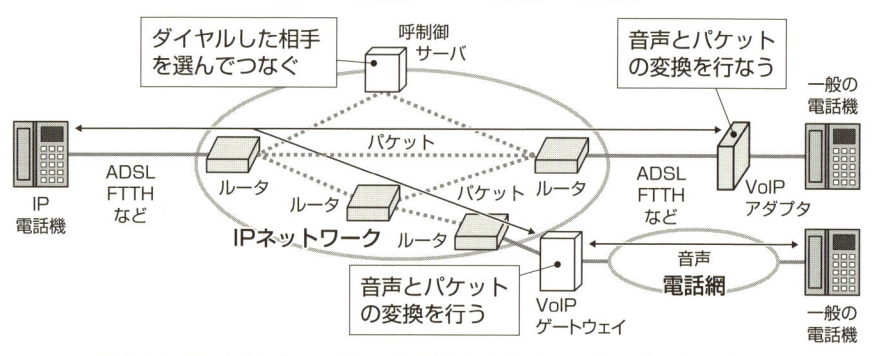

アクセス回線にはブロードバンド回線を使う呼制御サーバは電話番号と
IPアドレスの変換を行ない、従来の電話番号を使えるようにする

長距離回線に通信事業者がみずから構築したIPネットワークを用いているため、インターネットを利用する場合に比べて品質が良いのが特長である。

このIP電話は、2001年からフュージョン・コミュニケーションズ（当時）が開始し、全国一律料金制を実現して話題になった。

(e)IP電話②　IP電話機からIP電話機へ

図表27(e)のように、常時接続型のブロードバンド・アクセス回線を使用

して、電話機からIPパケットを送信する方式である。既存の電話機を使う場合はVoIPアダプタを介して接続する。また、VoIPゲートウェイを介して電話網とも相互接続して通話をすることができる。この場合も、共通線信号網と接続して一般の電話とまったく同じように電話をかけることができる。長距離回線にコストの安いIPネットワークを使うことで、市外電話も安い料金でかけられるのが特長である。これからの電話はすべてこの形式のIP電話になるといわれている。

◆IP電話はこのようにしてつながる

現在使われているIP電話網は**図表27(e)**に示したような構造になっている。

音声をIPパケットにして送るためのVoIP技術はインターネット電話と同じであるが、IP電話ではこれまでの電話と同じ品質を確保するため、音声を64kビット／秒に符号化して使うことが多い。これならファクシミリを送るときもこれまでと同じように使える。

また、ブロードバンド・アクセス回線を使うことが前提で、ADSLも利用できるが、光ファイバ（FTTH）を使うほうが安定している。電話会社が「ひかり電話」のような名称をつけているのはこのためで、実体はIP電話である。既存の電話機を使うときはVoIPアダプタが必要であるが、FTTHで使う光ファイバの回線終端装置ONU（226ページを参照）にVoIP機能が入っていることが多い。

IP電話のためのネットワーク（IPネットワーク）はインターネット同じパケット通信であり、電子メールの送り方からもわかるように、これまでの電話とはまったく違う手順で相手と通信をする。しかし、IP電話になってもこれまでと同じ手順で電話がかけられないと利用者にとっては不便だ。そこで、IPネットワークに**呼制御サーバ**を置いて電話番号とIPアドレスの変換を行ない、従来と変わらない手順で電話をかけられるようにする。

呼制御とは、電話番号によって相手を特定し、ベルを鳴らしてお互いに通話できるようにするためのしくみで、その手順を定めたものを**呼制御プロトコル**という。IP電話の呼制御プロトコルにもいくつかの方式があるが、

代表的なのはSIP（Session Initiation Protocol）である。呼制御サーバはこの呼制御プロトコルを実行するためのサーバで、IP電話ユーザの登録管理も行なっている。

図表28はIP電話における呼制御の基本的な流れを示したものである。

発信者が相手の電話番号をダイヤルすると、その番号は呼び出し要求信号とともに呼制御サーバに送られる。IP電話では、音声パケットはIPアドレスで相手を選んで転送されるので、電話番号をIPアドレスに変換しなければならない。これを行なうのも呼制御サーバの役割で、呼制御サーバから相手を呼び出す信号を送るとともに、IPアドレスを発信者に通知する。相手が受話器を上げたことを知らせる応答信号が呼制御サーバに返送されると、これを発信者に知らせて、その後は発信者と相手との間でパケットをやりとりして直接通話をする。このとき、音声パケットは遅延時間が大きくならないように、QoS制御で他のパケットより優先的に送るなどの方策をとっている。

IP電話の電話番号には、「050」で始まる11桁の数字が割り当てられているが、従来の電話と同じ品質で一定の基準を満たすIP電話はこれまでの固定電話と同じ番号（0AB～J番号という）を使うことができる。

◆図表28　IP電話がつながるまでの手順◆

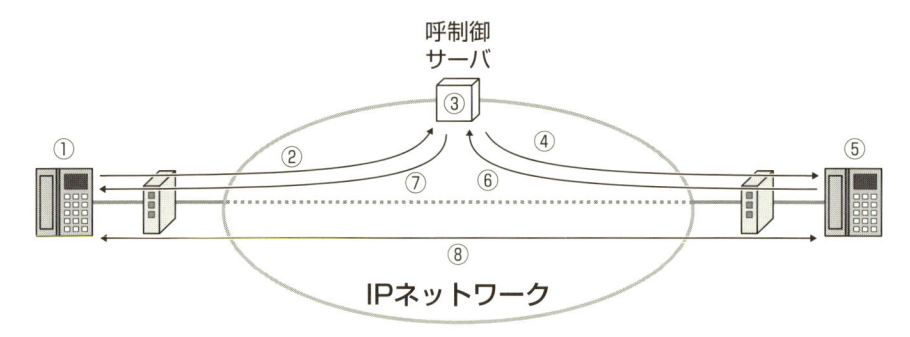

① 相手の電話番号をダイヤルする　② ダイヤルした電話番号を送る
③ 電話番号をIPアドレスに変換する　④ 相手を呼び出す信号を送る
⑤ 受話器を上げる　⑥ 応答した信号を送る
⑦ 相手が応答したことを知らせる　⑧ 通話をする

第3章　これからの通信を変える技術

10 無料のインターネット電話「Skype」のひみつ
―ユーザのパソコンをうまく利用して電話をかける―

　ルクセンブルグのスカイプ・テクノロジーズが2003年に始めた**Skype**は、インターネットにつながるユーザ同士でパソコンを使って通話できる新しい形式のインターネット電話である。

◆スーパーノードが重要な役割を果たす

　Skypeは、それまでのインターネット電話やIP電話とはまったく異なる方式の電話である。電話とはいうものの、あくまでパソコン・ベースのサービスで、電話番号は使わずにあらかじめ登録しておいた「Skype名」で電話をかける。

　ネットワーク側でとくに必要となる装置は**ログイン・サーバ**（認証用のサーバ）だけで、あとはユーザのパソコンをうまく利用しながらインターネット経由で音声パケットを送る。そのとき、カギを握るのが**図表29**に示す**スーパーノード**の存在である。スーパーノードは特別な装置ではなく、一般のSkypeユーザが使っているパソコンの中から、グローバルIPアドレスをもち、十分な処理能力があり、ブロードバンド・アクセス回線で接続され、長時間安定して稼働しているなど、一定の条件を満たすものを選んで利用する。

　このとき、ユーザは自分のパソコンがスーパーノードに選ばれていることはわからない。無料でサービスを利用する代わりに、自分がもつリソース（処理能力や通信能力）の一部をサービス運営のために提供するという発想だ。このスーパーノードはユーザのパソコン数百台に1台くらいの割合で選ばれている。1つのスーパーノードは1つの仮想的なユーザ・グループをつくり、グループ内のユーザ名とIPアドレスの対応付けといったユーザ情報の管理を行なう。

◆図表29　Skypeにおけるスーパーノードの役割◆

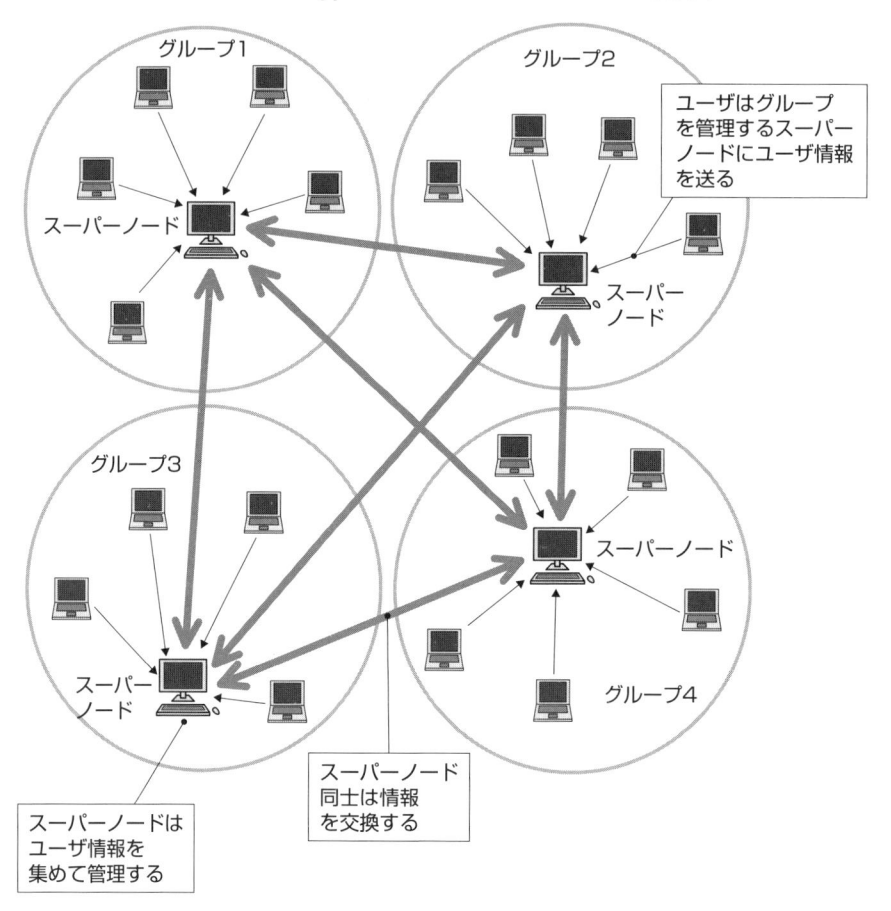

（グループ1／グループ2／グループ3／グループ4に分かれ、各グループにスーパーノードが配置されている図。吹き出しは以下の通り）

- ユーザはグループを管理するスーパーノードにユーザ情報を送る
- スーパーノード同士は情報を交換する
- スーパーノードはユーザ情報を集めて管理する

Skypeのユーザを仮想的なグループに分け、各グループにスーパーノードを置く

　Skypeで電話をかける手順は**図表30**のようになっている。ユーザがパソコンからSkypeを起動し、ログイン・サーバの認証を受けると暗号鍵が送られてくるので、以後の通信はすべてこの鍵で暗号化して送る。次にスーパーノードに接続し、電話をかける相手のSkype名を送ると、対応するIPアドレスを探し出して返送してくれるので、そのIPアドレスを使って音声パケットを送ればインターネット経由で通話ができるようになる。

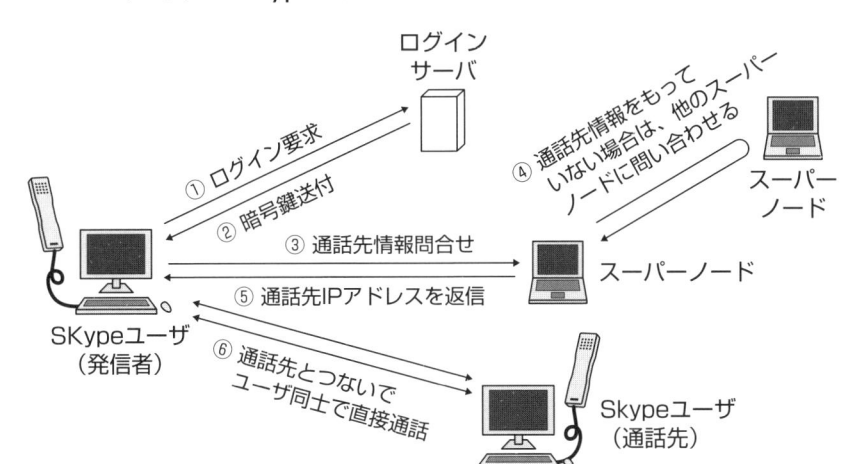

第3章 これからの通信を変える技術

◆図表30　Skypeの相手とつないで通話するまでの手順◆

```
                    ログイン
                    サーバ
                                    ④通話先情報をもって
                                     いない場合は、他のスーパー
      ①ログイン要求                    ノードに問い合わせる
                                                      スーパー
      ②暗号鍵送付                                       ノード
      ③通話先情報問合せ
                            スーパーノード
      ⑤通話先IPアドレスを返信
SKypeユーザ
（発信者）  ⑥通話先とつないで
           ユーザ同士で直接通話
                              Skypeユーザ
                              （通話先）
```

　このとき、1台のスーパーノードだけで全員のユーザ情報を管理することはできない。そこでほかのスーパーノードと連携して、自分がもっていないユーザ情報はほかのスーパーノードから取り寄せるという仕組みになっている（分散管理）。また、グループを管理するのが1台のスーパーノードだけでは信頼度が低いので、サブのスーパーノードを何台か用意している。

　このようなユーザ情報の管理や接続先の指定などの役割は、IP電話では専用の呼制御サーバ（161ページの**図表28**）が行なっているが、Skypeではこれをユーザのパソコンに行なわせていて、特別の装置は必要としない。そのため余分なコストがかからず、無料で電話ができる仕組みになっているのである。

　インターネットを利用する電子メールやインターネット電話などのサービスでは、サーバが信号を中継したり相手との接続を行なったりするしくみになっていた。しかしSkypeは、サーバを使わずにユーザのパソコン同士が直接相手と接続して信号をやりとりする形態で、この方式は一般に**P2P**（Peer-to-Peer。ピア・ツー・ピア）と呼ばれる。

◆一般の電話との接続

　Skypeは、**図表31**に示すように、SkypeOutおよびSkypeInのゲートウェイを介して一般の加入電話や携帯電話ともつなぐことができるようになっている（契約が必要で有料）。

　Skypeから加入電話や携帯電話に電話をかけるSkypeOutでは、ユーザがSkype端末から相手の電話番号（国番号を付ける）を送ると、スーパーノードが相手とつなぐのに最適なSkypeOutゲートウェイを探して、そのゲートウェイが相手に電話をかける。このゲートウェイはSkypeが運ぶIPパケットと加入電話や携帯電話の音声信号との変換も行なう。

　一般の加入電話や携帯電話からSkype側に電話をかけるSkypeInでは、まずSkype端末にSkypeIn電話番号の割り当てを受けておく必要がある。一般の電話からこのSkypeIn電話番号をダイヤルすると、その地域のSkypeInゲートウェイにつながり、そこからインターネット経由でSkypeユーザを呼び出す、という仕組みである。

　SkypeOutおよびSkypeInゲートウェイはスカイプ・テクノロジーズ社が用意して設置し、さらにSkypeのネットワーク（インターネット）と電話網を相互接続するための接続料金を払う必要があるためコストがかかり、このコストを回収するためにSkypeOutおよびSkypeInサービスは有料に

◆図表31　Skypeと一般の電話との接続◆

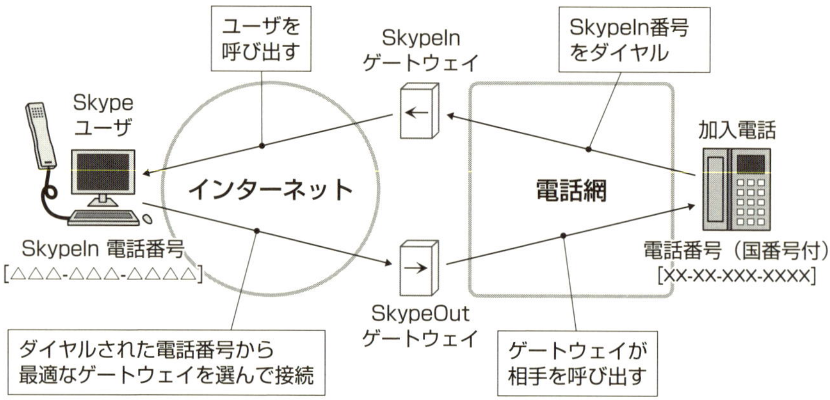

なっている。ただし、これらのゲートウェイは一般の電話を使うユーザのできるだけ近くに用意されていて、ユーザがゲートウェイまで接続するのにかかる料金が安くてすむようになっている。また、国際電話のための長距離回線はインターネットを利用するので、一般の電話に比べれば料金が安くてすむのが特長である。

◆Skypeの音質が良い理由

　インターネット電話というと、「品質が悪い」という定評があったが、Skypeは逆に「品質が良い」という評判である。

　その理由の1つは、音声の周波数帯域を広くとっていることだ。通常の電話の音声帯域は300Hz〜3.4kHzであるが、Skypeでは50Hz〜8kHz程度でAMラジオと同じくらいの帯域を使っている（**図表32**）。さらに音声の符号化にも高品質の符号化方式を使っているといわれる（詳細は不明）。

　また、インターネットの品質の悪さをできるだけ避けるために、音声パケットが通るルートを複数（4つくらい）つくっておき、その中でもっとも遅延が少なく、高速で送れるルートを選んで伝送するしくみが用意されている。

　このような手段によって、もともと品質が良くないインターネットを使いながら、品質の良い電話ができるようになっているのである。

◆**図表32　音声の周波数帯域**◆

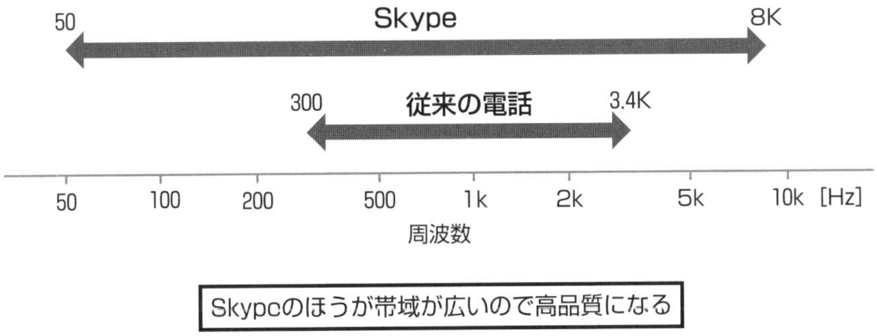

```
   50              Skype                8K
   ←──────────────────────────────────→

              300    従来の電話    3.4K
               ←──────────────────→

   ─┬────┬────┬────┬────┬────┬────┬────┬─
   50  100  200  500   1k   2k   5k  10k [Hz]
                   周波数
```

  ┌─────────────────────────────────┐
  │ Skypeのほうが帯域が広いので高品質になる │
  └─────────────────────────────────┘

11 IPネットワークで実現するマルチキャスト通信

―マルチキャストで動画を配信する―

　インターネットやIPネットワークを利用すると、これまでのネットワークではむずかしかったような信号の送り方が実現できる。マルチキャスト通信もその1つで、これを使った新しいサービスが登場している。

◆パケットをコピーして大勢に配信する

　ネットワークにおける送信者と受信者の組み合わせは、**図表33**のように3つの形態に分類できる。(1)は1対1で**ユニキャスト**と呼ばれ、従来の通信がこの形態である。(2)は1対不特定多数で**ブロードキャスト**と呼ばれ、

◆図表33　ユニキャスト、ブロードキャスト、マルチキャストの違い◆

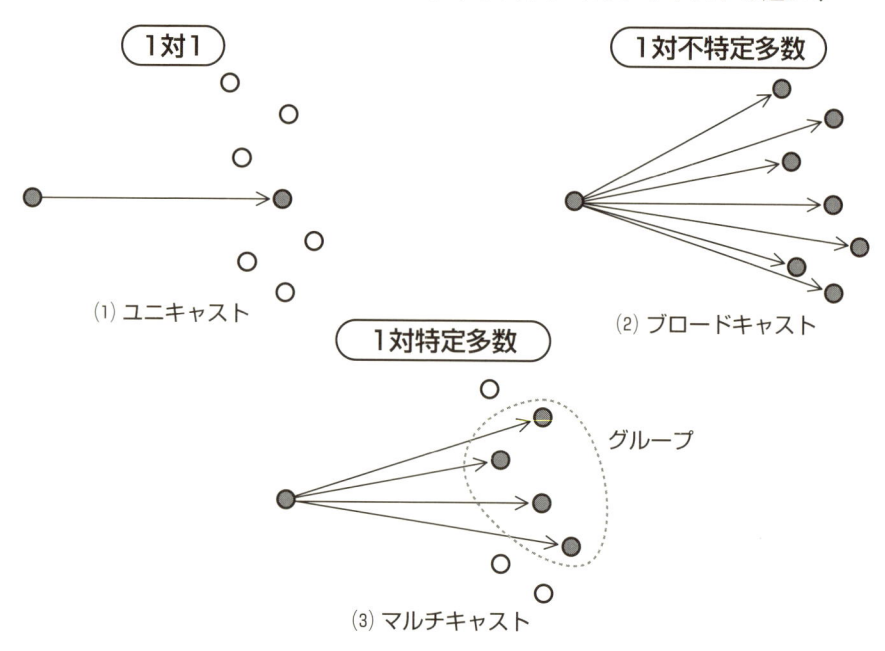

(1) ユニキャスト　1対1

(2) ブロードキャスト　1対不特定多数

(3) マルチキャスト　1対特定多数　グループ

従来の放送にあたる。(3)は1対多数であるが、放送のような不特定多数ではなく特定の多数を対象とするもので、**マルチキャスト**と呼ばれる。

これまでの通信ネットワークは、1対1の情報伝達を行なうようにつくられていて、1対多数に情報を配信するような使い方は得意ではなかった。しかし、信号をパケットにして送るインターネットやIPネットワークを使うと、1対多数の通信も簡単に行なうことができる。

図表34はこのマルチキャスト通信の原理を示したもので、IPパケットを使うので**IPマルチキャスト通信**と呼ばれる。

◆図表34　IPマルチキャスト通信の原理◆

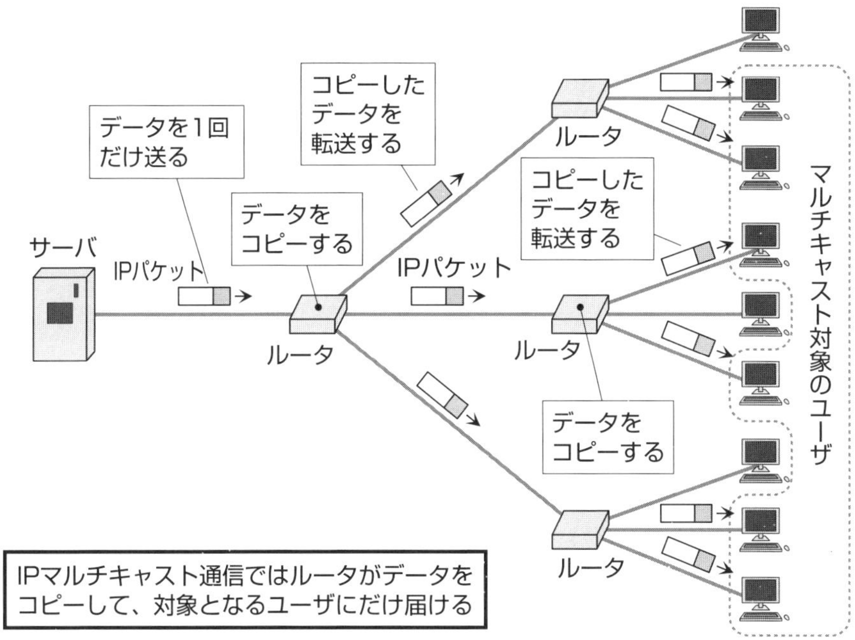

マルチキャスト通信は、「送信側のサーバはパケットを1回送信するだけで、あとは途中のルータがそのパケットをコピーして転送する」という操作を繰り返して、最終的にグループの受信者全員に同じパケットを配信

するという方法である。デジタル信号なので、何回コピーしても品質は悪くならない。パケットのヘッダにはマルチキャストであることを示すアドレスを入れ、登録した受信者までそのアドレスでパケットを転送する。

このようにすれば、同じ情報信号をユーザごとに個別に送るのに比べてネットワークを流れるパケットの数が少なくてすみ、ネットワークの混雑を避けることができる。

このIPマルチキャスト通信ではコピー機能があるルータを使うことが前提である。通信事業者が構築したIPネットワークなら全ルータにコピー機能を持たせることができるが、一般のインターネットで使っているルータにはコピー機能がないので、図表34のマルチキャスト通信は使えない。

マルチキャスト通信に使うIPパケットは、IPアドレス（137ページの図表11を参照）の最初の4ビットを"1110"で始まる32ビットにしてユニキャスト通信と区別する（IPv4の場合）。ネットワークの中のルータは、"1110"で始まるアドレスのパケットを受け取るとこれをコピーして転送する。

◆映像の同時配信に適している

マルチキャスト通信がもっとも威力を発揮するのは情報量が大きい映像通信であろう。同じ内容の大量の情報を多数の相手に同時に配信するにはマルチキャスト通信が最適だ。

これをユニキャスト通信で送ろうとすると、図表35(a)に示すように、サーバ側にきわめて広い帯域の回線が必要で現実的でない。多数の異なる相手にそれぞれ同時に情報を送るのでサーバの負担も大きい。図表35(b)のように、ユニキャスト通信を何回も繰り返して順番に送る方法もあるが、放送型の映像配信には使えない。短いメッセージなら可能だが、最後に送られた人は最初の人に比べて情報を受け取る時間が遅くなってしまう。

マルチキャスト通信ならばサーバ側は1回情報を送るだけですむので負担は軽い。あとは途中でルータがコピーして多数のユーザに配信してくれる。

IPネットワークを利用したIPテレビ放送（176ページを参照）はこのマルチキャスト通信を利用している。

第3章 これからの通信を変える技術

◆図表35 ユニキャストで多数のユーザにデータを配信する◆

(a) サーバから同じデータを多数のユーザに同時に送る

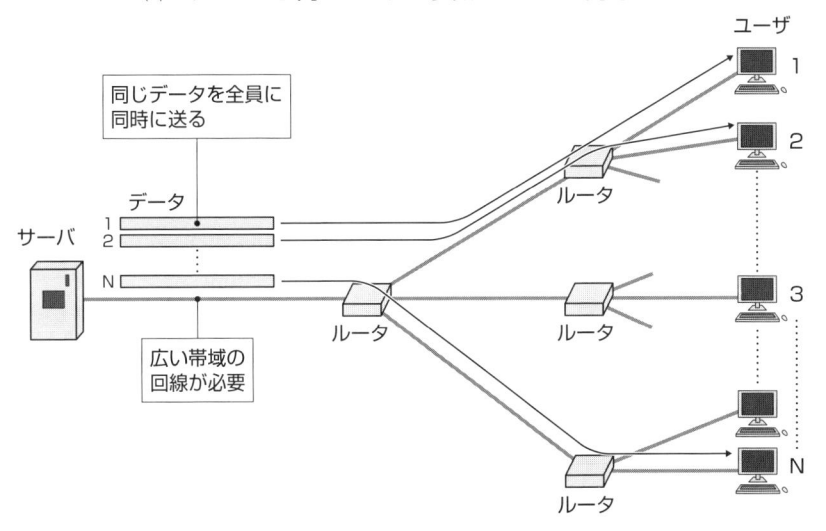

(b) サーバから同じデータを順番に送る

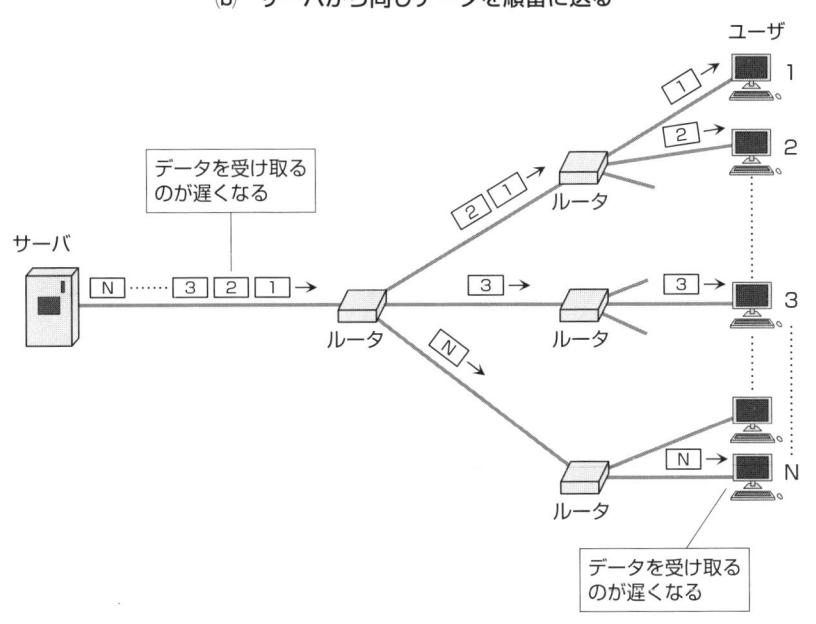

12 インターネットによる動画配信

―オンデマンド型とリアルタイム型の2種類がある―

　YouTubeやGyaoなどインターネットを利用した動画配信が盛んになっている。いわゆる**インターネット・テレビ**である。この動画配信には**オンデマンド型**と**リアルタイム型**の2種類がある。

◆VOD：ビデオ・オン・デマンド

　オンデマンド型の動画配信は**VOD**（Video On Demand）と呼ばれ、サーバに蓄積されている動画コンテンツの中からユーザがリクエストしたものを配信するサービスである。

　VODにはCATVを使う方式もあるが、インターネットを利用するほうがコストが安く、テレビ受像機に限らずパソコンでも見ることができるのが特長だ。インターネット利用のVODでは、**図表36**に示すように、テレビ受像機で見る場合はVOD対応の**セットトップ・ボックス**（**STB**）が必要であるが、パソコンならば不要である。リクエスト信号はSTBまたはパソコンから送られ、VODサーバはそれに応える形で動画コンテンツを送る。

　希望するコンテンツを送ってもらって見る場合、送られてきたコンテンツ全体をいったん蓄積してから再生する**ダウンロード方式**と、コンテンツを伝送しながら再生する**ストリーミング方式**とがあるが、VODは一般に後者を指す。

　ダウンロードの制御にはHTTP（Hypertext Transport Protocol）というプロトコルが使われるが、これはウェブ検索に使うプロトコルと同じである。すなわち、画像データの伝送を希望する側（パソコンなど）からのリクエストと、それに応じる側（サーバ）からのレスポンスのやりとりによって通信が行なわれるが、このしくみはウェブ検索と同じであるのだ。

　これに対してストリーミングの制御にはRTSP（Real-Time Streaming

第3章　これからの通信を変える技術

◆図表36　インターネットを利用した動画配信システム◆

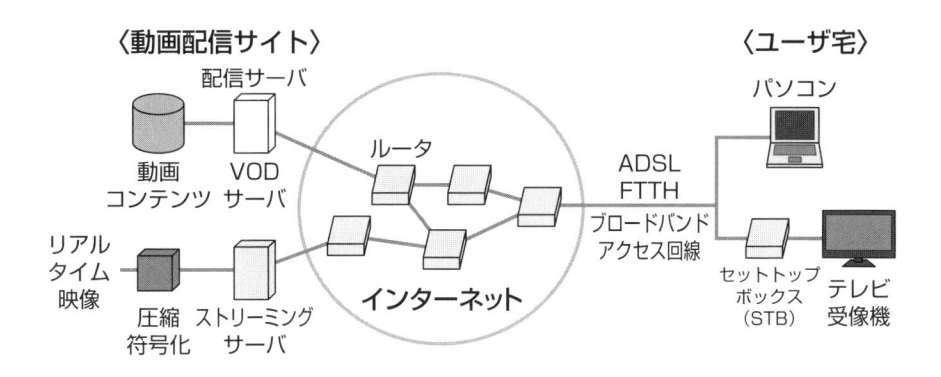

◆図表37　ビデオ・オン・デマンド（VOD）のしくみ◆

(a) CATVを利用したVOD

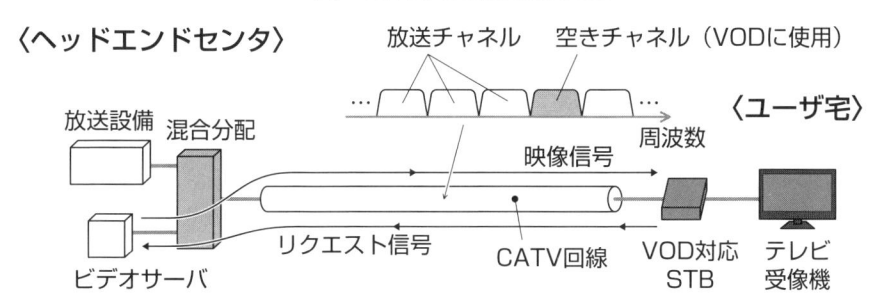

(b) インターネットを利用したVOD

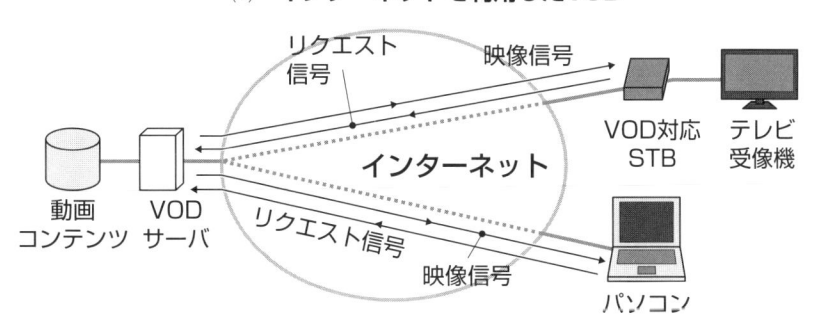

Protocol）というプロトコルが使われる。これは伝送開始、停止、早送り、巻き戻しといったストリーミング制御を行なうためのプロトコルである。

このRTSPはインターネット利用のVODに限らず、次節で説明するIPネットワークを利用したIPTVのVODでも同じように使われる。

インターネットは高速伝送ができないので、動画コンテンツは帯域圧縮をして、テレビ受像機向けで3M〜6Mビット／秒、パソコン向けで500k〜1.5Mビット／秒で配信するのが一般的だ。そのため、ユーザはブロードバンド・アクセス回線を使わなければならない。

◆リアルタイム型の動画配信

テレビカメラで取り込んだ映像をリアルタイムで配信するサービスで、テレビ放送と同じである。

このとき問題となるのは、動画（映像）コンテンツは情報量が大きいので、これを多数のユーザに一斉に送るとネットワークがパンクしてしまうことだ。これを防ぐにはマルチキャスト通信が有効であり、IPネットワークであればIPマルチキャストが使えるが、インターネットはマルチキャスト対応のルータを使っていないので別の手段が必要になる。特定のプロバ

◆図表38　コンテンツ配信ネットワーク(CDN)を使った動画配信◆

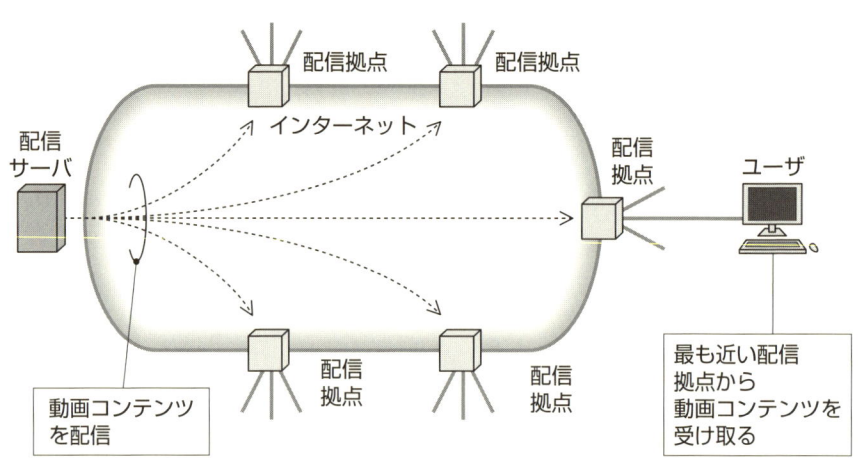

イダのネットワーク内だけなら、マルチキャスト対応ルータを導入してIPマルチキャストを使えることもあるが、多くの場合は使えない。

インターネットで大規模に動画配信するには、**図表38**に示す**CDN**（Contents Delivery Network：コンテンツ配信ネットワーク）を使う。動画コンテンツを中継する配信拠点をいろいろな場所に設置し、複数の配信拠点にコンテンツを送って、そこから改めてユーザに配信する方法である。ユーザは近くの配信拠点から動画コンテンツを受け取るようにしてネットワークの混雑を避ける。配信拠点まではユニキャストで一斉に配信するが、拠点数がそれほど多くなければネットワークの負担にはならない。

このようなリアルタイム型の動画配信は、インターネット放送とも呼ばれるように、放送に近い形式である。しかし、放送との大きな違いもある。

まず、インターネットは伝送速度が十分とれないことがあるため、放送に比べると映像品質が保証されない。次に、同時視聴者数の点で、放送では数百万〜数千万の視聴者に対してきわめて経済的に一斉配信ができるのに対して、インターネットによる動画配信ではせいぜい数万程度の規模でけた違いに少ない。このような制約が、インターネット上の放送型ビジネスが成立しにくい要因になっている。

一方で、インターネットの最大の特長は、ユーザが簡単にコンテンツ発信者になれることで、そのような全世界のコンテンツに即座にアクセスできることである。さらに、インターネットは双方向性とインタラクティブ性が高いので、従来の放送ではカバーしきれない特定の視聴者層向けのコンテンツや広告を配信したり、コンテンツに対する反応を集約することなどでは効果的である。

このように、インターネットによるリアルタイム型の動画配信と放送とはお互いに補完させて利用しながら発展することになると考えられる。

13 通信ネットワークを利用した IPテレビ放送のしくみ
―テレビ信号をパケットにして伝送する―

　デジタル・テレビになって、テレビ受像機で見られる放送や配信サービスが多彩になってきた。とくに、2002年に施行された電気通信役務利用放送法によって、通信事業者の通信回線を利用したテレビ放送番組の配信が可能になった。これに使う伝送方式としては、放送電波をアンテナで受信したのと同じ信号を送る**RF方式**と、IPパケットにして送る**IP方式**とがあり、IPテレビジョン（IPTV）は後者の方式である。

◆地上波デジタル放送番組をIPTVで再送信

　IPTVとは、IP技術を用いてテレビ番組の配信を行なう方式で、広義にはインターネットを利用したものも含まれるが、国際標準化機関であるITU-Tの定義によれば、IPTVとは「サービス品質や信頼性などを確保するために管理されたIPネットワークで配信されるマルチメディア・サービス」とされていて、いわゆるインターネット・テレビは除外されている。

　このIPTVには、通信事業者がみずから構築して運用するIPネットワークを利用して行なう、①デジタル放送で送られるテレビ番組の再送信（**IP再送信**）、②専用チャネルなどの多チャネル放送、③好きなときに映画や番組などを送ってもらうVOD（ビデオ・オン・デマンド）の3種類がある（**図表39**）。

　この中では、①のIP再送信が放送規格を満たす必要があるためにもっとも条件が厳しい。

　IP再送信は、IPネットワークを使って地上波デジタル放送番組をリアルタイムでユーザ宅まで配信するものである（**図表40**）。放送電波やCATVで視聴するのと同じ品質にするために、IPネットワークにはマルチキャスト通信で必要な帯域を確保できる**NGN**（次世代ネットワーク、47ページ

第3章　これからの通信を変える技術

◆図表39　IPテレビの構成◆

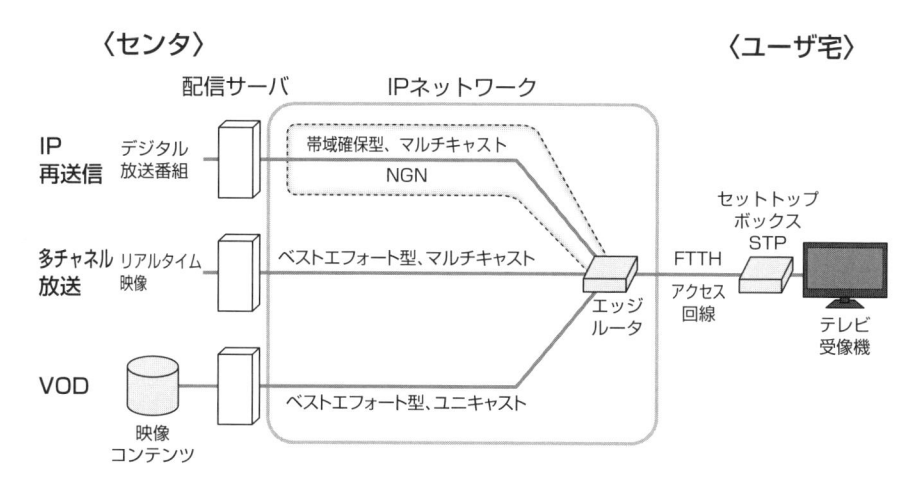

〈センタ〉　　　　　　　　　　　　　　　　〈ユーザ宅〉

配信サーバ　　IPネットワーク

- IP再送信：デジタル放送番組 — 帯域確保型、マルチキャスト／NGN
- 多チャネル放送：リアルタイム映像 — ベストエフォート型、マルチキャスト
- VOD：映像コンテンツ — ベストエフォート型、ユニキャスト

エッジルータ → FTTH アクセス回線 → セットトップボックス STP → テレビ受像機

◆図表40　IP再送信◆

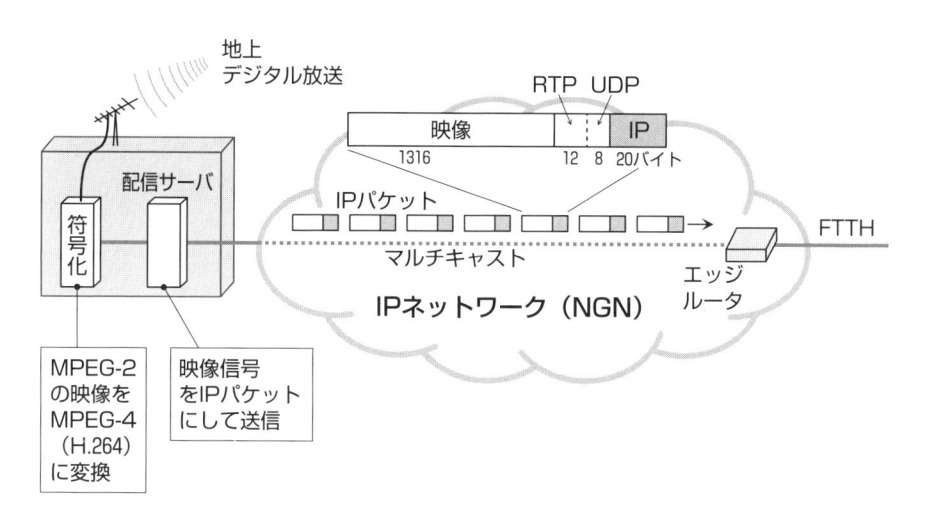

地上デジタル放送 → 配信サーバ（符号化：MPEG-2の映像をMPEG-4（H.264）に変換／映像信号をIPパケットにして送信）

IPパケット構成：映像1316｜RTP 12｜UDP 8｜IP 20バイト

マルチキャスト
IPネットワーク（NGN） → エッジルータ → FTTH

の図表14）を使うか、リアルタイム通信に必要なQoS（サービス品質）を確保する手段をもったネットワークを使うことが前提である。

さらに、情報量の大きい映像信号を送る際のネットワークへの負担を軽減するために、デジタル放送では映像信号をMPEG-2で符号化しているの

を、さらに圧縮度が大きい**MPEG-4 AVC**（**H.264**、237ページを参照）に変換して伝送する。MPEG-2では伝送速度は標準テレビで5～6Mビット／秒、HDTV（ハイビジョン）で17M～24Mビット／秒程度であるが、MPEG-4 AVCにすれば伝送速度はおよそ半分にできる。これをIPパケットにしてIPネットワークの中をマルチキャスト通信で収容局まで全チャネルを送る。

収容局からユーザ宅までのアクセス回線には光ファイバの**FTTH**（226ページを参照）を使う（**図表41**）。

◆図表41　FTTHをIPテレビ、インターネット、電話に利用◆

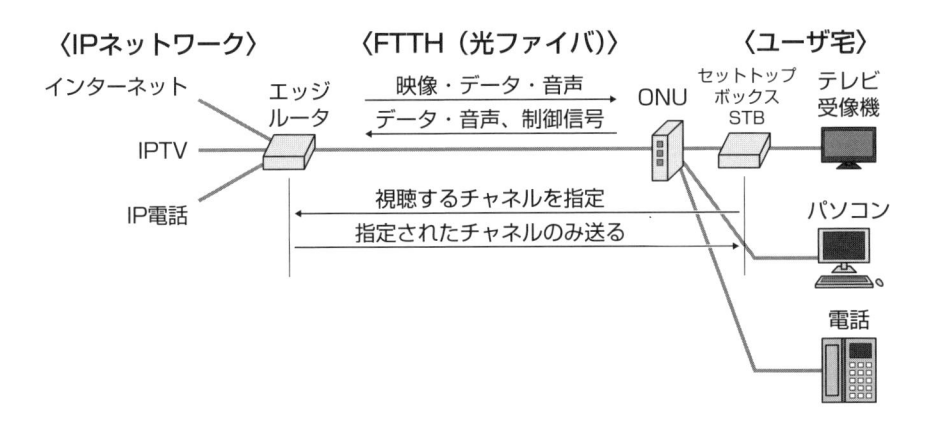

〈IPネットワーク〉　〈FTTH（光ファイバ）〉　〈ユーザ宅〉

インターネット／IPTV／IP電話 ─ エッジルータ ─ 映像・データ・音声／データ・音声、制御信号 ─ ONU ─ セットトップボックスSTB ─ テレビ受像機／パソコン／電話

視聴するチャネルを指定／指定されたチャネルのみ送る

FTTHの伝送速度は100Mビット／秒が一般的で、テレビ番組の全チャネルを送るには伝送速度が足りない。この100Mビット／秒は、インターネット接続やIP電話などと共用するので、テレビだけに使うわけにはいかないのだ。そのため、ユーザ宅の**セットトップ・ボックス**（**STB**）で見たいチャネルを選んで収容局から送るようにする。FTTH回線の中では、テレビ放送の映像パケットはインターネットのデータ・パケットやIP電話の音声パケットと混在した状態で送られてくる。

IP再送信では、地域ごとのローカル番組があるので、各地域にセンタを設け、その地域のデジタル放送をエリア限定で配信するようにしている。

◆映像をパケットで伝送する

　IPTVはテレビ映像信号をパケットにして伝送することが特徴だ。そのため、これまでのCATVなどで行なわれてきたテレビ信号の伝送（RF伝送）とは違った複雑な処理が必要になる。

　RF伝送では映像信号は連続した信号として送られるので、これをそのまま受信して再生すればテレビを見ることができるが、IPパケットによる映像伝送ではパケットという不連続な信号を受信するので、これを連続信号に戻さなければならない。さらにパケットが到着する時間間隔も一定ではなく、バラバラである。そこで受信したパケットをいったんメモリに入れ、これを一定の速度で取り出して連続信号にする（バッファリング）。このような処理を行うため時間がかかり、IPTVはRF方式に比べてどうしても遅延時間が大きくなってしまう。

　またパケットで不連続な信号を送るIPTVでは、送信側で映像を送る速度に受信側で映像を再生する速度を合わせるための同期が必要になる。これが合っていないと、テレビの映像が途切れたり、途中が抜けたりしてしまう。この同期をとるためのタイミング情報（タイムスタンプ）は、IPパケットのヘッダに入っている**RTP**（Realtime Transport Protocol、146ページを参照）で送られてくるので、それを取り出して使う。

14 FTTHのトリプルプレーとは

―1本の光ファイバをデータ、電話、テレビに利用する―

　一般家庭まで直接光ファイバ・ケーブルを引き込むFTTHの普及が進んでいる。最初は高速インターネット接続のために導入し、併せて電話も光ファイバを利用するというのが一般的な利用形態である。さらに、1本の光ファイバを電話、データ（インターネット）に加えてテレビ伝送にも利用するのが**トリプルプレー**である。

◆RF方式を使ったテレビ番組の再送信

　通信ネットワークを利用したデジタル・テレビ放送の再送信には、前節で述べたように**RF方式**と**IP方式**とがある。後者はIP再送信（176ページを参照）として、NTTの「ひかりTV」などで用いられている。

　これに対して、テレビ信号をパケットに変換することなく、放送電波をアンテナで受信したのと同じ信号（RF信号）で伝送するRF方式は、NTTの「フレッツ・テレビ」で採用されている。テレビ放送番組をRF信号のままケーブルで伝送するのはCATVも同じであるが、ネットワークの構成が大きく異なる。

　CATVは、図表42に示すように、ヘッドエンド・センタで受信したテレビ信号を光ファイバ・ケーブルで伝送し、途中の光ノードで光・電気変換（O/E変換）を行なって、最後のユーザ宅までは同軸ケーブルで配線する構成（**HFC**：Hybrid Fiber-Coax）である。放送番組だけではなく、専用チャネルなどの多チャネル放送も同時に送ることが多い。ユーザ宅にはセットトップ・ボックス（STB）を置いてチャネルの選択などを行なう。

　通信ネットワークを利用する方式は、図表43に示すように、光ファイバ伝送回線を使ってアナログのRF信号（デジタル・テレビ信号も変調してアナログ信号になっている）のまま収容局まで伝送し、収容局からユーザ

第3章　これからの通信を変える技術

◆図表42　CATVによるテレビ放送番組の配信◆

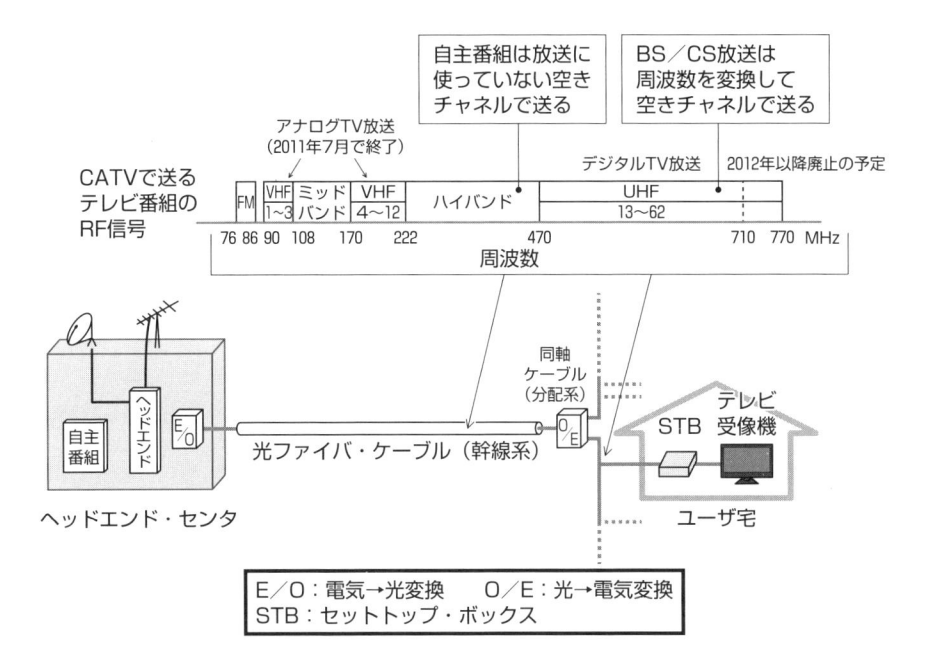

宅までのアクセス回線には光ファイバのFTTHを利用する。この方式を使えば、テレビ受像機への接続はアンテナからの線を外してFTTHからの線をつなぎ替えるだけですみ、STBは不要である。衛星放送もパラボラ・アンテナで受信したのと同じ信号（BS-IF／CS-IF信号）なので、そのまま受像機につなぐことができる。そのため、DVD／ブルーレイディスク・レコーダやハードディスクなどへの録画も従来どおりにできるのでとても便利だ。

CATVでは、一部に同軸ケーブルを使っているため、周波数の高い衛星放送のBS-IF信号（1G～1.5GHz）を伝送することができないが、すべて光ファイバ・ケーブルを使っている通信ネットワークを利用する場合は、BS-IF信号をそのまま伝送できるのが強みである。

RF方式は、ヘッドエンド・センタから収容局まで専用の光ファイバ回線を使い、さらにアクセス回線でもRF信号のまま伝送する必要があるので、

◆図表43　通信ネットワークを利用したテレビ放送の再送信（RF方式）◆

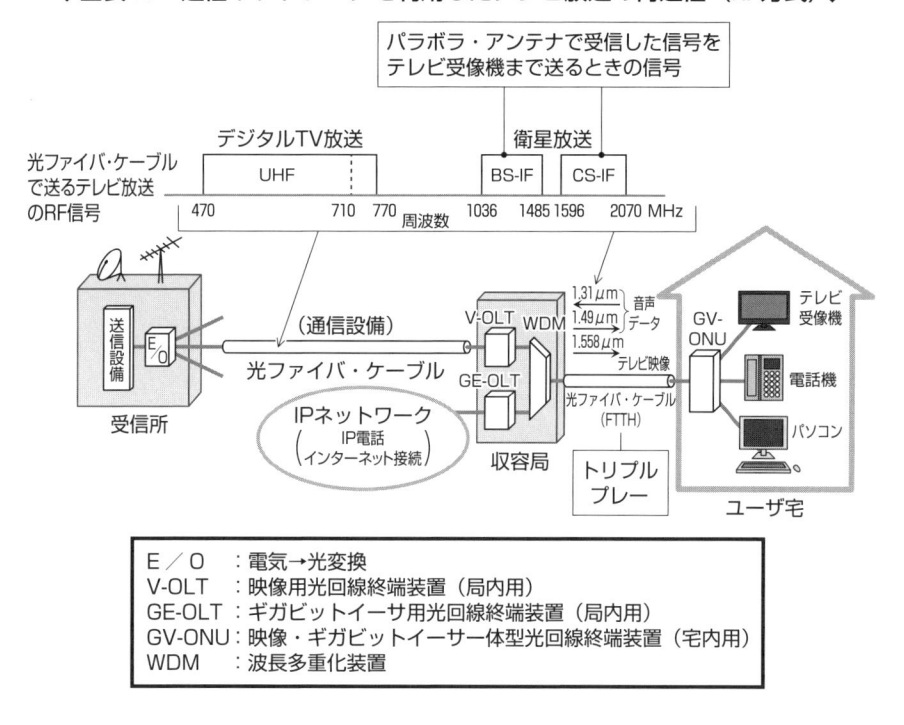

```
                        パラボラ・アンテナで受信した信号を
                        テレビ受像機まで送るときの信号

              デジタルTV放送              衛星放送
光ファイバ・ケーブル      UHF           BS-IF   CS-IF
で送るテレビ放送
のRF信号      470      710 770    1036  1485 1596  2070 MHz
                          周波数
```

```
E／O    ：電気→光変換
V-OLT   ：映像用光回線終端装置（局内用）
GE-OLT  ：ギガビットイーサ用光回線終端装置（局内用）
GV-ONU  ：映像・ギガビットイーサ一体型光回線終端装置（宅内用）
WDM     ：波長多重化装置
```

　IPネットワークを使うIP方式に比べてどうしてもコストが高くなってしまうのが難点といえる。

◆電話・データと映像とは波長で分けて送る

　FTTHでは、1本の光ファイバ・ケーブルで、上り（ユーザ宅→収容局）は1.3μm帯、下り（収容局→ユーザ宅）は1.55μm帯の波長の光を使って波長多重（WDM）で双方向伝送を行なっている。伝送される信号はすべてパケットで、IP電話やインターネットの信号である。前節で説明したIP再送信のテレビ信号もパケットで、下り信号に混在させて送られる。
　ところがRF方式ではテレビ信号はパケットではなくRF信号のまま送られるので、図表44のようにインターネット接続やIP電話とは別の波長の光を使って伝送する。これが1本の光ファイバで電話、データ、テレビ映像

という3種類の信号を伝送するトリプルプレーである。

　このトリプルプレーは、図表43に示したように、収容局で波長多重化（WDM）を使って下り方向に2つの波長の光を混ぜて送り、ユーザ宅では2つの波長の光を分離する機能を備えたONU（GV-ONU）で映像信号と音声・データのパケットとを分けて取り出す構成で実現できる。

　すなわち、

・1.31μm帯（1.26μm〜1.36μm）　データ通信、IP電話（上り方向）
・1.49μm帯（1.48μm〜1.50μm）　データ通信、IP電話（下り方向）
・1.55μm帯（1.55μm〜1.56μm）　テレビ映像伝送（下り方向）

として3つの光の波長を使い分けるのである。このようにして1本の光ファイバであらゆる通信・放送サービスを伝送できるようになると、各家庭への引き込み線が光ファイバ1本だけですむことになり、コスト低減だけでなく周囲の景観もすっきりするなどメリットが多い。

　このように、FTTHで光ファイバを1本だけユーザ宅に配線しておけば、光の波長を増やすだけでさらにいろいろな用途に利用できることになる。**図表44**に示したように、まだ使われていない波長帯が残されているので、将来はこれらの波長を使うことが検討されている。

　なお、本節ではRF方式によるテレビ伝送をトリプルプレーとして説明したが、前節で説明したIPテレビ伝送もトリプルプレーに含めることが多い。

◆図表44　FTTHのトリプルプレーで使う光の波長◆

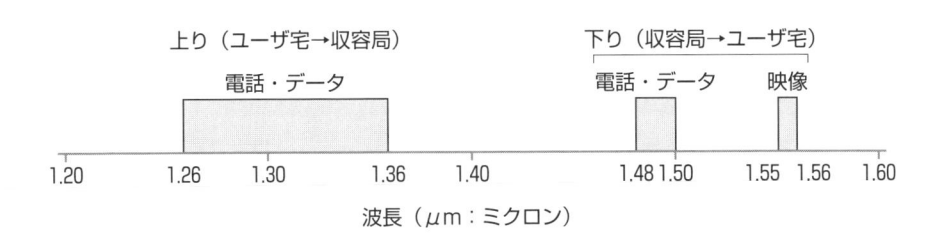

15 イーサネットLANの進化

―オフィスの中のコンピュータ・ネットワーク―

　LAN（Local Area Network）とは構内で使う高速コンピュータ・ネットワークのことで、その代表が**イーサネット**（Ethernet）である。**WAN**（Wide Area Network：広域ネットワーク）と異なり、伝送距離が短いので、最初から高速伝送を行なうことで独自の発展を遂げてきた。

◆LANスイッチで飛躍的に向上したイーサネット

　イーサネットは、図表45のようにハブ（HUB）を中心とするスター状網構成になっている。ハブには大きく分けて2種類あるが、最近使われているのは(b)に示したスイッチング・ハブ（LANスイッチ）で、パソコンなどの端末機器と端末機器を1対1で接続するスイッチである。

◆図表45　イーサネットの構成◆

(a) 以前のイーサネット

ハブ（リピータ・ハブ）

4対8芯の撚り対線が入っているUTPケーブル

最大100m

- 送ったデータはすべての端末に届く
- 1度に1つの端末しかデータを送ることができない

(b) 最近のイーサネット

ハブ（スイッチング・ハブ）

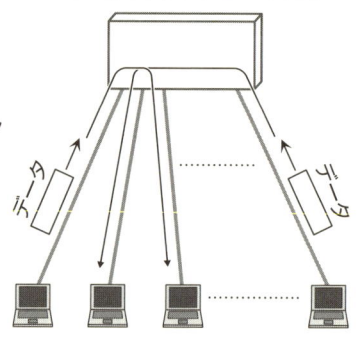

- 送ったデータは指定した端末にだけ届く
- 1度に2つ以上の端末がデータを送ることができる

ハブから端末機器までは、撚り対線（210ページを参照）のLANケーブル（UTPケーブル）を使い、最大100mの距離で、100Mビット／秒または1Gビット／秒伝送ができる。さらに10Gビット／秒伝送を行なう方式も登場している。このように、撚り対線ケーブルを使って高速伝送を行なうには、撚り対線の特性を向上させる必要があり、図表46に示すようなカテゴリーのLANケーブルが用意されている。撚り対線ケーブルの代わりに光ファイバ・ケーブルを使えば、もっと高速でもっと長い距離を伝送できる。

◆図表46　撚り対線LANケーブルのカテゴリー◆

カテゴリー	周波数帯域	適用イーサネット	構造
カテゴリー3	16MHz	10BASE-T	4対8芯のUTP
カテゴリー5	100MHz	100BASE-TX	
カテゴリー5e	100MHz	1000BASE-T	
カテゴリー6	250MHz	1000BASE-T	中心に十字形の仕切りを入れて芯線間を分離したUTP
カテゴリー6e	500MHz	10GBASE-T	
カテゴリー7	600MHz	10GBASE-T	芯線ごとにシールドしたSTP

UTP：シールド無し撚り対線　　STP：シールド付き撚り対線

このイーサネットには「100BASE-TX」のように名前がつけられている。これは、最初の数字が伝送速度（Mビット／秒）、最後の記号がケーブルの種類を表わしている（図表47）。

◆図表47　イーサネットの名称の表わし方◆

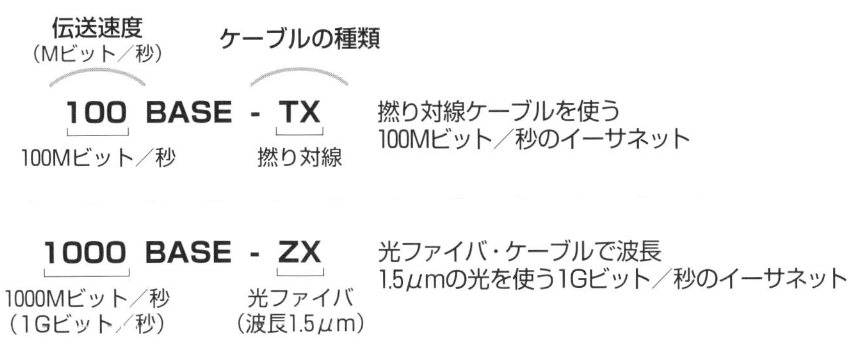

伝送速度　　　ケーブルの種類
（Mビット／秒）

100 BASE - TX　　撚り対線ケーブルを使う
100Mビット／秒　撚り対線　　100Mビット／秒のイーサネット

1000 BASE - ZX　　光ファイバ・ケーブルで波長
1000Mビット／秒　光ファイバ　1.5μmの光を使う1Gビット／秒のイーサネット
（1Gビット／秒）　（波長1.5μm）

図表48は代表的なイーサネットの種類を示したもので、現在は10Gビット／秒がもっとも高速であるが、さらに40Gビット／秒や100Gビット／秒のイーサネットも計画されている。

　イーサネットを流れる信号は、パケットと同じように、データ信号を一定の長さに区切ってヘッダをつけた**MACフレーム**である（図表49）。

　イーサネットに接続されている各端末機器にはそれぞれ固有の**MACアドレス**が付けられていて、このMACアドレスをMACフレームのヘッダに入れて送れば、対応する端末機器にMACフレームを届けることができる。MACアドレスは6バイト（48ビット）でできていて、同じ番号は世界中で1つしかない。イーサネットに接続するにはパソコンなどの端末機器にLANカードを入れておく必要であるが、各メーカがMACアドレスをつけたLANカードをつくっているので、端末機器にLANカードを入れるとそれがそのMACアドレスの端末機器になる。パソコンを持ち歩いてどこでもインターネットにつないで利用できるのは、パソコンにはこのMACアドレスが付けられているからである。

◆図表48　おもなイーサネット◆

名称	伝送速度	使用ケーブル	伝送距離
10BASE5	10Mビット／秒	同軸ケーブル	500m
10BASE-T		撚り対線(カテゴリー3以上)	100m
100BASE-TX	100Mビット／秒	撚り対線(カテゴリー5以上)	
1000BASE-T	1Gビット／秒	撚り対線(カテゴリー5e、6以上)	
1000BASE-LH		シングルモード光ファイバ (波長1.3μm)	10〜70km
1000BASE-ZX		シングルモード光ファイバ (波長1.5μm)	50〜80km
10GBASE-T	10Gビット／秒	撚り対線 (カテゴリー6e、6A、7以上)	100m
10GBASE-LR		シングルモード光ファイバ (波長1.3μm)	10km
10GBASE-ER		シングルモード光ファイバ (波長1.5μm)	40km

◆図表49　イーサネットが送る信号「MACフレーム」◆

(a) MACフレームの構造

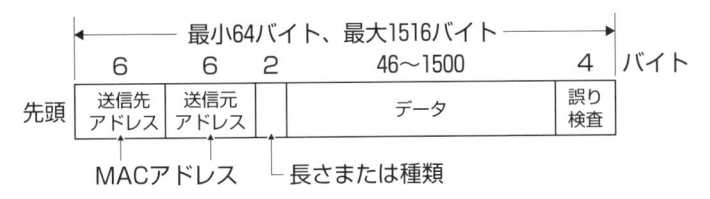

```
        ← 最小64バイト、最大1516バイト →
        6      6    2    46～1500       4      バイト
先頭  | 送信先 | 送信元 |   |   データ    | 誤り  |
      | アドレス| アドレス|   |             | 検査  |
         ↑MACアドレス     └長さまたは種類
```

(b) IPパケットはそのままMACフレームのデータ部に入れて送る

```
先頭  | 送信先 | 送信元 | IP    |   データ    | 誤り |
      | アドレス| アドレス| アドレス|             | 検査 |
                         └─ IPパケット ─┘
```

　図表45(b)のスイッチング・ハブ（LANスイッチ）は、このMACアドレスで送信先の端末機器を選んでMACフレームを送ることができるようになっている。

　LANスイッチができる以前は、図表45(a)のようにハブ（リピータ・ハブ）に送られてきたMACフレームはすべての端末機器に届き、MACアドレスに対応する端末機器だけがそのMACフレームを取り込むという動作であった。そのため、1度に1組の端末機器しか通信できず、2つ以上の端末機器が同時にデータを送信するとMACフレームが衝突してしまうので、それを避けるための複雑な制御（**CSMA/CD**）が必要だった。このCSMA/CDを使うと伝送距離を伸ばすことができず、高速化にも制約があった。

　しかし、LANスイッチの登場によってこのような複雑な制御は不要になり、図表45(b)のように2組以上の端末機器が同時に通信できるようになるとともに、上り・下りの双方向伝送を同時に行えるようになった。伝送距離の制限もなくなり、高速化も容易になった。このように、LANスイッチが導入されてイーサネットの利便性は著しく向上したのである。

◆**イーサネットはインターネットにつながっている**

　オフィスで使うパソコンはイーサネットなどのLANにつながっていて、ほとんどの場合、そこからインターネットを利用できるようになっている。家庭でも無線LANなどでパソコンをインターネットにつなぐことが多く、MACフレームで信号を伝送している。

　パソコンでつくられたIPパケットはイーサネットの中ではMACフレームに入れられて伝送される（148ページの**図表18**を参照）。逆に、インターネットから送られてきたIPパケットは、**図表50**で示したようにルータからLAN（イーサネット）に取り込まれると、その後はMACフレームに入れられてパソコンに届く。つまり、インターネットに接続されているパソコンはIPアドレスとMACアドレスという2つのアドレスを持っていて、パ

◆**図表50　イーサネットとインターネットの接続**◆

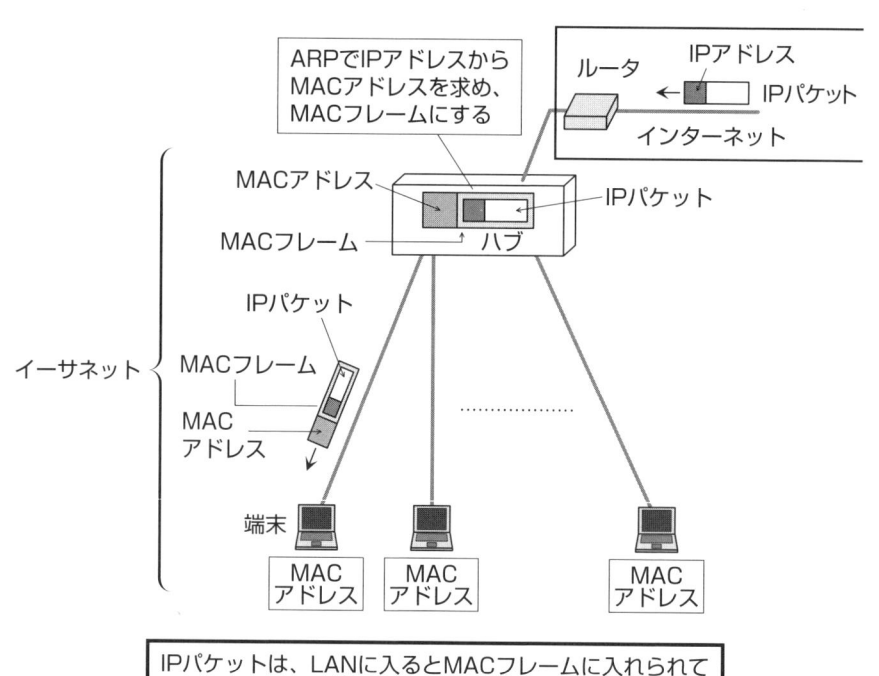

IPパケットは、LANに入るとMACフレームに入れられてMACアドレスで端末まで届けられる

ケットはインターネットではIPアドレスを目掛けて送られてくるが、いったんLANに入ると、図表50に示すようにMACアドレスで目的のパソコンに送られるのである。このIPアドレスに対応するMACアドレスは、**ARP**（Address Resolution Protocol）というプロトコルが自動的に調べる。

◆広域イーサネットへの発展

　LANスイッチを使うようになって複雑な制御が不要になり、光ファイバ・ケーブルを使うことによって長い距離も伝送できるようになった。これによってイーサネットも構内に限らず、広域ネットワークとしても使えるようになった。これが**広域イーサネット**で、通信事業者がサービスとして提供しているのを利用する。広域イーサネットを使うと、各地に散在する拠点のイーサネットを結んでMACフレームをそのまま送ることができ、あたかも全体を1つのイーサネットLANのように利用することができる。これを**VLAN**（Virtual LAN：仮想LAN）という。

　広域イーサネットは図表51のような構造で、各拠点のLANは広域イーサネットの入り口にあるエッジ・スイッチにつながっている。拠点のLANから送られてきたMACフレームには、エッジ・スイッチでVLANを識別するためのVID番号が入ったタグを付けて広域イーサネット内を転送する。このVIDによって、タグ付きMACフレームの転送先を目的のエッジ・スイッチに指定することができ、ここでタグをはずして目的先のLANにMACフレームを送り込むというしくみである。

　このような広域イーサネットができる前は、遠く離れた拠点のLANとLANを結ぶには高速デジタル専用線を利用するしかなかった。専用線は信頼性が高く確実であるが、料金が高いのが難点である。LANを専用線に接続するための装置も必要だ。

　しかし、広域イーサネットを使えばLANスイッチ同士を直接接続することができるので簡単であり、料金も安いのが魅力である。そのため、多くの企業では、広域イーサネットを使って自社内のLANを相互に接続した社内ネットワークをつくるようになってきている。

◆図表51　広域イーサネットの構成◆

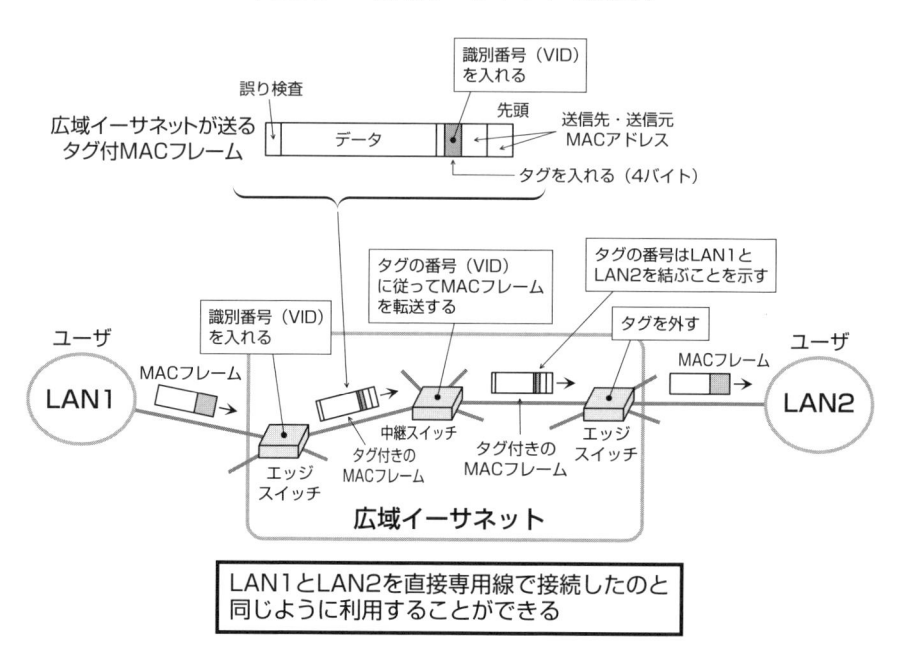

広域イーサネットが送るタグ付MACフレーム
- 誤り検査
- データ
- 識別番号（VID）を入れる
- 先頭
- 送信先・送信元MACアドレス
- タグを入れる（4バイト）

ユーザ LAN1 → MACフレーム → エッジスイッチ（識別番号（VID）を入れる）→ タグ付きのMACフレーム → 中継スイッチ（タグの番号（VID）に従ってMACフレームを転送する）→ タグ付きのMACフレーム → エッジスイッチ（タグの番号はLAN1とLAN2を結ぶことを示す／タグを外す）→ MACフレーム → ユーザ LAN2

広域イーサネット

LAN1とLAN2を直接専用線で接続したのと同じように利用することができる

第4章

ブロードバンド通信を実現する伝送技術

1 信号を送りやすくするための「変調」

――高速伝送のカギを握る高度な変調技術――

　音声、データ、画像など通信が扱う情報は、それぞれ固有の周波数をもった信号で、これらを伝送する通信回線とは周波数が合わないのが一般的だ。たとえば、携帯電話の音声の周波数と電波の周波数とはまったく違うので、音声を電波の周波数に変えてから送らなければならない。この操作を「変調」という。逆に、電波で送られてきた信号を元の音声に戻す操作を「復調」という。

　この変調にはいろいろな方法があり、目的に合わせて使うことが重要である。

◆3つの変調方式

　信号を変調するには基準となる周波数の波が必要である。この波を**搬送波**といい、伝送するのに都合のいい周波数帯域のほぼ中心に搬送波の周波数を選ぶ。情報信号は変調によって搬送波を中心とする一定の帯域内の周波数に変換されてから、伝送される（図表1）。このとき、変調された信

◆図表1　信号を変調して伝送する◆

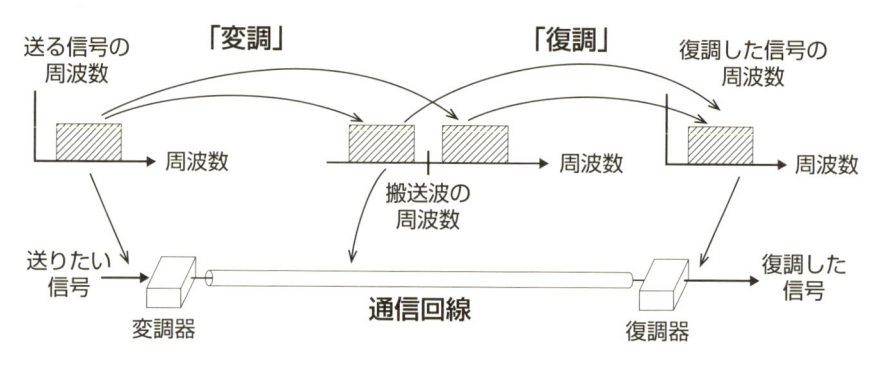

第4章　ブロードバンド通信を実現する伝送技術

◆図表2　振幅変調と同波数変調◆

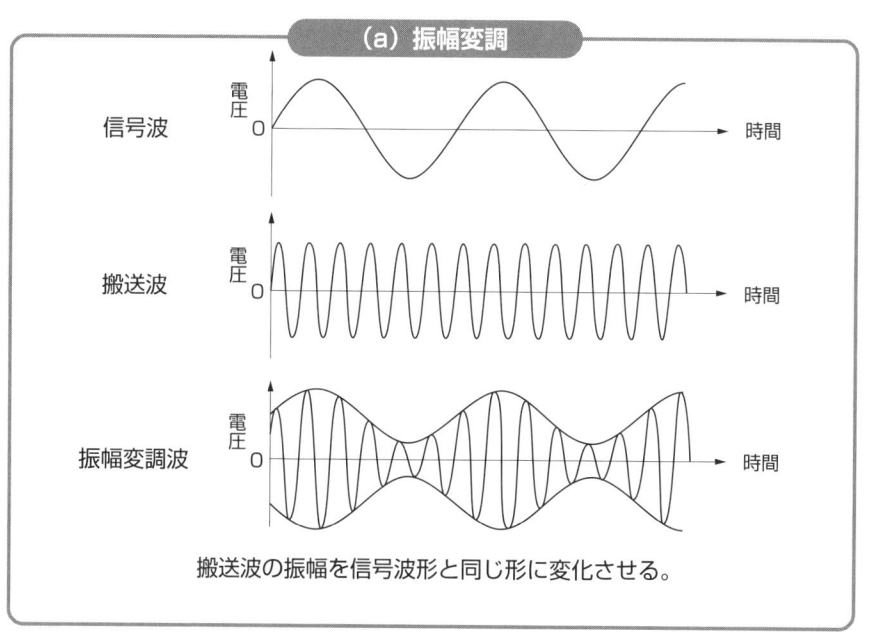

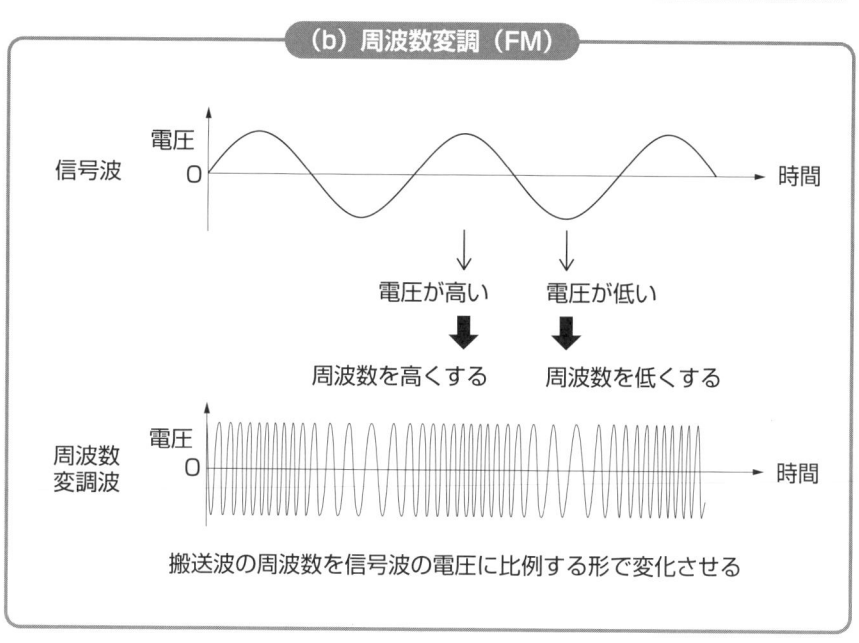

(a) 振幅変調

信号波

搬送波

振幅変調波

搬送波の振幅を信号波形と同じ形に変化させる。

(b) 周波数変調（FM）

信号波

電圧が高い　　電圧が低い

↓　　　　　　↓

周波数を高くする　周波数を低くする

周波数変調波

搬送波の周波数を信号波の電圧に比例する形で変化させる

号の帯域は、もとの信号の帯域の2倍（以上）に拡がる。
　変調には大きく分けて①振幅変調、②周波数変調、③位相変調の3つの方法がある。

①振幅変調（AM：Amplitude Modulation）

　図表2(a)のように、搬送波の振幅を送りたい信号の波形に合わせて変化させる方法である。AMラジオやアナログ・テレビ放送の映像信号などの変調に使われている。この方法では、雑音が変調された信号の振幅に加わるので、波形が乱れて品質が悪くなるという欠点がある。

②周波数変調（FM：Frequency Modulation）

　図表2(b)のように、搬送波の周波数を送りたい信号の振幅に比例するように上下に変化させる方法である。振幅は変化しないので、たとえ雑音が振幅に加わっても影響がなく、品質が良いのが特長である。FMラジオ放送や低速データ信号などの変調に使われている。この方法は、変調された信号の周波数帯域が広くなってしまうのが欠点である。

③位相変調（PMまたはPhM：Phase Modulation）

　位相とは、波の基準位置からのズレのことで、波の1周期を360度とし

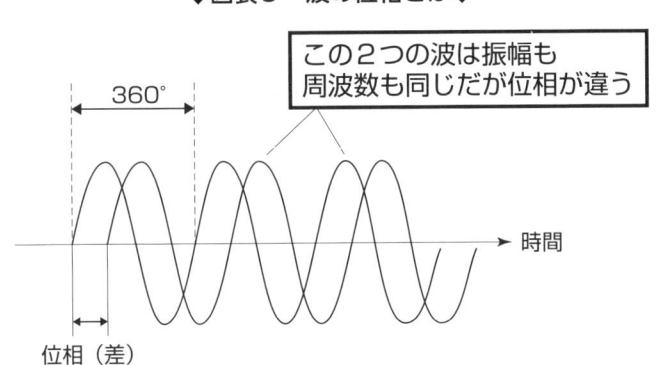

◆図表3　波の位相とは◆

この2つの波は振幅も周波数も同じだが位相が違う

360°

時間

位相（差）

てずれた大きさを角度で表わす（**図表3**）。位相変調は搬送波の位相を送りたい信号の振幅に比例するように前後に変化させる方法であるが、アナログ信号にはほとんど使われない。おもにデジタル信号の変調に使われる。

◆デジタル信号の変調

デジタル信号の変調にも、**図表4**に示すように、振幅変調、周波数変調、位相変調が使えるが、とくに高速データ信号の変調には位相変調と後で述べる**直交変調**が使われる。

デジタル信号は1、0の2つの値しかとらないので、変調後の波形も**図表4**に示したように2種類だけになる。つまり、1回の変調で"1か0か"という1ビットを表わすことができる。

ところが位相変調で、**図表5**(a)のように4種類の位相（0°、90°、180°、

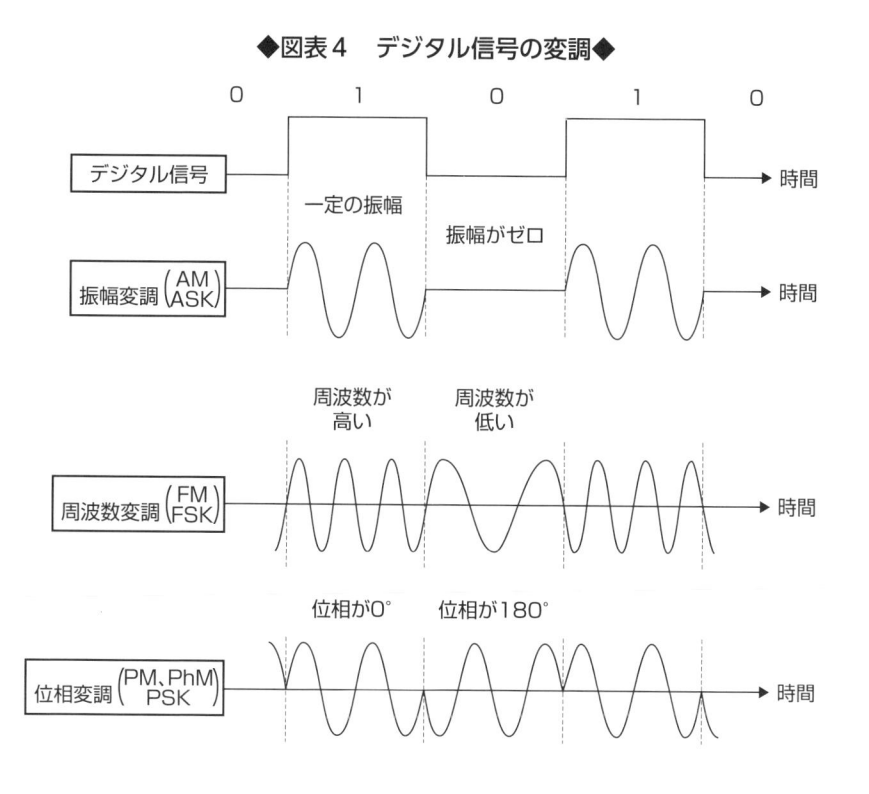

◆**図表4　デジタル信号の変調**◆

270°）を用意し、それぞれの位相で"00""01""11""10"を表わすようにすれば、1回の変調で2ビットを送ることができる。この方法は4つの位相を使うので**4相位相変調**（**4PhM**または**4PSK**）と呼ばれる。この4相位相変調は**QPSK**（Quadrature PSK）と呼ばれることが多い。さらに位相の数を8種類にすれば、1回の変調で3ビットを送ることができる（**図表5**(b)）。これが**8相位相変調**（**8PSK**）である。

◆図表5　4相位相変調と8相位相変調◆

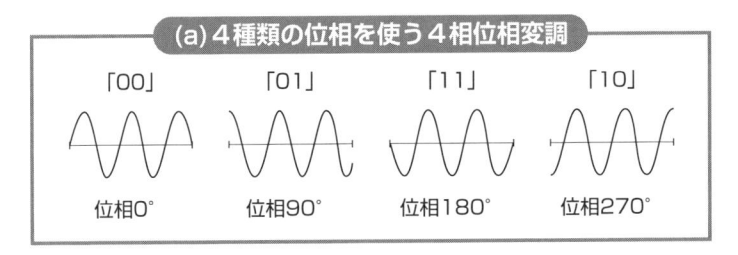

(a) 4種類の位相を使う4相位相変調

「00」	「01」	「11」	「10」
位相0°	位相90°	位相180°	位相270°

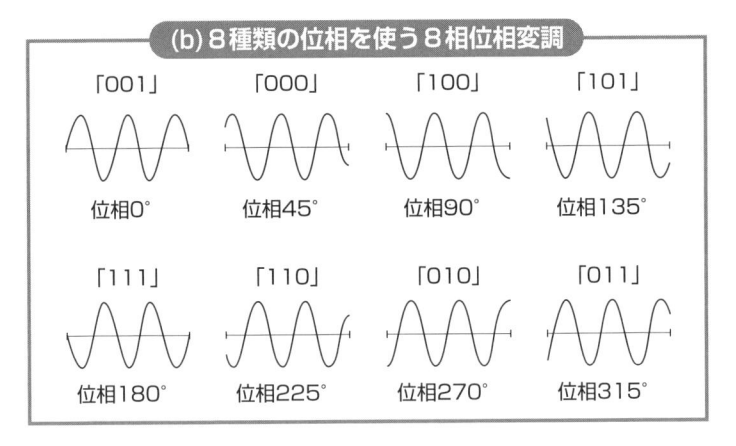

(b) 8種類の位相を使う8相位相変調

「001」	「000」	「100」	「101」
位相0°	位相45°	位相90°	位相135°
「111」	「110」	「010」	「011」
位相180°	位相225°	位相270°	位相315°

このように、位相の数を増やすことで1回の変調で送ることができるビット数を増やせるので、デジタル伝送では位相変調がよく使われる。しかし、あまり位相の数を増やすと隣の位相との間隔が狭くなって間違えやすくなるので、8PSK程度までがよく使われる。

この位相の基準を送信側と受信側で合わせるのはむずかしいので、実際

の位相変調では前のビットとの位相の差で次のビットを表わす方法(**差分位相変調**)を使っている。

④**直交変調**(QAM:Quadrature Amplitude Modulation)
　振幅変調と位相変調を組み合わせることによって、1回の変調で送ることができるビット数を増やす方法で、直交振幅変調とも呼ばれる。**図表6**は直交変調の原理を示したもので、振幅で2つの値、位相で2種類を組み合わせて全部で4個の値(状態)をつくり、これで2ビットを表わす。振幅だけ、または位相だけなら1ビットしか送れないのに、両者を組み合わせることで1回の変調で2ビット送れることを示している。

　実際には、振幅の値の数も、位相の数ももっと多くして組み合わせの数を増やし、1回の変調で何ビットも送ることができるようにしている。組み合わせの数を16個にした16値直交変調(16QAM)や、64個にした64値直交変調(64QAM)などがよく使われている。それぞれ1回の変調で4ビット($2^4=16$)、6ビット($2^6=64$)を送ることができる。

◆**図表6　振幅変調と位相変調を組み合せた直交変調(QAM)**◆

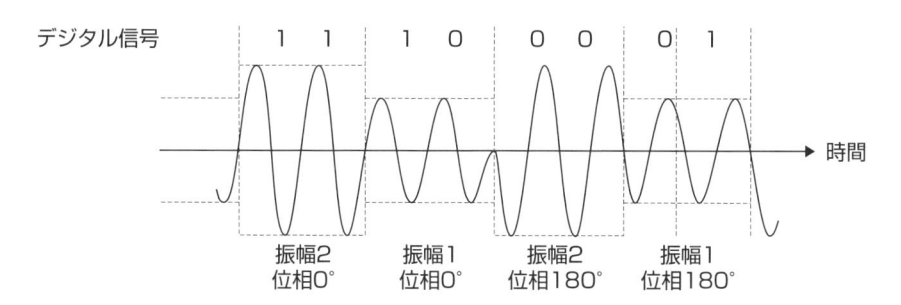

デジタル信号	1 1	1 0	0 0	0 1
	振幅2 位相0°	振幅1 位相0°	振幅2 位相180°	振幅1 位相180°

　ケーブル伝送のように、雑音や干渉が少ない場合にはもっとビット数を増やすことも可能で、条件さえ良ければ1回の変調で10ビット以上送ることさえできる。
　このような高度な変調が使われるようになったのは、デジタル信号処理

技術を使って高精度で波形を処理できるようになったためである。

最近の高速データ伝送用の高速モデムやデジタル・テレビ放送、デジタル無線伝送などでは、おもにこのQAMが使われている。

◆変調したデジタル信号の伝送

「限られた周波数帯域内でできるだけ高速伝送をしたい」という要求に応えるには、1回の変調で送るビット数をできるだけ大きくすることだ。そのため、64QAMや256QAM（1回の変調で8ビット送る）などが使われるが、あまり欲張ってビット数を増やすと雑音や干渉などの妨害に弱くなって信号を正しく送ることができなくなってしまう。

そこで、条件が良い場合は64QAMで高速伝送を行ない、雑音や干渉などの妨害が増えてきたら変調方式を64QAM→16QAM→4PSKのように妨害に強い方式に変えて、1回の変調で送るビット数を6ビット→4ビット→2ビットに減らし、伝送速度を下げる。最近の変調器はデジタル信号処理技術を使って変調方式を自由に変えることができるようになっている。そこで、伝送された信号のビット誤り（219ページを参照）をチェックして、ビット誤りが増えてきたら自動的に変調方式を変えてビット誤りが起こりにくくなるようにすることができる。1回の変調で送るビット数を少なくするとビット誤りが起こりにくくなるのだ。無線LANや携帯電話、ADSLなどで、カタログに書かれている最大伝送速度で使えることはめったになく、実効伝送速度が数分の1以下に低下する理由の1つがここにある。

BSデジタル放送でも、通常は8PSKで信号を送っているが、豪雨などで電波が弱くなると変調方式を4PSK（QPSK）や2PSK（BPSK）に変えて、ビット数を3→2→1ビットと下げることにより、画質を落としながらテレビ映像を何とか受信できるようにしている。

2 OFDMで高速デジタル伝送を実現する

―マルチパスに強く、周波数利用効率が高いのが特長―

　無線LANや地上波デジタル放送、WiMAX、第3.9世代（3.9G）携帯電話などでは、**OFDM**（Orthogonal Frequency Division Multiplexing：直交周波数分割多重）という方法でデジタル信号を送っている。限られた周波数帯域を効率よく使ってデジタル信号を高速伝送できる比較的新しい手法で、無線伝送に限らず、電力線通信（PLC）やADSLなどでも使われている。

◆信号を多数のサブチャネルに分けて変調する

　デジタル信号をある周波数（搬送波）で変調すると、変調された信号の周波数は**図表7**(a)のようにその周波数を中心に一定の帯域幅に拡がり、デジタル信号が高速になればそれに比例して帯域幅も広くなる。この帯域幅を**図表7**(b)のように細かく区切って多数の**サブチャネル**をつくり、1つひとつのサブチャネルでデジタル信号を変調して伝送することもできる。サブチャネルは帯域幅が狭いので低速伝送しかできないが、サブチャネルを全部合わせれば高速伝送になる。このとき、各サブチャネルは周波数が重ならないように並べることが大切で、周波数が重なると隣の信号が干渉して正しい伝送ができなくなってしまう。これは次節で説明する周波数分割多重化にほかならない。

　このサブチャネルの搬送波の周波数とデジタル信号の伝送速度を特定の関係になるように選ぶと、**図表7**(c)のように半分ずつ重なるように並べても干渉を起こさずにデジタル信号を伝送することができるようになる。これがOFDMで、**図表7**(b)と(c)を比較してもわかるように、周波数帯域を効率よく利用して高速伝送ができるのが特長である。OFDMを変調方式に分類することもあるが、図からも明らかなように多重化の一方式である。

　各サブチャネルの中では、デジタル信号は64QAMなどで変調されてい

◆図表7　OFDMの原理◆

(a) 高速のディジタル信号を変調すると信号の周波数は広い帯域に拡がる

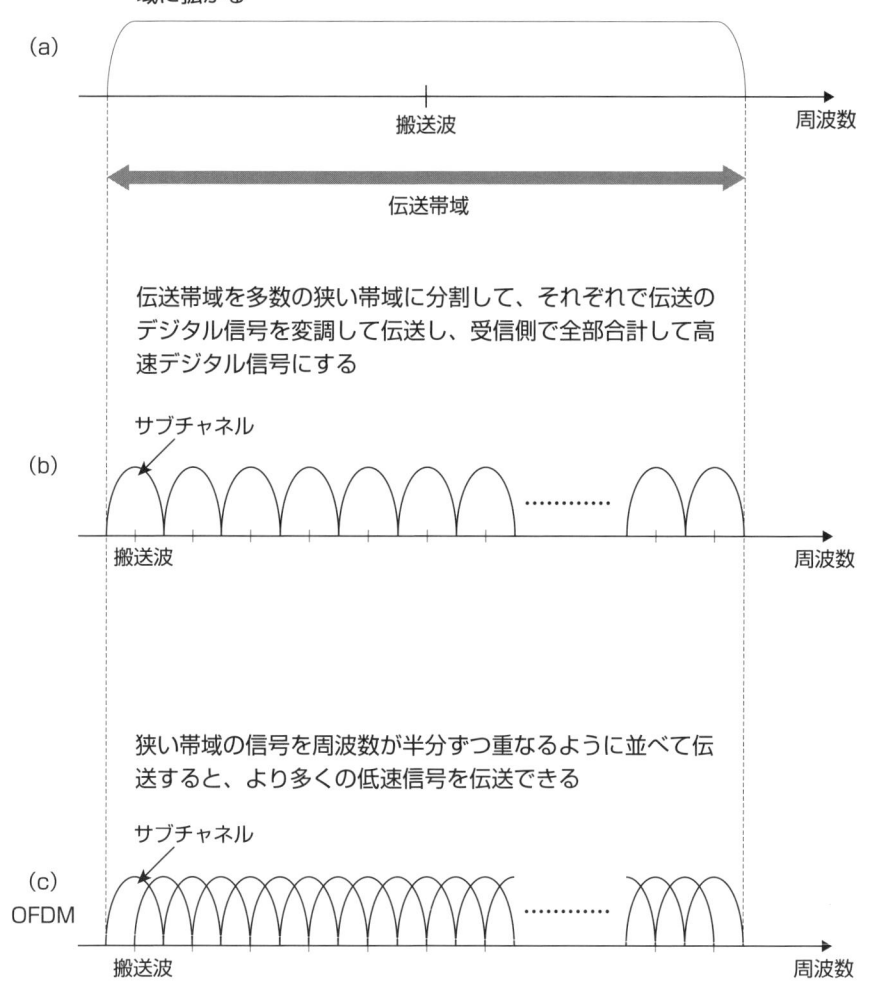

搬送波　　伝送帯域　　周波数

(b) 伝送帯域を多数の狭い帯域に分割して、それぞれで伝送のデジタル信号を変調して伝送し、受信側で全部合計して高速デジタル信号にする

サブチャネル
搬送波　　周波数

(c) OFDM　狭い帯域の信号を周波数が半分ずつ重なるように並べて伝送すると、より多くの低速信号を伝送できる

サブチャネル
搬送波　　周波数

て、OFDMはそのサブチャネルのデジタル信号をお互いに干渉しないようにして伝送する方式である。

◆マルチパスに強いOFDM

　無線伝送では**マルチパス**という現象が起こる。このマルチパスは、**図表8**に示すように、送信アンテナから発射された電波が受信機のアンテナに直接届く直接波のほかに、途中の建物や道路などで反射して届く反射波があり、電波の伝搬経路が複数あるのでこのように呼ばれている。直接波に比べて反射波のほうが経路が長いので少し遅れて届き、信号が2重3重に加わって波形が乱れてしまう。アナログ・テレビで画面にゴーストが出るのはこのマルチパスのせいである。

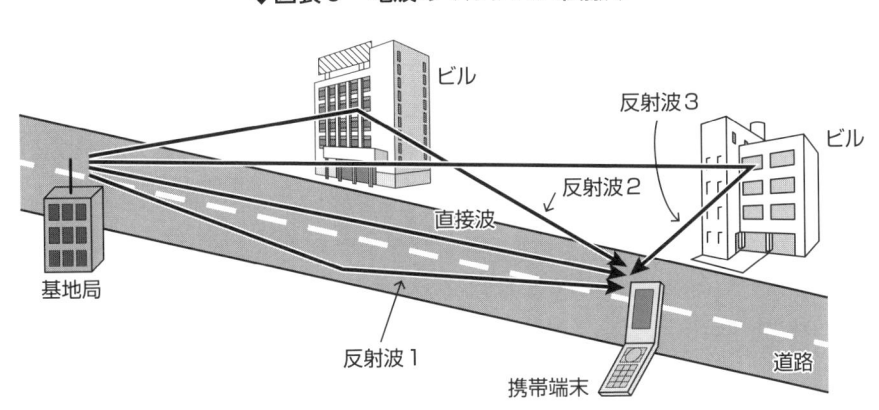

◆図表8　電波のマルチパス伝搬◆

　高速デジタル伝送では、1、0を表わすパルスの幅が狭くなるので時間がずれると影響が大きく、パルスの波形が崩れてビット誤りの原因となる（**図表9(a)**）。しかし、OFDMのサブチャネルでは低速伝送なのでパルスの幅が広く、時間のずれの影響は小さくてすむので（**図表9(b)**）、マルチパスの影響を受けにくいという特長がある。

　また、マルチパスによって2つ以上の電波がずれて重なるとき、波の山と山が重なれば振幅は大きくなるが、山と谷が重なると逆に振幅が小さくなる。時間差が一定でも重なり具合は周波数によって異なり、振幅の大きい周波数と小さい周波数が現われる（マルチパス・フェージング）。これ

◆図表9　マルチパスの影響◆

（a）高速伝送ではパルス幅が狭いため、マルチパスの影響を大きく受けてしまう

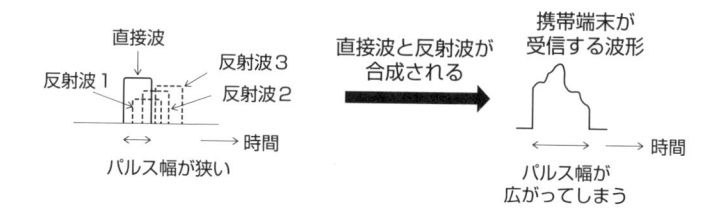

直接波と反射波が合成される → 携帯端末が受信する波形（パルス幅が広がってしまう）

反射波1／直接波／反射波3／反射波2　パルス幅が狭い

（b）低速伝送ではもともとパルス幅が広いので、反射波が少し遅れて届いても影響は小さい

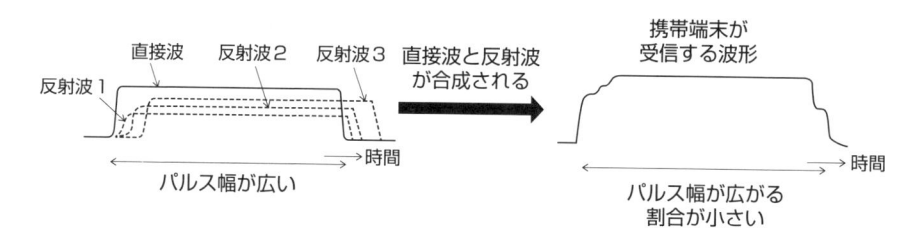

反射波1／直接波／反射波2／反射波3　パルス幅が広い

直接波と反射波が合成される → 携帯端末が受信する波形（パルス幅が広がる割合が小さい）

◆図表10　マルチパス・フェージング◆

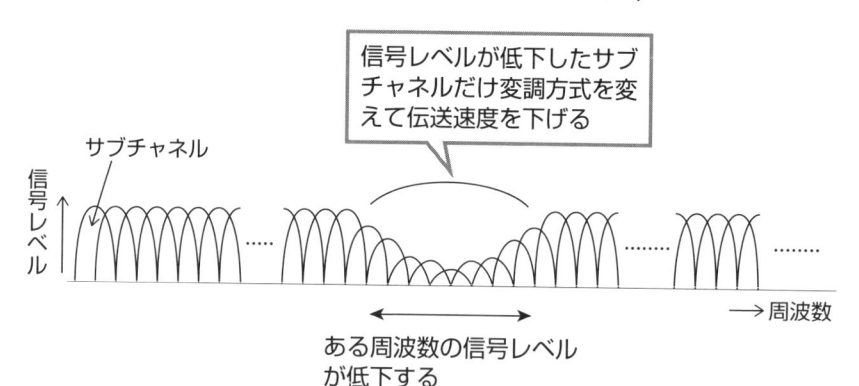

信号レベルが低下したサブチャネルだけ変調方式を変えて伝送速度を下げる

サブチャネル

信号レベル → 周波数

ある周波数の信号レベルが低下する

をOFDMでみると、サブチャネルによって信号のレベルが異なるという現象になる（**図表10**）。

レベルの低いサブチャネルではデジタル信号のビット誤りを起こしやすくなるが、低速信号なので全体を集めた高速デジタル信号の中では影響は少なくてすむ。この程度であれば**誤り訂正符号**（220ページを参照）によって元の正しい符号に戻すことが可能で、全体として高速伝送ができる。

OFDMの特長をうまく利用したのが地上デジタル放送である。アナログ放送では、隣の地域で別の送信所から放送をするときは電波の周波数を変えて、混信しないようにしている。ところがOFDMを使うと隣の送信所でも同じ周波数で放送を行なうことができるようになる（**図表11**）。

これを**SNF**（Single Frequency Network）といい、地域ごとのチャネル配置が楽になるというメリットがある。複数の送信所からの電波は距離が異なるので時間が少しずれて到着し、マルチパスと同じ現象が起こるが、それでもOFDMを使えば、**図表9**で説明した理由で問題なく受信できる

◆**図表11　地上波デジタル・テレビ放送にOFDMを使う**◆

(a) アナログ・テレビ放送

中継局A (ch.13)

中継局B (ch.17)　　中継局C (ch.25)

中継局ごとにチャネルを
変えなければならない

(b) デジタル・テレビ放送

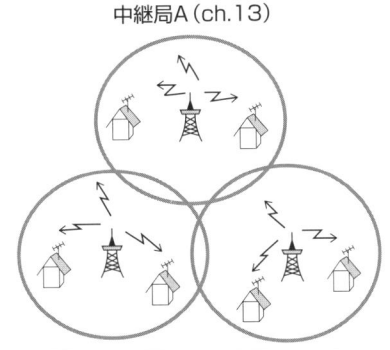

中継局A (ch.13)

中継局B (ch.13)　　中継局C (ch.13)

すべての中継局で同じチャネルを
使うことができる（SFN）

ようになるのである。

　実際には、ビット誤りを減らすためにもできるだけ妨害となる電波は少ないほうが望ましいので、すべてのエリアで同じ周波数を使うのではなく、別の周波数を使うようにしているが、アナログ放送に比べるとデジタル放送のほうが各エリアへの周波数配分が楽になるというのは大きなメリットである。

　携帯電話などのモバイル通信もマルチパスの影響を受けやすい。そのため、3.9G以降の高速データ通信を行なう方式ではOFDMを採用している。無線LANも同様である。

3 多数のチャネルをまとめて伝送するための「多重化」

――周波数分割多重化と時分割多重化がある――

　1本のケーブルで1チャネルだけ伝送するよりも、何チャネルもまとめて伝送するほうが有利なのは明らかだ。これが多重伝送で、同じケーブルの中で多数のチャネルの信号が混ざらないようにうまく配列するのが多重化である。テレビやラジオの放送電波も同じアンテナで受信しながら、視聴したいチャネルを1つだけ選び出せるのも、番組の信号をうまく多重化して電波で送っているからである。

　この多重化には、大きく分けて**周波数分割多重化**と**時分割多重化**の2つの方法がある。

◆各チャネルの信号を周波数で分ける

　図表12に示すように、各チャネルの信号を変調して周波数を変えてから重ならないように並べて多重化する方法を、周波数分割多重化（**FDM**：Frequency Division Multiplexing）という。アナログ信号にもデジタル信

◆図表12　周波数分割多重化（テレビ放送の例）◆

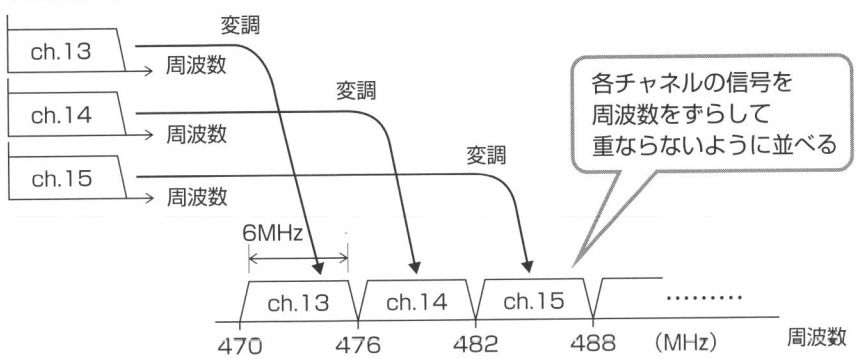

号にも用いられる多重化方法である。

図表13はテレビ放送の多重化の例である。テレビ1チャネルの帯域幅は6MHzなので、周波数を6MHzずつずらして並べることによって多重化を行なっている。

アナログ信号の多重化には周波数分割多重化しか使えないので、アナログ時代の多重伝送にはすべて周波数分割多重化が使われた。この方法は周波数を正確に決めて、隣のチャネルの信号が漏れてこないようにカットする必要があるため、多重化装置のコストが高くなるという欠点がある。

◆各チャネルの信号を時間で分ける

図2に示すように、各チャネルのデジタル信号を、時間をずらして重ならないように並べて多重化する方法を時分割多重化（**TDM**：Time Division Multiplexing）という。図からも明らかなように、この多重化方法はデジタル信号にしか使えない。

図表13はデジタル化した電話信号（1チャネルが64kビット／秒）24チ

◆図表13　時分割多重化（電話の24チャネル多重化の例)◆

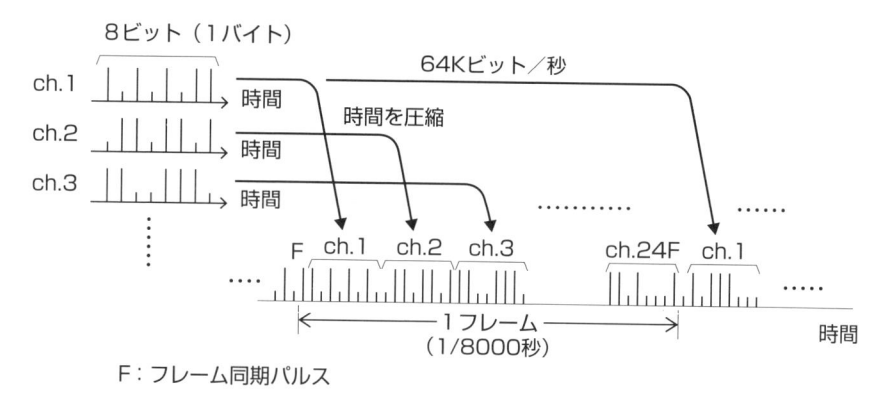

多重化後の伝送速度は
(8(ビット)×24(チャネル)+1ビット)×8000＝1544kビット／秒
　　　　　　　　　　　　　　　　　　　　　＝1.544Mビット／秒

ャネルを時分割多重化した例を示したものである。1チャネル64kビット／秒のデジタル信号を1/8000秒ごとに区切った8ビット（64000/8000＝8）を単位として、時間をずらして順番に送る。第24チャネルを送り終えたら再び第1チャネルから順番に送る。これを繰り返していけば24チャネルの多重伝送ができる。

　この第1チャネルから第24チャネルまで並べたビット列を**フレーム**という。このとき、フレームとフレームの境目を示す信号を送らないと、受信側ではどこがフレームの始まりかがわからない。このフレームの始まりを示す信号をフレーム同期信号といい、**図表13**ではFで示してある。

　信号を1/8000秒ごとに区切って送ると、音がブツブツ途切れるのではないかと心配になるが、8ビットずつをいったんメモリに入れて、連続してスムーズに取り出すのでそのようなことは起こらない。この1/8000秒という値は、電話のアナログ音声をデジタル信号に変換する際に、音声信号を1/8000秒ごとに取り出して符号化するということである（230ページ**図表36**を参照）。

　時分割多重化は装置のコストが安いので使いやすく、簡単に利用できるという特長がある。現在、10Gビット／秒の光ファイバ伝送方式では電話信号（64kビット／秒）を約13万チャネル時分割多重化して伝送している。

◆デジタル信号を多重化するステップ「デジタル・ハイアラーキ」

　光ファイバ伝送路では何万チャネルもの多重伝送が使われているが、このような多重化は一挙に行なうのではなく、何段階もの多重化を繰り返しながら最終的に大きな多重度を実現したものである。この場合、途中の段階で何チャネルを多重化するかを決めておかないと、いろいろなシステムを相互接続するのに不便であり、ネットワークを構成する上で柔軟性に欠けてしまう。デジタル信号を多重化するステップを**デジタル・ハイアラーキ**といい、国際標準が定められている。

　図表14(a)はメタリック・ケーブル伝送時代につくられた非同期デジタル・ハイアラーキで、光ファイバ伝送時代になるともっと高速・大容量伝送が

できるようになったので、**図表14(b)の**同期デジタル・ハイアラーキ（**SDH**：Synchronous Digital Hierarchy）がつくられた。今日の光ファイバ伝送の多くはこのSDHの伝送速度に合わせてつくられている。アメリカではSDHを**SONET**と呼称している。

　SDHの中心となる伝送速度は、155.52Mビット／秒で、この値の整数倍（通常は4の倍数）を伝送速度として使う。

　52ページの**図表19**に示した広域基幹ネットワークにおける光ファイバ伝送の伝送速度はすべてSDHに合わせてつくられている。たとえば、図で「10G」とあるのは、正確には〔155.52Mビット／秒〕×64＝〔9.95328Gビット／秒〕という伝送速度である。ただし、イーサネットはこのSDHに対応した伝送速度を使用していない。

第4章　ブロードバンド通信を実現する伝送技術

◆図表14　デジタル・ハイアラーキ◆

(a) 非同期デジタル・ハイアラーキ

日本の標準

- 5次群：397.200M
- 4次群：97.728M（×3）／北米の標準 274.176M（×6）／ヨーロッパの標準 139.264M（×4）
- 3次群：32.064M（×5）／44.736M（×7）／34.368M（×4）
- 2次群：6.312M（×4）／8.448M（×4）
- 1次群：1.544M（×24）／2.048M（×30）
- 64k　電話1チャネル

□内の数字は伝送速度（ビット／秒）

(b) 同期デジタル・ハイアラーキ（SDH）

世界共通

- N×155.52M（×N）
- 155.52M ── 139.264M
- ×3
- 51.84M ── 44.736M
- ×28／×7
- 1.544M　6.312M

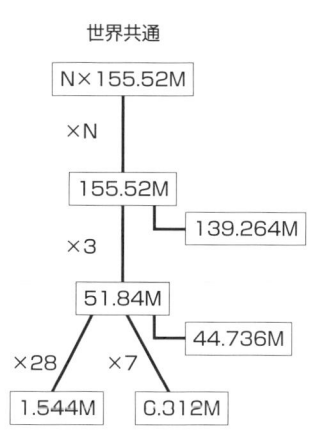

4 通信に使うケーブルの種類

―銅線から光ファイバへ―

　電気を使う通信では、無線とともに銅線のケーブル（メタリック・ケーブル）が使われてきた。しかし、1970年代後半になって光通信が実用になると、それまでのメタリック・ケーブルに代わって光ファイバ・ケーブルが使われるようになった。今日では、幹線ルートのほとんどは光ファイバ・ケーブルになり、局から家庭までを結ぶアクセス回線にも光ファイバ・ケーブルが使われるようになってきている。

◆**構造によって2種類あるメタリック・ケーブル**

　電気にはプラスとマイナスがあるので、電気信号を送るには2本の銅線が必要だ。この2本の銅線をどのような構造にするかによって、**ペア線**と**同軸ケーブル**の2種類がある。

①ペア線

　図表15のように、銅線をビニールなどで絶縁のため被覆したものを2本撚り合わせた簡単な構造で、使いやすいため通信用のケーブルとして広く利用されている。電話などの通信ケーブルでは、このペア線を何百対、何千対も束ねた構造になっている。ペア線のケーブルは外部から雑音が入り

◆**図表15　ペア線の構造**◆

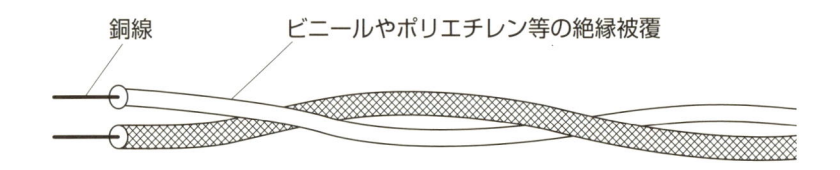

銅線　　　ビニールやポリエチレン等の絶縁被覆

やすく、さらにペア線を何本も束ねて使うと漏話（ろうわ）という現象が起こるため、あまり品質が良くない。

漏話とは、**図表16**に示すように、あるペア線を流れている信号が隣接するほかのペア線に漏れて侵入し、妨害を与える現象である。漏話で侵入する信号の量は周波数が高いほど大きくなるので、ペア線で周波数の高い信号を伝送するのはむずかしい。アナログ伝送では100kHz以下、デジタル伝送では10Mビット／秒以下で使われるが、距離が短ければもっと周波数が高い、高速の信号にも使うことができる。

◆**図表16　ペア線のケーブルで起こる漏話**◆

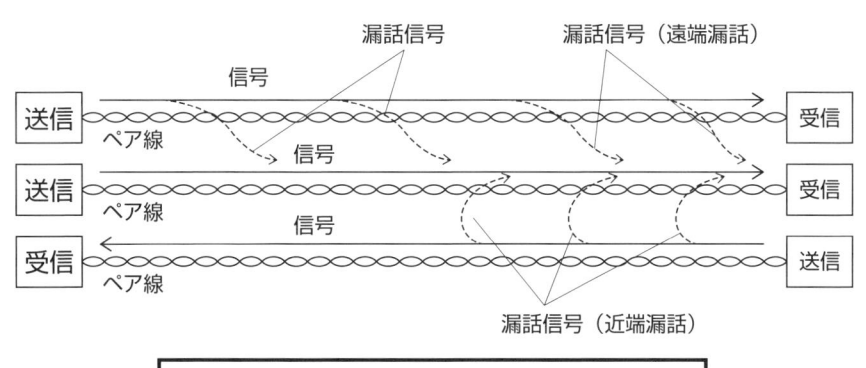

漏話信号　　　　漏話信号（遠端漏話）
信号
送信　　　　　　　　　　　　　　　　　　　　　　　　受信
　ペア線
　　　　　　信号
送信　　　　　　　　　　　　　　　　　　　　　　　　受信
　ペア線
　　　　　　信号
受信　　　　　　　　　　　　　　　　　　　　　　　　送信
　ペア線
　　　　　　　　　　　漏話信号（近端漏話）

隣接するペア線の中を流れている信号が漏れてきて
伝送中の信号に妨害を与える

　音声程度の周波数の信号なら問題なく伝送できるので、今日でも電話用の加入者線にはペア線のケーブルが使われている。

　オフィスで使うイーサネットLANや家庭でパソコンをインターネットにつなぐときに使うLANケーブルにもペア線が使われている。4対（つい）のペア線（LANケーブルでは「撚（よ）り対線」または「ツイストペア」という）を漏話が起こりにくい構造にしたケーブル（**図表17**）で、長さを100m以下にして100Mビット／秒以上の高速伝送に使うことができる。1対で250Mビット／秒伝送を行ない、4対で並列伝送にすれば、合計で1Gビッ

◆図表17　LANケーブル◆

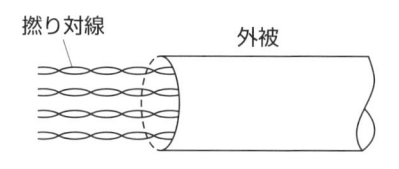

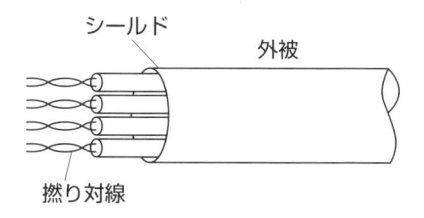

(a) 非シールド撚り対線（UTP）　　　(b) シールド付き撚り対線（STP）

撚り対線（ペア線）4対で1本のLANケーブルにする

ト／秒伝送のイーサネットに使うことができるというものだ。

　さらに、1対ごとにシールド（遮蔽）をつけて漏話を防ぐ構造にして、10Gビット／秒伝送に使うこともできる。これは**シールド付き撚り対線**（**STP**：Shielded Twisted Pair）と呼ばれる（**図表17(b)**）。これに対して、シールド無しのLANケーブルは非シールド撚り対線（**UTP**：Unshielded Twisted Pair）と呼ばれる（**図表17(a)**）。一般に使われているのは扱いやすいUTPケーブルで、性能別にカテゴリで分類されている（185ページ、図表46）。

◆図表18　同軸ケーブル◆

(a) 長距離伝送用の同軸ケーブル
- 遮へい用鉄テープ
- ポリエチレンの円盤
- 中心銅線（直径1.2mmまたは2.6mm）
- 薄い銅のパイプ（内径4.4mmまたは9.5mm）

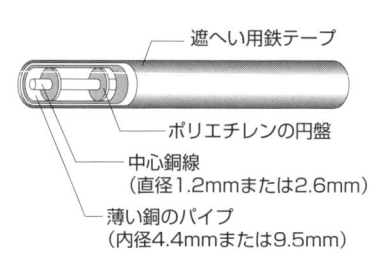

光ファイバケーブル以前に使われた

(b) テレビ用に使われている同軸ケーブル
- 外被（ビニール）
- 絶縁体（ポリエチレンなど）
- 銅の編組（または薄い銅板やアルミニウム板）（外部シールドの役割）
- 中心銅線

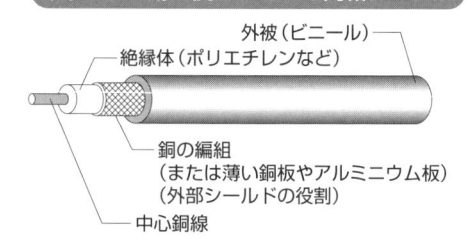

第4章　ブロードバンド通信を実現する伝送技術

②同軸ケーブル

　図表18のように、中心の銅線を薄い銅板か銅の網で円筒形に覆った構造で、中心の銅線がシールドされているので外部から雑音や漏話が入りにくく、広帯域の信号を伝送することができる。そのため、以前はネットワークの幹線ルートに用いられたが、最近は光ファイバ・ケーブルが使われるようになり、すっかり姿を消してしまった。

　現在は、CATVのケーブルとして使われている程度で、その他では屋内で通信機器同士を接続するときや、家庭でテレビのアンテナを受像機につなぐときのケーブルとして使われている。

　一般にメタリック・ケーブルは、伝送する信号の周波数が高くなると急激に信号が減衰するという性質があり（**図表19**）、できるだけ信号の周波数を低く抑えることが大切である。

◆**図表19　ケーブル1kmあたりの信号の減衰量**◆

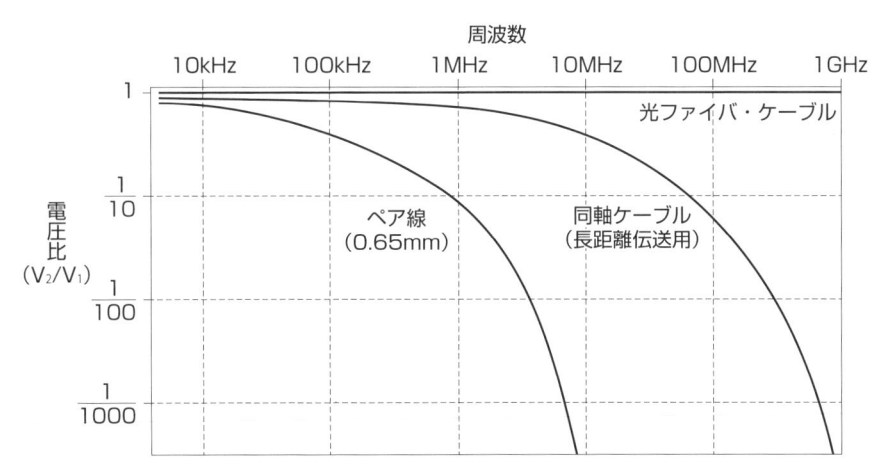

電圧 V_1 ─信号→ ─1km─ ケーブル 電圧 V_2

周波数　10kHz　100kHz　1MHz　10MHz　100MHz　1GHz

電圧比 (V_2/V_1)

光ファイバ・ケーブル
ペア線（0.65mm）
同軸ケーブル（長距離伝送用）

銅線のケーブルは信号の周波数が高くなると、急に信号の電圧が下がってしまう

◆超高速伝送に適した光ファイバ・ケーブル

　光ファイバ・ケーブルは、図表20に示すように、外径0.125mmという髪の毛くらいの細い石英ガラスの繊維で、そのままでは折れやすいので、プラスチック樹脂などで被覆してケーブルにする。

◆図表20　光ファイバ素線の構造◆

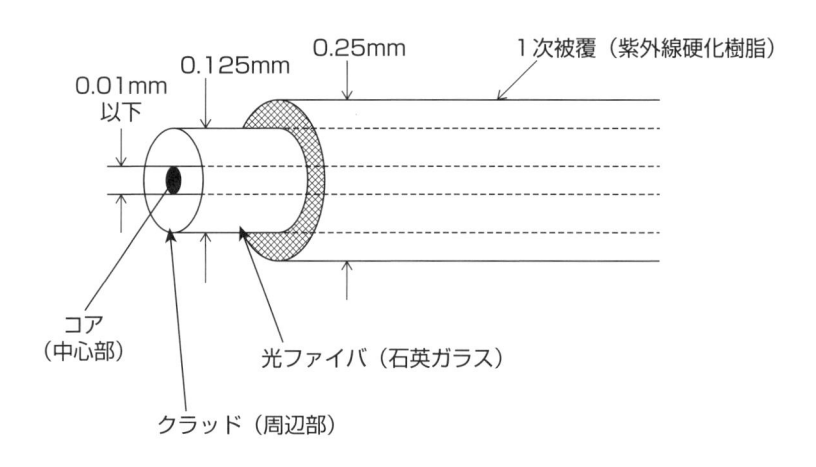

```
0.01mm以下
0.125mm
0.25mm
1次被覆（紫外線硬化樹脂）
コア（中心部）
光ファイバ（石英ガラス）
クラッド（周辺部）
```

　この石英ガラスは、シリコン（珪素）を材料にして合成してつくったきわめて高純度のガラスである。中心部は直径0.01mm以下の**コア**と呼ばれる屈折率の高いガラスで、その周囲を**クラッド**と呼ばれる屈折率の低いガラスで囲んだ構造をしている。これはシングルモード・ファイバと呼ばれ、超高速伝送に適した構造なので、現在ほとんどの光ファイバ・ケーブルで使われている。この光ファイバをアクセス回線のように本数が多いケーブルにするときは、**図表21**のようなテープ状にして束ねる。

　光信号はコアの部分に注入され、クラッドとの境界面で全反射をしながら外へ漏れることなく、どこまでも伝搬していく（**図表22**）。

　少しくらい曲げても平気である。しかも非常に透明なガラスを合成してつくったものなので、光の減衰量は15～20kmくらい伝搬してやっと半分になる程度と、銅線に比べてきわめて小さいのが特長である（**図表19**）。

第4章　ブロードバンド通信を実現する伝送技術

◆図表21　テープ状の光ファイバを使ったアクセス回線用の多芯ケーブル◆

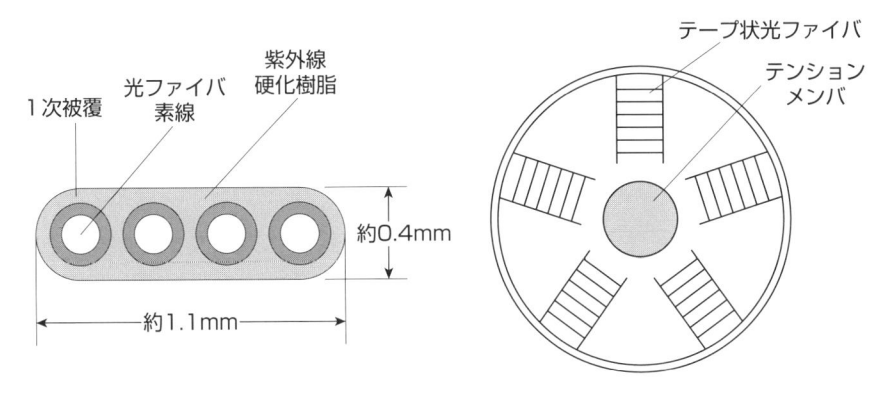

テープ状の光ファイバ（4芯の場合）　　光ファイバケーブル（100芯ケーブルの場合）

◆図表22　光ファイバの中での光の伝搬経路◆

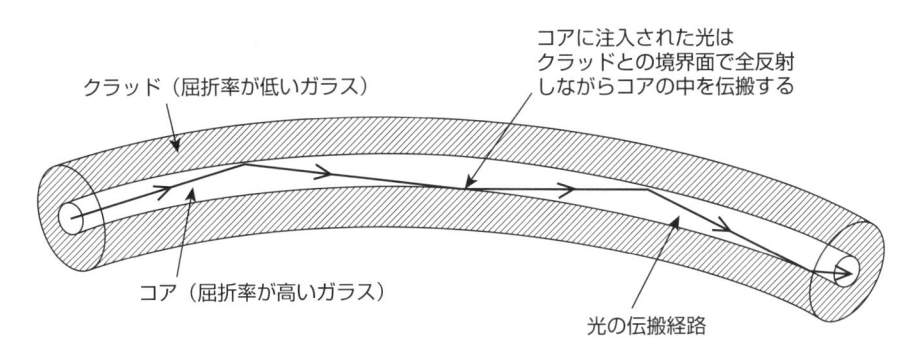

　さらに、メタリック・ケーブルと違って周波数が高くなっても減衰量がほとんど変わらないので、超広帯域・超高速伝送に使えるのが大きな強みだ。
　光ファイバの中を伝搬する光の減衰量は光の波長によって異なる。もっとも減衰量が小さいのは波長が1.3μm～1.6μmあたりの長波長帯で、通信ではこの波長の光を使う。
　この光ファイバ・ケーブルはメタリック・ケーブルに比べて次のように優れた点が多くあり、これからの通信ケーブルははとんど光ファイバにな

ると考えられる。

①広帯域性	：伝送できる周波数帯域がきわめて広く、100Gビット／秒以上の超高速デジタル信号の伝送に使える。
②低損失性	：伝送する光信号の減衰量（損失）が非常に小さいので、長い距離を伝送でき、中継器を入れる間隔を長くできる。
③細芯・軽量	：銅線に比べて細くて軽い。光ファイバの重さは1kmあたり約27g（ファイバのみ）で、銅線（直径0.5mm）の約1.8kgに比べて驚くほど軽い。
④雑音が入らない	：光ファイバは電気を通さないので、電気雑音が混入せず、高品質の伝送ができる。
⑤経済的	：光ファイバのコストは同軸ケーブルに比べて安く、ペア線と同程度である。原材料のシリコンは地球上にほぼ無尽蔵にあり、資源の点でも問題ない。

このような利点がある反面、次のような欠点もある。

①接続がむずかしい	：銅線のように半田付けができないので、融着接続やメカニカル・スプライスなどの特殊な技術が必要である。
②急激な曲げに弱い	：光ファイバを急角度で曲げると信号の減衰量が増える。
③電力を送れない	：メタリック・ケーブルの場合は途中の中継器や家庭の電話機に銅線を通して給電できたが、光ファイバは電気を通さないので、別の手段が必要になる。

5 デジタル信号の伝送

――デジタル伝送は高品質・長距離伝送ができる――

　通信の目的の1つは、信号を遠方にまで伝送することである。これにはアナログ伝送とデジタル伝送とがあるが、最近は大容量の信号を高品質で長距離に伝送できるデジタル伝送が主流になっている。

◆アナログ伝送に勝るデジタル伝送の特長

　デジタル伝送の特徴はアナログ伝送と比べてみるとわかりやすい。

　アナログ伝送は昔から使われてきた方法で、信号の波形を崩さないように、できるだけ忠実に目的地まで伝送する。しかし、**図表23**に示すように、伝送中に雑音が混入したり、途中に入れた中継器で信号を増幅するときに波形が歪んだりするため、長距離を伝送すると、どうしても品質が低下してしまう。

　これに対してデジタル伝送では、デジタル信号の"1""0"を**図表24**のようにパルスの有無で表わして送ると、伝送中に雑音が混入したり波形が崩れたりしても、中継器で新しくパルスを再生して伝送することができ

◆図表23　アナログ伝送◆

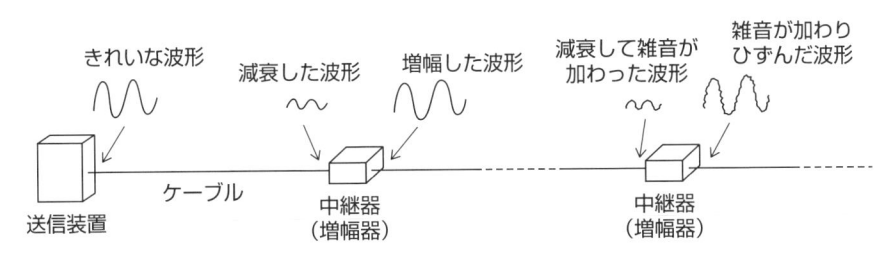

何回も中継器を通して長い距離を伝送すると
雑音が累積し、波形もひずんで品質が悪くなる

◆図表24　デジタル信号の表わし方◆

(a) パルス

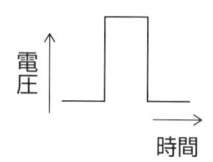

(b) パルスの有無で1, 0を表わす

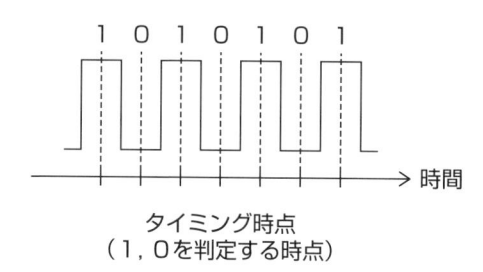

1 0 1 0 1 0 1

電圧

時間

時間

タイミング時点
(1, 0を判定する時点)

る（**図表25**）。

　そのため、この中継器は**再生中継器**と呼ばれる。このとき、"1""0"さえ正しく送られれば、どんなに長い距離を伝送しても品質は低下しない。デジタル信号のための電子回路が少し複雑になるので、昔はつくるのがむずかしかったが、現在ではエレクトロニクス技術の進歩のお陰で簡単に実現できるようになった。

　光ファイバ伝送もアナログ伝送とデジタル伝送に使えるが、実用システムとしてはおもにデジタル伝送に使われている。ケーブルの中は光信号が送られているが、中継器では電気信号に変換して増幅・再生を行ない、再び光信号にして送出するという面倒な手順が必要である。しかし最近は、光信号のまま増幅できる光増幅器が使えるようになった。光増幅器は減衰した光パルスを増幅してもとの振幅に戻すだけで、パルスの再生は行なわない。光ファイバは帯域がきわめて広いので、パルス波形の崩れが小さく、増幅するだけで十分である。それでも、長距離伝送で光増幅器を何回か通したあとは、再生中継器でパルスを再生することが必要である（**図表25**）。

　また、光ファイバは信号の減衰量が小さいので、中継器を入れる間隔を銅線のケーブルに比べて10倍以上長くすることができ、経済的な伝送路を実現できるので、最近のネットワークはほとんどが光ファイバ伝送路を使っている。

第4章　ブロードバンド通信を実現する伝送技術

◆図表25　デジタル伝送◆

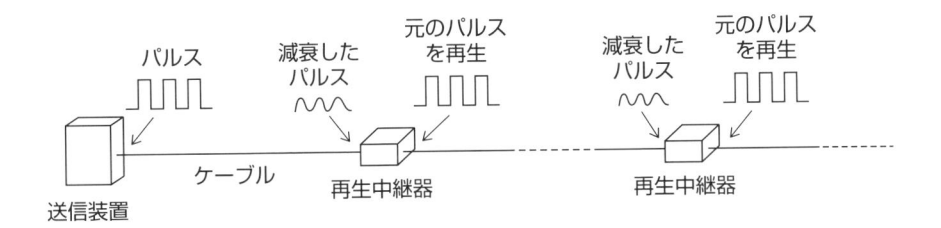

何回も中継器を通して長い距離を伝送しても
中継器でパルスを再生するので品質が悪くならない

◆デジタル信号のビット誤り

　デジタル伝送で、図2のような"1""0"を表わすパルスを送っても、途中で雑音などが加わって、中継器のところで本来ならば"1"である信号を誤って"0"と判定したり、逆に"0"であるはずの信号を"1"と判定してしまうことが起こる（**図表26**）。これを**ビット誤り**または**符号誤り**といい、完全にゼロにすることは不可能である。ビット誤りは文字化けや画像の乱れの原因となるので、実用上問題ない程度に低く抑えるように品質基準で定めている。ビット誤りを起こす確率を**符号誤り率**または**エラーレイト**といい、通常のネットワークでは10^{-6}（100万ビットに1ビットの誤り）以下になるようにしている。電話ならばこれで十分である。

　しかし、データ伝送では1ビットの誤りでも問題になることがある。その対策として、**図表27**のように、データ信号を一定の長さのブロックに区切り（パケット通信などでは最初から一定の長さに区切って伝送している）、ビット誤りの有無をチェックする**誤り検査符号**を付けて伝送する。この符号は、データのビット列からつくった数式を計算して求めた結果の符号で、受信側でも同じ計算をして同じ結果の符号になれば伝送中にビット誤りがなかったことになる。しかし、違う結果の符号が得られた場合は、伝送中にビット誤りがあったことがわかる。

　このとき、計算結果からどのビットが誤ったかがわかるような符号にす

219

◆figure 26 デジタル伝送における中継器の動作◆

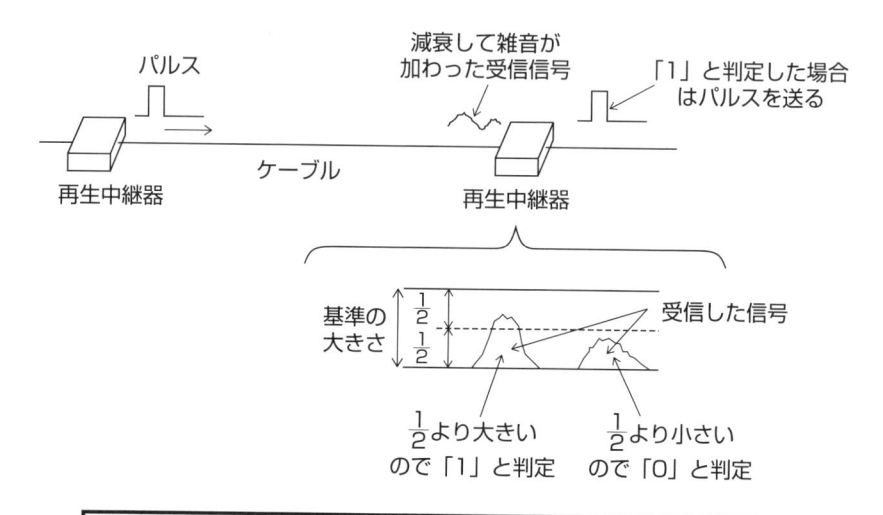

「1」の信号（パルス）が送られてきても再生中継器で受信信号の大きさが基準の1/2より小さいと「0」と誤って判定してしまう（ビット誤り）その逆の場合もある。

◆figure 27 データの誤りをチェックする◆

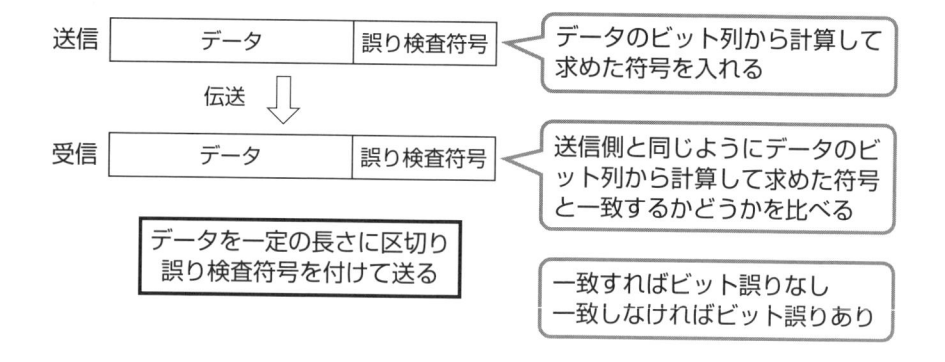

送信側：データ＋誤り検査符号
- データのビット列から計算して求めた符号を入れる

伝送 ⇩

受信側：データ＋誤り検査符号
- 送信側と同じようにデータのビット列から計算して求めた符号と一致するかどうかを比べる
- 一致すればビット誤りなし
- 一致しなければビット誤りあり

データを一定の長さに区切り誤り検査符号を付けて送る

ると、そのビットを訂正して元の正しいデータのビット列に戻すことができる。これが**誤り訂正符号**で、最近のデジタル伝送システムでよく使われるようになった。

第4章　ブロードバンド通信を実現する伝送技術

6 いろいろなブロードバンド・アクセス回線
― 家庭まで光を、FTTHへの道 ―

　インターネットを使っていて、"まどろっこしい"と感じたことはなかっただろうか。画面が完成するまで待ちきれない、メールを受信し終わるまでに時間がかかりすぎる、デジカメの写真を添付してメールを送ったらなかなか送信終了にならない、などなど。原因はいろいろ考えられるが、1つにはアクセス回線のスピード（伝送速度）が遅いことがある。

　それを解消するにはブロードバンド・アクセス回線を使うことだ。光ファイバを使うFTTHが本命だが、それ以外にもADSLやCATV回線などいろいろある。

◆ADSL（非対称デジタル加入者線伝送）：既設の電話用加入者線を利用

　ADSL（Asymmetric Digital Subscriber Line）は、既設の電話用加入者線を利用して高速データ伝送を行なう方式である。新しくケーブルを敷設する必要がなく、電話をかけながらでもインターネット接続ができるという便利さがあって、急速に普及した。

　電話とデータ伝送の両方に使えるようにするため、**図表28**のように電話音声よりも周波数の高い帯域26kHz～1.1MHz（または3.75MHzまで）を使ってデータ伝送を行なう。さらに、1本の加入者線で上り・下りの双方向伝送を行なうため、この帯域を2つに分けて、138kHz以下を上り伝送に、138kHz以上を下り伝送に使う。このようにすると、下り伝送のほうが帯域が広いので高速伝送ができる。インターネットを利用する際は、おもに下り方向で高速伝送が求められるので、このような方式で差し支えない。ADSLの「非対称」の意味は、上り方向と下り方向で伝送速度が非対称ということである。

　ADSLは、**図29**に示すように、ユーザ宅と収容局（電話局など）にスプ

◆図表28　電話用加入者で送られる信号の周波数◆

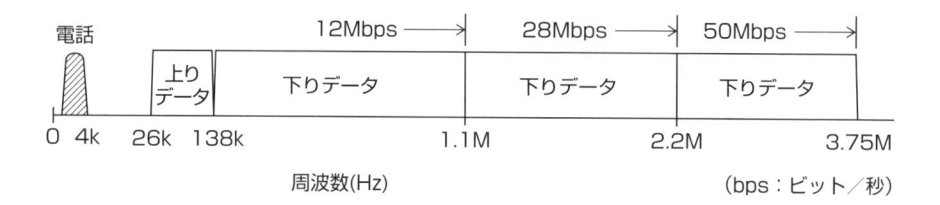

- 電話音声とデータ信号とは周波数で分けて同じケーブルで伝送する
- データ信号は上りと下りとを周波数で分けて伝送する
- 広い周波数帯域を使うほうが高速伝送ができる

リッタを置いて音声信号とデータ信号を周波数の違いで分け、音声信号は電話機から電話交換機を通って電話網へ、パソコンからのデータ信号はADSLモデムで変調されて収容局へ送られ、そこからインターネットへ転送される。

◆図表29　ADSLの構成◆

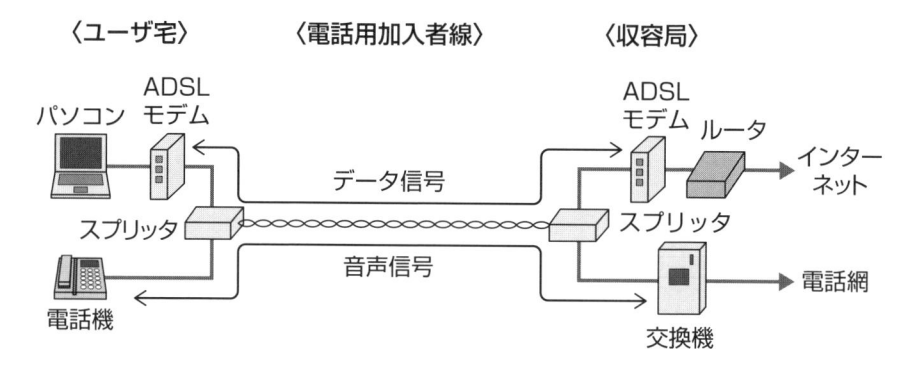

　データ信号の伝送速度は、**図表28**の帯域で上りが最大1.5Mビット／秒、下りは1.1MHzまでを使って最大12Mビット／秒である。もっと高速伝送を行なうには帯域を拡げることが必要で、2.2MHzまで拡げれば最大28Mビット／秒、3.75MHzまで拡げれば最大52Mビット／秒の高速伝送ができ

る。

　ここに示した伝送速度はあくまで理想的な条件下での最大値で、実際にはケーブルが長くなると信号が減衰し、雑音や漏話の影響を受けやすくなるので、変調方式を雑音に強い方式に変えて伝送速度を下げる必要がある。ADSLではこれを自動的に行なうので、実際の伝送速度は最大値よりもずっと低くなってしまう。この伝送速度の低下は、収容局からの距離が長くなるほど大きくなる（図表30）。

◆図表30　収容局からの距離（ケーブル長）と伝送速度の関係◆

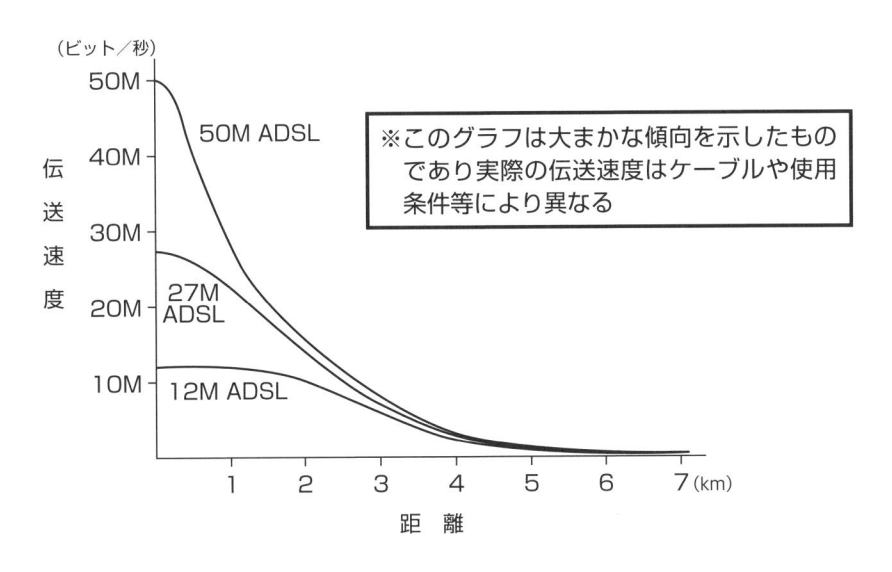

（ビット／秒）

※このグラフは大まかな傾向を示したものであり実際の伝送速度はケーブルや使用条件等により異なる

50M ADSL
27M ADSL
12M ADSL

伝送速度

距離

◆CATV回線：もともとはテレビ放映用の難視聴対策

　CATV（ケーブル・テレビ）は、もともとはテレビ放送の難視聴対策として、電波条件の良い場所に立てたアンテナで受信した放送番組の信号を、同軸ケーブルで各家庭まで分配するものである。この同軸ケーブルはブロードバンド信号を伝送するのに適しているので、これを高速インターネット接続などのアクセス回線として利用することができる。

　最近のCATVは、ヘッドエンド・センタからの幹線ルートに光ファイバ・

ケーブルを用い、途中の光ノードで光信号を電気信号に変換して（O/E変換）、最後の区間だけを同軸ケーブルで各家庭まで配線する**光・同軸ハイブリッド（HFC）構成**になっている（**図表31**）。このほうが伝送品質が良く、770MHzまでの帯域を使って100チャネル以上のテレビ番組を送信することができる。

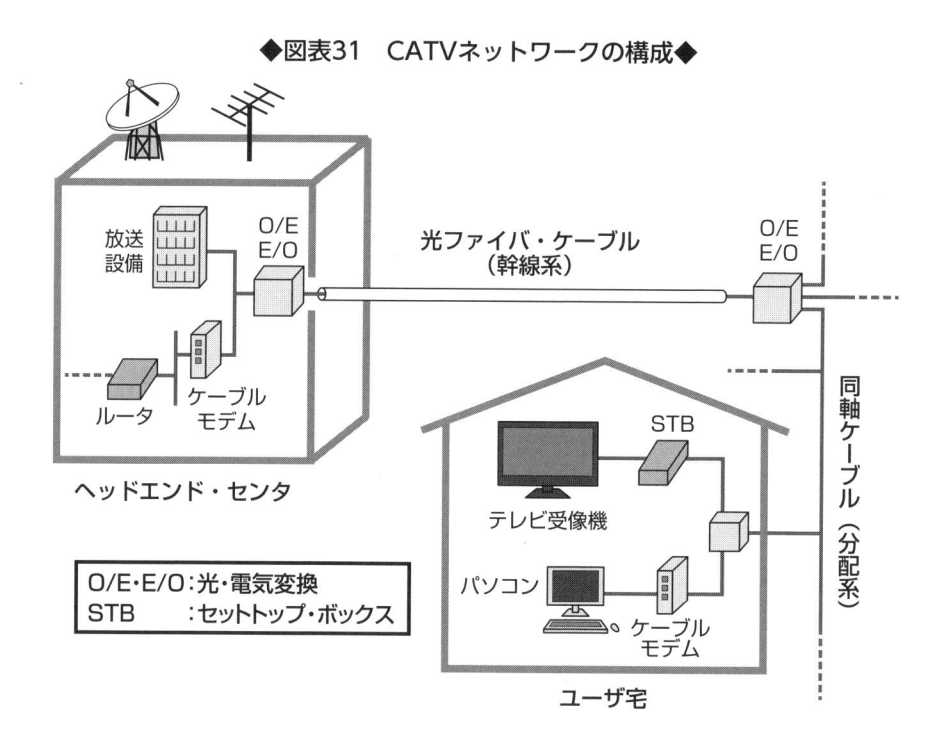

◆図表31　CATVネットワークの構成◆

```
放送設備 / ルータ / ケーブルモデム / O/E・E/O
ヘッドエンド・センタ
光ファイバ・ケーブル（幹線系）
O/E・E/O
同軸ケーブル（分配系）
ユーザ宅: テレビ受像機 / STB / パソコン / ケーブルモデム

O/E・E/O：光・電気変換
STB　　　：セットトップ・ボックス
```

　放送用につくられたCATVネットワークはセンタからユーザ宅へ下り方向のみの一方向伝送しかできないので、これを通信に利用するにはユーザ宅からセンタへの上り方向伝送もできるように双方向化する必要がある。それには、**図表32**のように、放送に使っていない70MHz以下の帯域を使って上り信号を伝送する。通信用の下り伝送には帯域600M〜770MHzの中から空いているチャネルを選んで利用する。

　このCATVネットワークを利用してデータ伝送を行なうには、**図表32**に

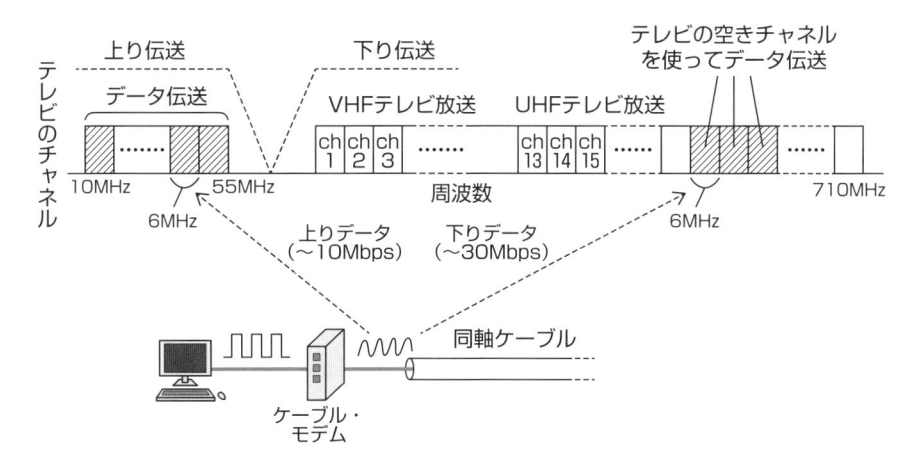

第4章　ブロードバンド通信を実現する伝送技術

◆図表32　CATVのチャネルを使ってデータ信号を送る◆

示すように、ヘッドエンド・センタとユーザ宅にそれぞれ**ケーブル・モデム**を置き、データ信号を変調して伝送する。下り伝送では、テレビ1チャネル（帯域幅6MHz）で30Mビット／秒（64QAMで変調）の高速伝送ができる。規格では最大42Mビット／秒（256QAMで変調）伝送も可能である。さらに、数チャネルをまとめて最大120M～160Mビット／秒の超高速伝送とすることもできる。上り伝送は2M～10Mビット／秒で、インターネット接続では下り方向に高速伝送が要求されるので、ADSLと同様に上り・下りで非対称の伝送速度になっている。

　CATVネットワークは、放送番組を全世帯に分配するので、同じチャネルを多数の世帯で共用する構成になっている。そのため、30Mビット／秒の伝送速度を多数のユーザが同時に使うと、1ユーザ当たりの平均伝送速度が低下してしまう（ベストエフォート型）。そのため、CATV会社は1つのチャネルを共用するユーザ数を限定するなどの方策をとるのが一般的である。

　このCATV回線をインターネット接続だけでなく、電話にも利用することができる。これがCATV電話である。

◆FTTH：光ファイバを各家庭まで

　FTTH（Fiber-To-The-Home）は、光ファイバを収容局からユーザ宅まで直接引き込んで高速伝送を行なう方式である。これには、**SS**（Single Star）方式と**PON**（Passive Optical Network）方式とがある。PONは**PDS**（Passive Double Star）とも呼ばれる。

　SS方式は、**図表33**に示すように、収容局からユーザ宅まで光ファイバを1本ずつ配線する簡単な構成であるが、電気信号と光信号を変換するために、局内に**OLT**（光加入者線端局装置）、ユーザ宅に**ONU**（光回線終端装置）をそれぞれ1台ずつ設置する必要があり、コストが高くなってしまう。

◆図表33　シングル・スター（SS）構成◆

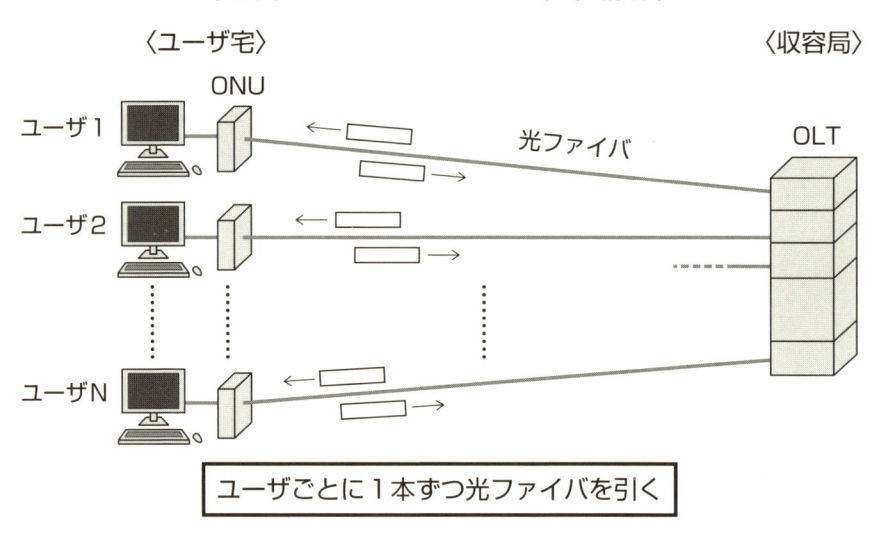

〈ユーザ宅〉　　　　　　　　　　　　　　　〈収容局〉

ユーザごとに1本ずつ光ファイバを引く

　PON方式は、**図表34**に示すように、1本の光ファイバを途中で32分岐してユーザ宅へ配線する形式で、収容局のOLTは32ユーザに対して1台あればよく、また光ファイバも途中まで1本ですむので、経済的にFTTHを実現できるという特長がある。光ファイバを32分岐する装置（**光スプリッタ**）は電気が不要な受動部品で、ユーザ宅近くの電柱の付近に簡単に設

第4章　ブロードバンド通信を実現する伝送技術

置することができる。実際の配線系では、局内で4分岐、屋外で8分岐する構成としているが、原理は同じである。

街を歩いていると、電柱のところでケーブルに**写真1**に示すような白い箱（クロージャという）が取り付けられているのを目にすることがある。FTTHの光スプリッタはこの箱の中にあって、ここで光ファイバを分岐して各家庭まで1軒ずつ配線するようになっている。

PONでは、収容局から送られた信号は全ユーザに届いてしまうが、各ユーザは自分宛のアドレスがついた信号だけを取り込む。逆に、ユーザから送

◆**写真1　白い箱の中に光スプリッタが入っている**◆

られる信号は光スプリッタのところで衝突しないように、ユーザごとに局から送られるタイミングに合わせて、時間をずらして信号を送信する。

◆**図表34　パッシブ・ダブル・スター（PONまたはPDS）構成**◆

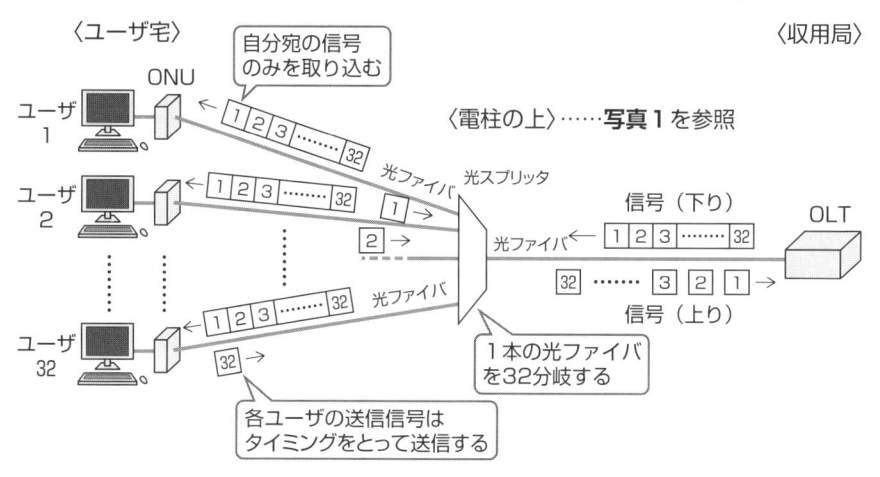

〈ユーザ宅〉　　　　　　　　　　　　　　　　　　　　　　　〈収用局〉

```
ユーザ1 ── ONU ←[1][2][3]……[32]
                  自分宛の信号
                  のみを取り込む
ユーザ2 ── ←[1][2][3]……[32]
                [1]→
                [2]→         光ファイバ  光スプリッタ
                                         信号（下り）
                              光ファイバ [1][2][3]……[32] → OLT
                                         [32]……[3][2][1] →
ユーザ32 ── ←[1][2][3]……[32]          信号（上り）
                [32]→   光ファイバ
                          〈電柱の上〉……写真1を参照
                          1本の光ファイバを32分岐する
          各ユーザの送信信号は
          タイミングをとって送信する
```

227

OLTからは通常1Gビット／秒の伝送速度でデジタル信号が送られるが、途中で32分岐されるので、1ユーザあたり平均30ビット／秒の伝送速度になってしまう。これは全ユーザが同時に使用する場合で、普通はそのようなことは起こらないので、各ユーザは100Mビット／秒あるいは200Mビット／秒の高速伝送を利用することができる。

　この1Gビット／秒の光ファイバ伝送には、同じ速度のイーサネット（184ページを参照）を利用することが多く、これを**GE-PON**（ギガビット・イーサネットのPON）呼んでいる。

　PON方式によるFTTHはNTTの「フレッツ光」などで広く採用されている。

　FTTHにすれば、距離に関係なく安定した高速伝送を利用できるので、ブロードバンド・アクセス回線の本命として利用者が増えている。

7 アナログ信号をデジタル化する
― もっとも基本的なPCM符号化の原理 ―

　今日では、ネットワークの大部分はデジタル伝送になっている。しかし、伝送する情報は音声やテレビ映像などアナログが多い。これらのアナログ情報をデジタル伝送するには、まずアナログ信号をデジタル化することが必要になる。これを**A/D変換**または**符号化**といい、デジタル化した信号をもとのアナログ信号に戻すことを**D/A変換**または**復号化**という。この両者をまとめて、**A/D・D/A変換**または**符号復号化**という。

◆アナログ／デジタル変換の方法

　通信や放送が扱うアナログ信号の波形は、**図表35**のように電圧の値を自由に取りながら連続的に変化する複雑な波のような形をしている。これに対してデジタル信号は、「電圧が高いか低いか」の2つの値しかとらない波形である。

◆図表35　アナログ信号とデジタル信号の波形◆

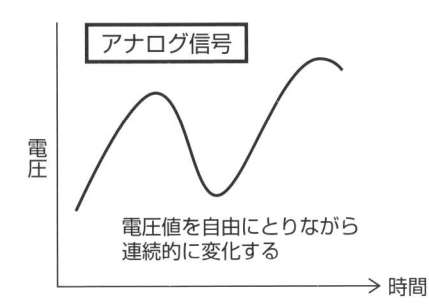

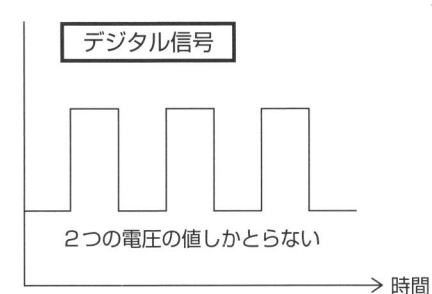

　音声や映像などの情報信号はアナログであり、これをデジタル・ネットワークで伝送するにはアナログ信号をデジタル信号に変換しなければなら

◆図表36 アナログ信号の符号化（電話音声の例）◆

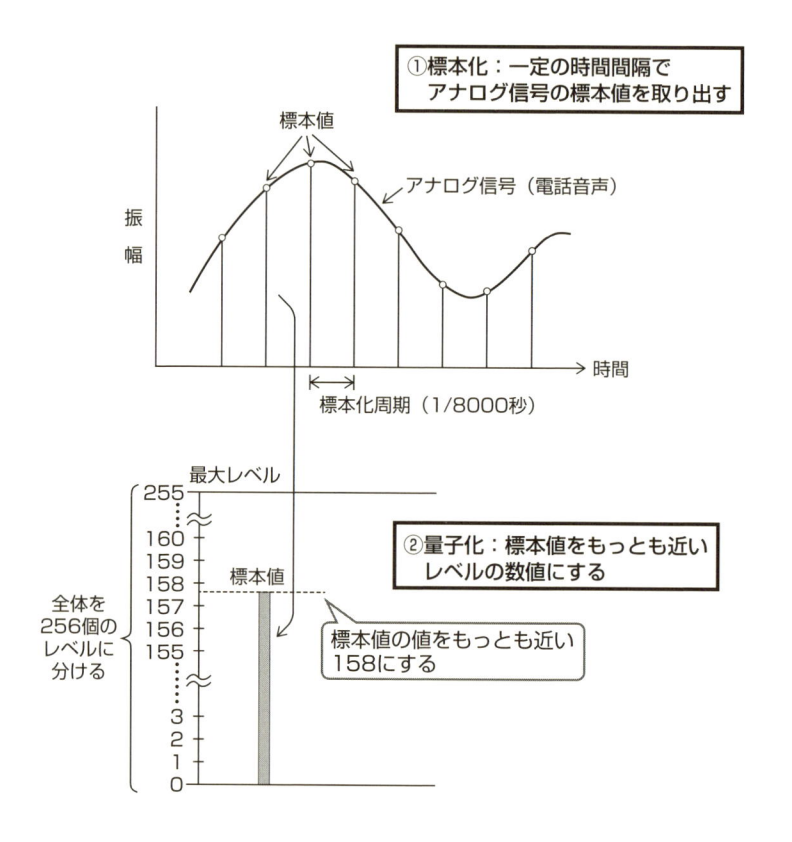

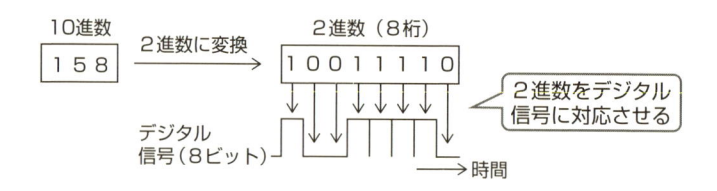

①標本化：一定の時間間隔でアナログ信号の標本値を取り出す

振幅
標本値
アナログ信号（電話音声）
時間
標本化周期（1/8000秒）

最大レベル
255
160
159
158　標本値
157
156
155
⋮
3
2
1
0

全体を256個のレベルに分ける

②量子化：標本値をもっとも近いレベルの数値にする

標本値の値をもっとも近い158にする

③符号化：量子化で求めた数値（10進数）を2進数（8桁）に変換する

10進数
158
2進数に変換
2進数（8桁）
1 0 0 1 1 1 1 0

デジタル信号（8ビット）

2進数をデジタル信号に対応させる

時間

伝送速度＝8ビット（1つの標本値当たりのビット数）×8000（1秒間の標本値の数）
　　　　＝64000ビット／秒＝64kビット／秒

ない。

　図表36は、一例として、アナログの電話音声信号（周波数帯域は300Hz〜3400Hz）をデジタル信号に変換するステップを示したものである。

　まずアナログ音声の波形から、音声の最高周波数（3400Hz）の２倍強にあたる8000Hz（１秒間に8000回）の割合で標本値を取り出す（**標本化**）。標本値と標本値との間隔は1/8000秒で非常に短く、この標本値だけ送っても、受信側では元の波形を復元できる。この１秒間に取り出す標本値の数を**標本化周波数**といい、アナログ信号に含まれる最高周波数の２倍以上に選べば、その標本値からもとのアナログ信号を復元できることが証明されている（**標本化定理**）。

　次に、この標本値の大きさ（振幅）があらかじめ用意した256個のレベルのどれに一番近いかを決める（**量子化**）。256個しかないレベルと正確に一致しなくても、誤差（量子化誤差という）が小さいので人間の耳にはその差はわからない。最後に、各レベルの値を８ビットの符号で表わす（**符号化**）。８ビットの符号の組み合わせは、［00000000］から［11111111］まで全部で256種類あるので（$2^8=256$）、これで１個の標本値に対応する256個のレベルを８ビットの符号に変換することができる。

　この操作を１秒間に8000個ある標本値について行なうと、全部で１秒間に８ビット×8000個＝64000ビット、すなわち64kビット／秒となり、これが電話音声をデジタル化したときの伝送速度になる。

　一般に、量子化のレベルの数を大きくすれば標本値の振幅を決める精度が高くなり、それだけ品質が良くなる。その代わり、対応する符号化のビット数が大きくなり、伝送速度が高くなる。符号化のビット数をnとすると、量子化のレベル数は2^nとなる。これを「nビット符号化」という。

　このような、標本化、量子化、符号化というステップで行うA/D変換を、単に「符号化」ということが多い。

　このデジタル信号を元のアナログ信号に戻す復号化は、図表37に示すように、各ビットに対応する量子化レベルの数を合計して標本値の振幅を求め、その標本値を結んでもとのアナログ信号の波形を復元することができ

る。

　ここで示したA/D変換（符号化）は**PCM**（Pulse Code Modulation）と呼ばれ、アナログ信号をデジタル信号に変換する際のもっとも基本的な方法である。

　この符号化、復号化を行う装置をそれぞれ**符号器**（Coder）、**復号器**（Decoder）といい、両者をあわせて**CODEC**（COder＋DECoder）と呼ぶ。今日ではCODECは1チップのLSIでつくられている。

◆いろいろな情報の伝送速度

　アナログ信号をPCMで符号化したときの伝送速度は、［標本化周波数］×［符号化ビット数］として求められる。

　前に述べた電話音声の符号化の例では、8kHz（標本化周波数）×8ビット（符号化ビット数）＝64kビット／秒が伝送速度である。標本化周波数はアナログ信号の最高周波数の2倍以上に選ばれるから、広帯域信号ほど伝送速度が高くなり、また、符号化ビット数が大きいほど復号化した際の品質が良くなるから、高品質伝送ほど伝送速度が高くなることがわかる。

　いくつかのアナログ信号について、符号化したときの伝送速度を求めてみよう。

---

①**CD音楽**：
　44.1kHz×16ビット×2チャネル（ステレオ）＝1411.2kビット／秒

②**標準テレビ**：
　輝度信号　13.5MHz×8ビット＝108Mビット／秒
　色差信号（2チャネル）　6.75MHz×8ビット×2＝108Mビット／秒
　合計　108Mビット／秒＋108Mビット／秒＝216Mビット／秒

③**HDTV**：
　輝度信号　74.25MHz×8ビット＝594Mビット／秒
　色差信号（2チャネル）　37.125MHz×8ビット／秒×2＝594Mビット／秒
　合計　594Mビット／秒＋594Mビット／秒＝1188Mビット／秒

このようにテレビ信号は符号化すると、伝送速度が非常に高くなって、そのままでは使いにくい。そこで帯域圧縮符号化を行なって、伝送速度を1/50程度以下に圧縮して使うことが多いのだ。

◆図表37　デジタル信号の復号化◆

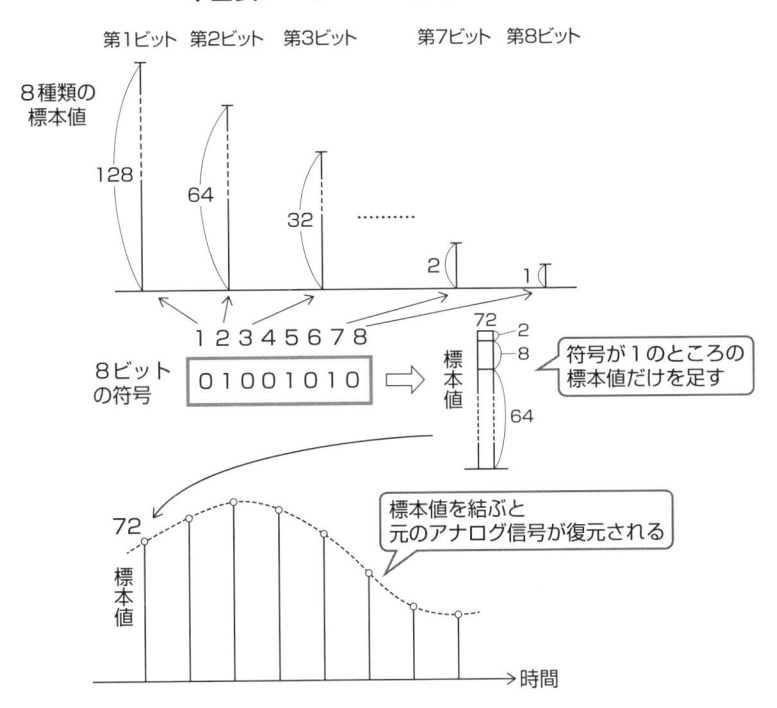

第1ビット　第2ビット　第3ビット　　　　第7ビット　第8ビット

8種類の標本値

128
64
32
2
1

1 2 3 4 5 6 7 8

8ビットの符号　01001010　⇒　標本値

72
2
8
64

符号が1のところの標本値だけを足す

72　標本値

標本値を結ぶと元のアナログ信号が復元される

→時間

8 音声や画像を圧縮して送る

― 不要な成分を取り除いて伝送速度を下げる ―

いろいろな情報をデジタル伝送したり、メモリやハードディスク、CD、DVDなどの記憶媒体に蓄積・記録するには、できるだけ情報量を減らし、低い伝送速度にすることが望ましい。このための方法が**帯域圧縮**（デジタル圧縮）で、情報信号の中から人間の目や耳では認識できないような成分を取り除き、真に必要な成分だけを送ることによって、全体の情報量を減らすことができる。

◆静止画像の帯域圧縮

画像は情報量が多いので帯域圧縮の効果が大きい。デジタル・カメラで撮った写真（静止画像）は、帯域圧縮で情報量を減らしてからメモリに記録・保存したり、電子メールに添付して送ったりするのが一般的だ。

最近のデジタル・カメラは高画質化が進み、1200万画素も当たり前になった。カラー画素はRGBの3原色で表されるので、それぞれの原色を8ビット（1バイト）で符号化すると、単純に計算して全体で36Mバイトの情報量になってしまう。これを圧縮して情報量を減らすには次のような方法を用いる。

1つの画面を見ると、同じ色の画素が連続していることが多い。そのため、1画素ずつ符号化するよりも、同じ色の画素がどれだけ連続しているかを表わしたほうが少ないビット数ですむ。また、人間の目によく目立つ色や明るさと目立ちにくい色や明るさがあるので、前者はきめ細かく符号化するが、後者は多少粗く（ビット数を少なく）符号化してもわからない。画面の細かい部分も色や明るさには人間の目は敏感でないので、粗く符号化することができる。

このようにして符号化のビット数を減らしていけば、全体として平均

1/10程度に情報量（ビット数）を圧縮することができる。ただし、圧縮できる量は画面により異なる。また、あまり圧縮率を上げると画質が低下してしまう。

◆図表38　静止画像の圧縮処理◆

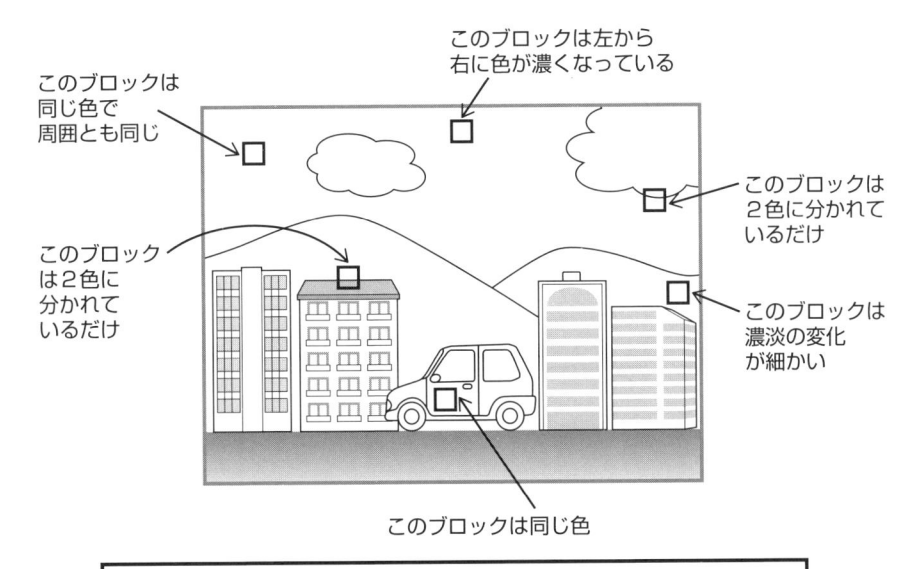

このブロックは同じ色で周囲とも同じ

このブロックは左から右に色が濃くなっている

このブロックは２色に分かれているだけ

このブロックは２色に分かれているだけ

このブロックは濃淡の変化が細かい

このブロックは同じ色

いくつかの画素をまとめたブロックは同じ色だけか２色程度の簡単なパターンになっていることが多い各ブロックごとに色や濃淡の変化をパターン化して送る

デジタル・カメラで使われている圧縮はほとんどがJPEGという方法で、国際標準になっている。

◆ **テレビ映像の帯域圧縮**

前節で述べたように、テレビ映像信号はとくに伝送速度が高いので、帯域圧縮の効果はきわめて大きい。今日のデジタル・テレビ放送やインターネットの画像通信などは、この帯域圧縮技術があって初めて実用になったものである。

テレビの映像（動画像）は1秒間に30枚の静止画像（画面）を順番に送り、それを連続して見ると人間の目にはスムーズに動いているように見えるという原理を応用している。この1枚の画面を1つ前（30分の1秒前）の画面と比べる、変化しているのは動いている物体の一部だけで、他の大部分はまったく同じ画像である（**図表39**）。そこで、画面全体を1枚ずつ送る代わりに、この変化分だけを送って前の画面に加えれば、新しい画面

◆図表39　動画像の圧縮処理◆

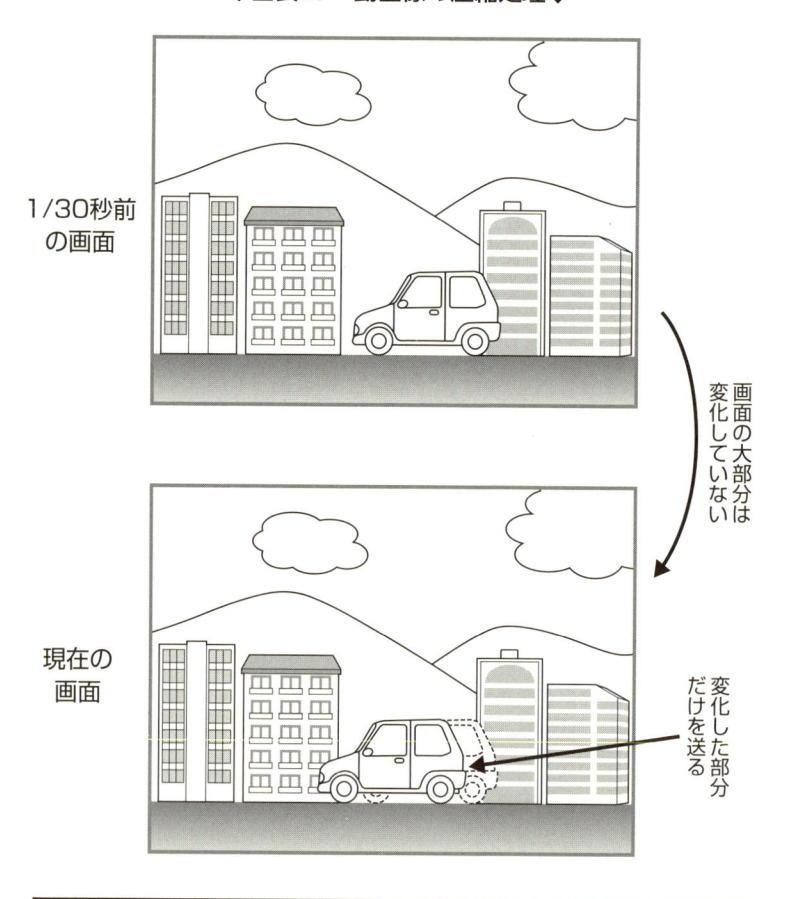

1/30秒前
の画面

画面の大部分は
変化していない

現在の
画面

変化した部分
だけを送る

変化した部分だけを送って前の画面に加えると現在の画面になる

を合成することができる。変化分だけなら送る情報量が少ないので、全体として圧縮ができることになる。また、何枚かの画面から動きの方向と速度も予測できるので、これを利用してさらに情報量を圧縮することができる（動き補償）。テレビの1画面をフレームというが、この方法はフレーム間の相関を利用した圧縮法である。

1枚の画面は静止画像なので、静止画像の帯域圧縮で用いた手法が使える。さらに、動きの激しい部分は、輪郭が多少ぼやけたりギザギザになっても人間の目にはわからないので、粗く符号化することができる。

このような方法を積み重ねて、全体で動画像を1/50程度にまで圧縮することができる。この動画像圧縮の代表的な国際標準は**MPEG**で、デジタル・テレビ放送やDVDビデオなどには**MPEG-2**が使われている。これにより、標準テレビで5～6Mビット／秒程度、HDTV（ハイビジョン）で17～24Mビット／秒程度の伝送速度になる。この程度であれば、人間の目には圧縮したことがわからない。

MPEG-2よりももっと圧縮率を高めた符号化法に**MPEG-4**がある。もともとは携帯電話などを対象に低い伝送速度で映像を送るために開発されたもので、数百kビット／秒以下の伝送速度で小型画面を対象としたものである。MPEG-4は、MPEG-2がフレーム単位で符号化していたのに対し、オブジェクト（画面内の被写体や背景など）を単位に符号化する方法で大幅な帯域圧縮を実現したものである。

このMPEG-4を通常の放送テレビの映像に使えるようにしたのが**MPEG-4 AVC**（**H.264**）で、MPEG-2の半分程度の伝送速度で同程度の画質が得られる。ワンセグ放送やIPテレビなどに使われているほか、ブルーレイ・ディスクの録画などにも用いられている。

◆音声・音楽の帯域圧縮

電話音声をPCM符号化したときの伝送速度は64kビット／秒で、固定電話ではこの値が使われている。しかし携帯電話では、限られた電波の周波数を使ってできるだけ大勢の人が通話できるように、音声を帯域圧縮して

伝送速度を下げている。

　音声の帯域圧縮ではPCMを変形した**ADPCM**という簡単な符号化法で約1/2程度の伝送速度にすることができ、PHSなどで使われている。

　これ以上の圧縮をするには、**CELP**（Coded Excited Linear Prediction）という方法を応用した符号化を使う。この原理は、まず音声をPCM符号化して得られたデジタル信号を一定の長さ（たとえば10ミリ秒）のブ

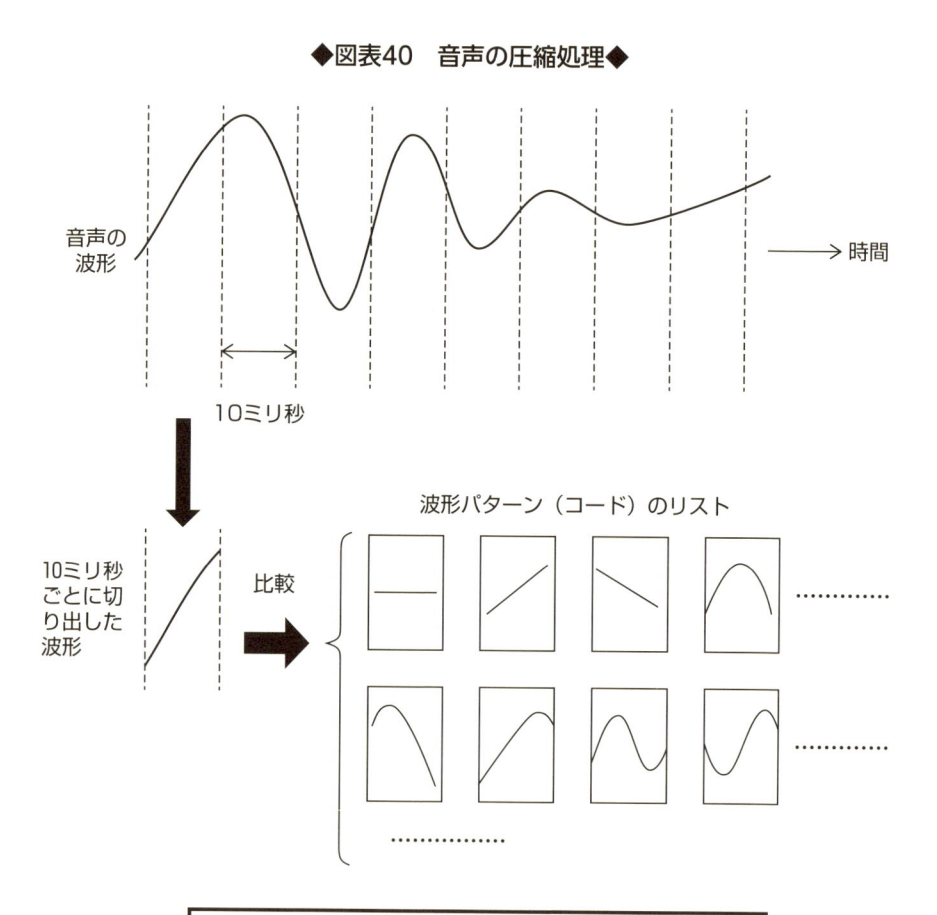

◆図表40　音声の圧縮処理◆

音声の波形を10ミリ秒ごとに切り出して、あらかじめ用意した波形パターンと比較し、もっとも近い波形のパターン（コード）の番号を送る

ロックに分割し、それぞれ特徴を抽出して音量や波形で分類する。次に、あらかじめ用意した波形のパターンの中からもっとも似た波形を選び出し、そのパターンの番号だけを送る。音量や音質などの特徴を表わすデータも併せて送る。受信側では、送られてきたパターン番号にしたがって波形を選び出し、その他の特徴も加えて元の音声波形を復元する（**図表40**）。

　このようにすれば、伝送する情報量は非常に少なくてすみ、伝送速度を1/5〜1/15程度に下げることができる。この方法では、音質の良さは用意できる波形のパターンの数や特徴の種類の数に依存する。伝送速度を下げると波形のパターンや特徴の種類の数が少なくなり、元の波形を忠実に再現できなくなって音質が低下する。

　第3世代（3G）携帯電話では、この方法を用いて伝送速度を4.75k〜12.2kビット／秒の8段階で変えられる可変速度符号化を採用している。伝送速度が低いだけ、固定電話に比べると音質が悪いのは避けられない。

　音楽などの帯域圧縮には**MP3**が使われている。これは、人間の耳が小さな音でもよく聞こえるのは2k〜5kHz程度の範囲で、それ以上または以下の周波数の小さな音は聞こえにくくなるという性質（最小可聴限界）や、大きな音が鳴っているとその直前直後やその音の周波数に近い小さな音は

◆**図表41　音のマスキング効果**◆

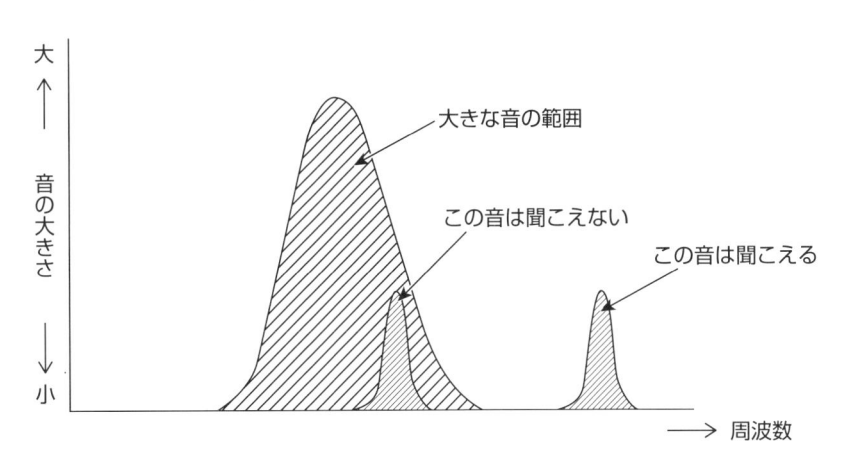

聞こえないという性質（マスキング効果）といった、人間の聴覚心理を利用して、不要な音をカットして圧縮を行なう方式である（**図表41**）。

　CD音楽は、MP3を使って1411.2kビット／秒を128kビット／秒に圧縮して使うことが多いが、さらに音質を犠牲にしてもっと低い伝送速度で利用することもある。逆に、圧縮率を小さくして伝送速度を高くし、より高品質にすることもある。

　一般に帯域圧縮は、圧縮の方法（アルゴリズム）を定めているだけで伝送速度までは決めていない。要求される品質やネットワークの特性に応じて、さまざまな伝送速度を選んで利用することができる。

　図表42は、帯域圧縮を使った各種情報の伝送速度を示したものである。

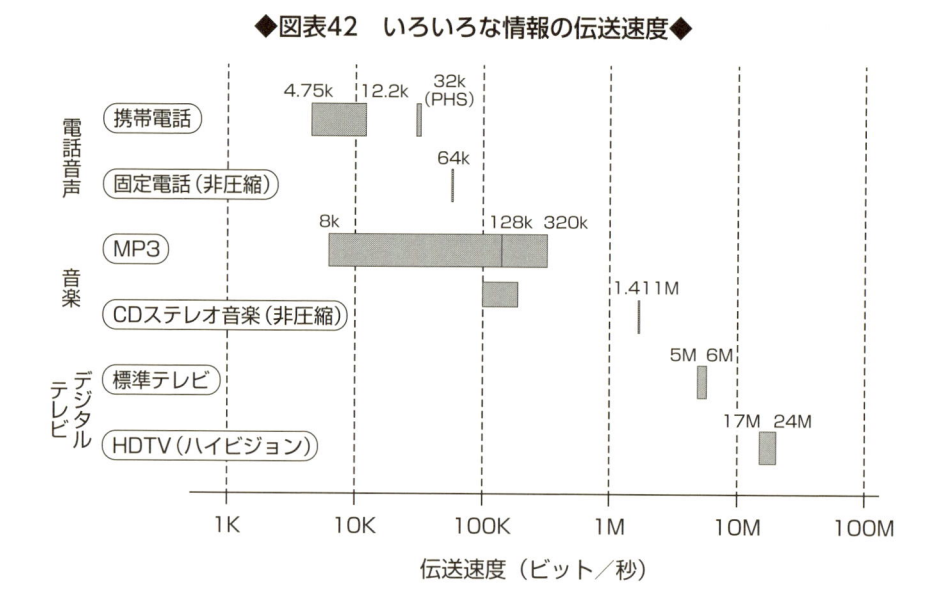

◆図表42　いろいろな情報の伝送速度◆

第4章　ブロードバンド通信を実現する伝送技術

9 人工衛星を使った通信と放送

― 赤道上空３万6000kmにある静止衛星を使う ―

　地球の上空をぐるぐる回る人工衛星に向けて電波を送り、衛星に積んだ中継器（トランスポンダ）で信号を増幅してから、再び地上に向けて電波を送り返すのが衛星通信である。衛星放送も原理は同じで、衛星に向けたパラボラアンテナで誰でも受信して見ることができることが違うだけである。

◆**衛星の軌道**

　人工衛星が回る軌道には、**図表43**に示すように、高度や赤道面に対する角度、形状によって次のような種類があり、目的・用途に応じて使い分けられる。

◆図表43　地球を回る人工衛星の軌道（代表的なもののみ）◆

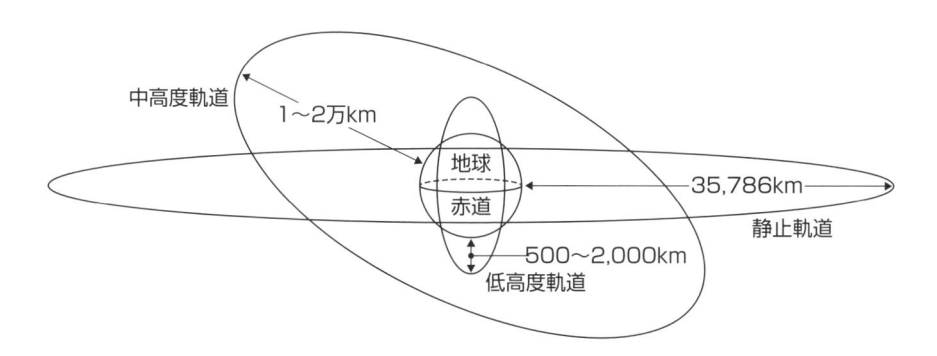

```
中高度軌道
1～2万km
地球
赤道
35,786km
静止軌道
500～2,000km
低高度軌道
```

- 静止軌道は衛星放送や多くの衛星通信に使われる
- 中高度軌道はGPS衛星などに使われる
- 低高度軌道は衛星携帯電話などに使われる

①静止軌道（GEO：Geostationary Earth Orbit）

　赤道上空35,786kmの円軌道で、この軌道上を地球の自転と同方向に回る衛星は24時間で地球を1周し、地上では常に同じ位置に静止しているように見えるので、**静止衛星**と呼ばれる。1個の衛星で24時間使えるという特長があり、ほとんどの衛星通信や衛星放送が利用している。ただし、衛星までの距離が長いので伝送遅延時間が大きい（片道で0.24秒）、大きな送信電力が必要、高緯度地域（北欧、ロシア、カナダなど）ではアンテナの向きが水平に近くなり使いにくい、軌道上の衛星の位置に限りがあるといった問題がある。

　静止衛星を120度間隔で3台配置すると、全世界をカバーすることができる（**図表44**）。インテルサット（INTELSAT）は、大西洋、インド洋、太平洋の上空に静止衛星を打ち上げて、全世界をカバーするネットワークを構成し、大陸間を結ぶ国際通信に利用されている。また、インマルサッ

◆**図表44**　赤道上空35,768kmの円軌道に120度間隔で
　　　　3台の衛星を打ち上げると全世界をカバーできる◆

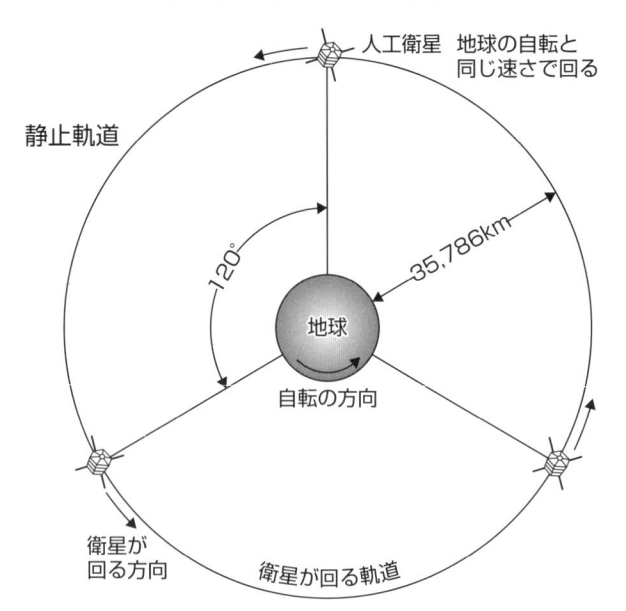

ト（INMARSAT）も同様に静止衛星を打ち上げて、世界の大洋を航海する船舶などとの通信に利用されている。

現在、日本の静止衛星は、利用しやすいように南方の静止軌道に多数配置されている（**図表45**）。

◆**図表45　日本のおもな静止衛星の軌道位置**◆

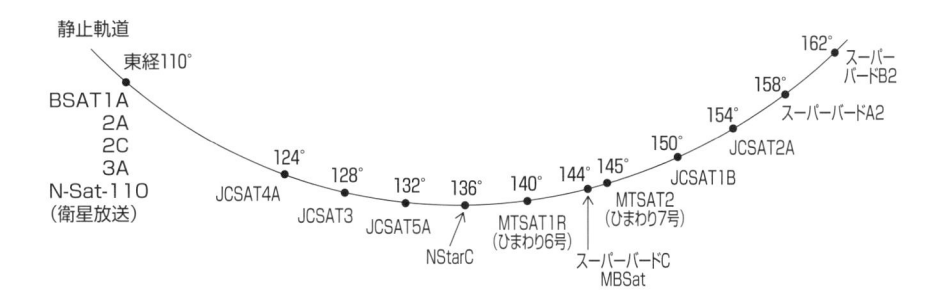

静止軌道
東経110°
BSAT1A
2A
2C
3A
N-Sat-110
（衛星放送）

124° JCSAT4A
128° JCSAT3
132° JCSAT5A
136° NStarC
140° MTSAT1R（ひまわり6号）
144° スーパーバードC　MBSat
145° MTSAT2（ひまわり7号）
150° JCSAT1B
154° JCSAT2A
158° スーパーバードA2
162° スーパーバードB2

②低高度軌道（LEO：Low Earth Orbit）

　高度500～2000kmの円軌道で、高度が低いと衛星が高速で回るため地球を1～2時間で1周してしまう。このような衛星を周回衛星といい、1個だけでは利用できる時間が限られるので、数十個の衛星を軌道上に配置して常にどれかが頭上にくるようにする。その場合、北極と南極を通る極軌道にするのが一般的である。衛星までの距離が静止衛星より近いので、伝送遅延時間が小さく、電波の送信電力も少なくてすむという特長がある。そのため、衛星携帯電話「イリジウム」などに利用された。

③中高度軌道（MEO：Medium Earth Orbit）
　高度1～2万km程度の円軌道で、衛星は数時間～十数時間で地球を1周する周回衛星となる。20個前後の衛星で全世界をカバーでき、衛星携帯電話に使われたほか、カーナビなどで利用しているGPS衛星（高度2万km）に使われている。
　ここにあげた①～③以外にも、長楕円軌道や準天頂衛星軌道などがある。

◆**衛星通信システムの構成**

　衛星通信システムは、図表46に示すように、地上の送信局から電波で衛星まで信号を送り、衛星に積んである中継器で信号を増幅し、別の周波数に変換して再び地上の受信局に向けて電波で信号を送るという構成になっている。衛星放送も同じ構成で、受信局が各家庭になるだけの違いである。
　地上から衛星へのアップリンクと衛星から地上へのダウンリンクに使う

◆図表46　衛星通信システムの構成◆

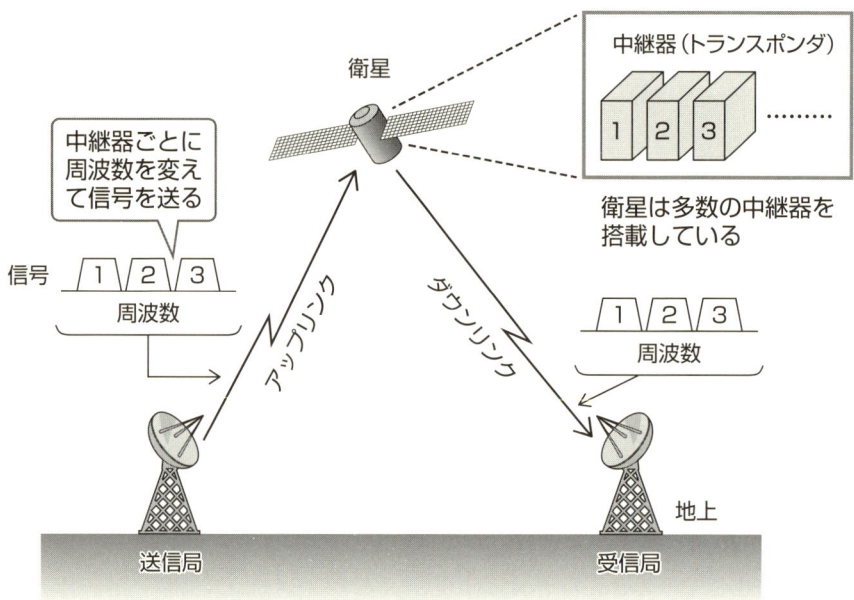

第4章　ブロードバンド通信を実現する伝送技術

◆図表47　衛星通信・衛星放送に使う電波の周波数と呼び名◆

周波数帯	呼び名	用途		
		固定	移動	放送
1.6/1.5GHz	Lバンド	―	○	―
2.6/2.5GHz	Sバンド	―	○	○
6/4GHz	Cバンド	○	―	○
8/7GHz	Xバンド	○	○	―
14/12GHz	Kuバンド	○	―	○
30/20GHz	Kaバンド	○	○	○
50/40GHz	Oバンド Qバンド	○	○	○

（注）周波数帯の表示は分子がアップリンク、分母がダウンリンクの周波数を示す

　電波の周波数は、電離層を通過できるように1GHz以上を使い、**図表47**のように決められている。衛星には中継器が何台も搭載されていて、中継器ごとに周波数を変えて**図表47**の周波数帯で何チャネルもの信号を送ることができる。中継器の数が多ければ、また中継器の帯域幅が広ければ、それだけ衛星の通信容量が大きいということになる。
　図表48は日本に割り当てられている衛星放送（BS放送）用の周波数とチャネル配置である。

◆図表48　日本のBS放送に割り当てられているチャネル◆

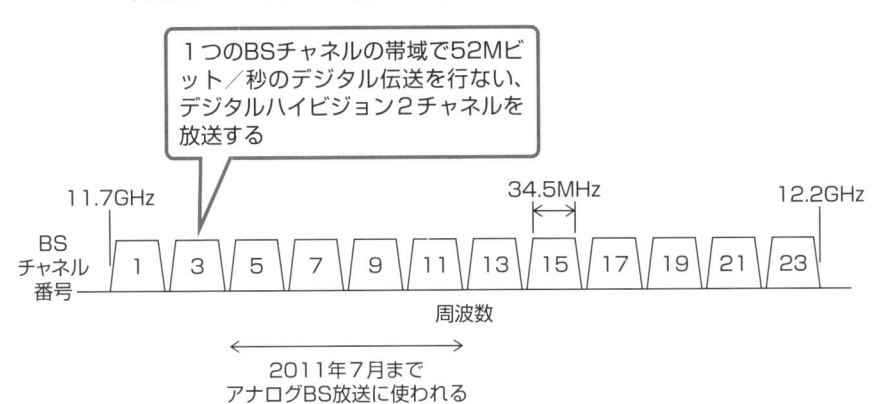

1つのBSチャネルの帯域で52Mビット／秒のデジタル伝送を行ない、デジタルハイビジョン2チャネルを放送する

11.7GHz　　　　　　　　　　　　34.5MHz　　　　　12.2GHz

BSチャネル番号：1　3　5　7　9　11　13　15　17　19　21　23

周波数

2011年7月まで
アナログBS放送に使われる

BS衛星の中継器は帯域幅が27MHz（アナログ放送用）または34.5MHz（デジタル放送用）あり、**図表48**の１つのチャネルに対応する。BSアナログ放送はこの中継器１台で１チャネル、BSデジタル放送は中継器１台で２チャネルの番組を放送することができる。

◆衛星通信の特長

　このような衛星通信には、地上システムにない優れた特長が数多くある。

①広域性	：上空から電波を地上に照射するため、広い地域をカバーできる。
②同報性	：同じ情報を地上の多地点に分配する１対ｎ通信が簡単にできる。
③マルチアクセス性	：地上の広範囲に散在する地点からの情報を１カ所に集めるｎ対１通信、または多地点間で情報を交換するｎ対ｎ通信が簡単にできる。
④回線設定の迅速性	：地上の局を移動させればどこからでも自由に迅速に通信回線を設定でき、短期間の利用にも柔軟に対応できる。
⑤伝送コストが一定	：衛星１ホップの範囲内なら伝送コストは地上の距離に無関係で、大陸間横断などでは低コストで通信回線を設定できる。離島など海底ケーブルの敷設が難しい区間での通信に利用できる。
⑥地上災害に強い	：ケーブルや中間中継所がないため、地上災害時にも通信回線を確保できる。

　このような優れた点が多数ある反面、次のような欠点もある。

⑦遅延時間が大きい	：静止衛星を使うと地上から電波が往復するのに約0.24秒の遅延時間があり、電話には利用しに

	くい。
⑧**暗号化が必要**	：衛星からの電波は誰でも受信できるので、情報の暗号化が必要になる。

10 電力線を利用した通信

―電力コンセントから高速インターネット接続―

どの家でも電気を使っている。そこで家の中に張り巡らされている電気配線を利用してブロードバンド信号を伝送するのが**電力線通信**（PLC：Power Line Communication）である。

◆電気配線を利用した高速データ伝送

FTTHの普及が進んで、家の中まで光ファイバ・ケーブルが引き込まれても、高速デジタル信号が届くのは室内に置かれたONU（光回線終端装置）までである。もし、別の部屋でパソコンをインターネットに接続しようとすると、その部屋からONUまでの伝送をどうするかが問題になる。

これに対しては、「①新しくLANケーブルを配線する」「②無線LANを使う」「③電力線通信を使う」という3つの方法がある。LANケーブルを使えば安定した高速伝送ができるが、新しくケーブルを引かなければならないのがやっかいだ。無線LANは簡単だが雑音の影響を受けやすく、壁や床を隔てると電波が弱くなって伝送速度が低下してしまう。

電力線通信（PLC）は、家の中に配線されている電力用の電線をそのまま利用して高速データ伝送を行う方法である。**図表49**に示すように、データ信号を変調する**PLCモデム**（**図表50**）を電力用のコンセントに差し込むだけで、電線を伝送路として部屋と部屋の間でデータを伝送できるのでとても便利だ。家庭用の電力は電圧が100ボルト、周波数が50Hzまたは60Hzの交流なので、変調されたデータ信号は電線の中ではこの交流に重なって伝送され、PLCモデムでデータ信号だけを分離して取り出す。

電力線通信で使用できる周波数帯域は2M〜30MHzで、帯域幅が28MHzあるためADSLやCATVよりも広く、それだけ高速伝送ができることになる。この帯域幅を使ってデータ信号を変調してOFDM（199ページを参照

第4章　ブロードバンド通信を実現する伝送技術

◆図表49　電力線通信（PLC）システムの構成◆

ONU：光回線終端装置

データ信号

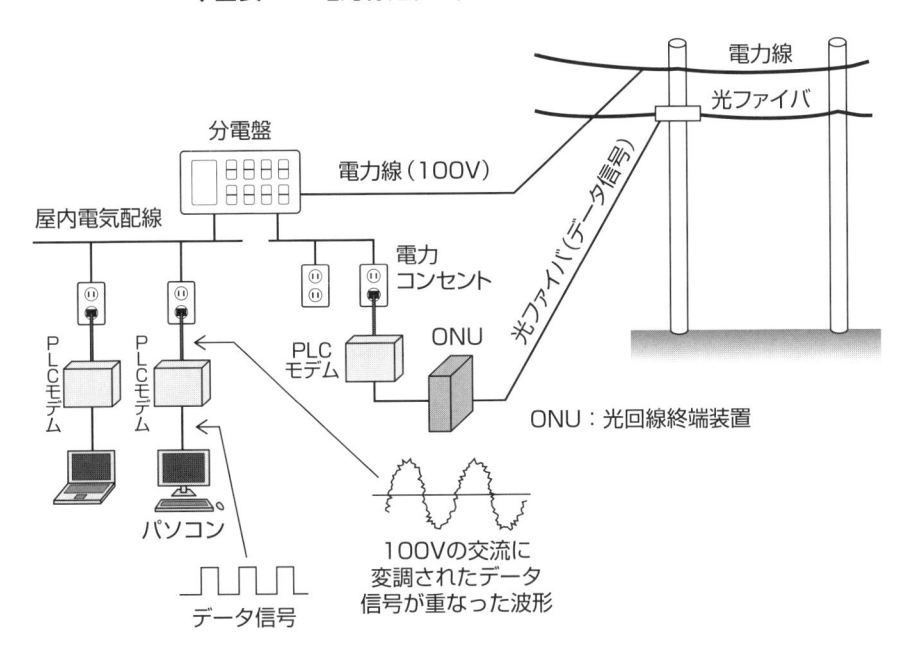

100Vの交流に変調されたデータ信号が重なった波形

◆図表50　PLCモデムの構成◆

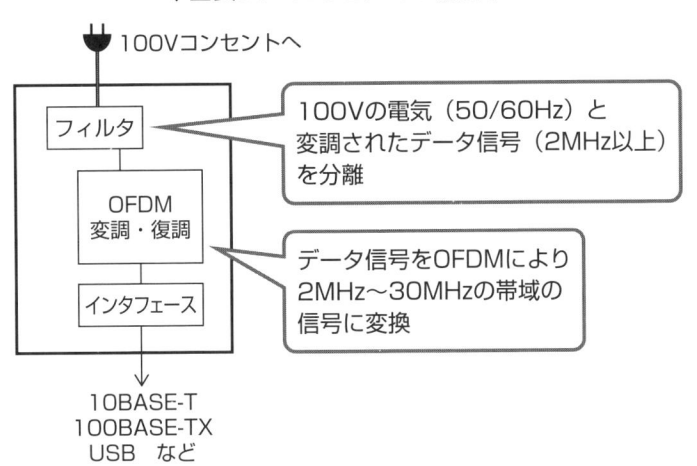

100Vコンセントへ

- フィルタ
- OFDM変調・復調
- インタフェース

100Vの電気（50/60Hz）と変調されたデータ信号（2MHz以上）を分離

データ信号をOFDMにより2MHz～30MHzの帯域の信号に変換

10BASE-T
100BASE-TX
USB　など

で伝送すると、計算上は最大200Mビット／秒程度の超高速データ伝送ができる。しかし、電気配線には家電機器などが多数つながっていて雑音を出すし、外部からは放送電波などが入ってくるので、実際の伝送速度は数十Mビット／秒程度になる。この伝送速度は、コンセントの位置や家電機器などの使用状況などによって大きく変わるし、また、配電盤を通しての配線状況によってはうまく通信できない場合もあるので要注意だ。

◆電力線通信の問題点

　日本で電力線通信が使えるようになったのは2006年末からである。以前は使える周波数帯域が10k〜450kHzと狭く、低速伝送しかできなかったのでほとんど利用されなかった。高速伝送ができるように帯域を2M〜30MHzに広げると、電柱に配線されている電線がアンテナのようになってこの周波数帯の電波が空中に放射され、外部のいろいろな通信や放送などに妨害を与える危険性があるため、なかなか許可されなかった。この周波数帯は、**図表51**に示すように、短波ラジオ放送、アマチュア無線、電波天文観測などに使われていて、これらへの影響が懸念されたためである。

　そこでPLCモデムの規格を厳しくして漏洩する雑音の発生を抑えるようにして、ようやく電力線通信が使えるようになったという経緯がある。外国では、屋外の電柱から建物内への引き込み線にも電力線通信を利用しているところもあるが、日本では雑音電波の放射を防ぐために屋内利用に限定している。

◆図表51　電力線通信で使う周波数◆

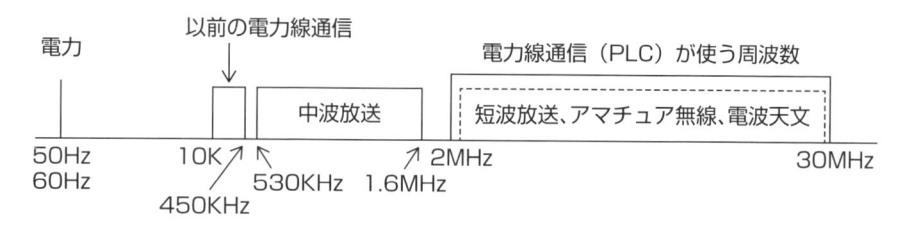

索引

【数字・アルファベット】

- 3.5G ······ 17
- 3.9G ······ 17
- 3G ······ 17
- 4相位相偏移変調 ······ 53, 196
- A/D・D/A変換 ······ 229
- A/D変換 ······ 229
- AAS ······ 95
- ADPCM ······ 238
- ADSL ······ 22, 221
- AP ······ 106, 126
- AR ······ 29
- ARP ······ 189
- Bluetooth ······ 19, 111
- CATV ······ 223
- CDMA ······ 76
- CDN ······ 175
- CELP ······ 238
- CODEC ······ 232
- CoMP ······ 102
- CSMA/CD ······ 187
- CTS ······ 109
- D/A変換 ······ 229
- DNS ······ 135, 149
- DNSサーバ ······ 135, 149
- FDD ······ 95
- FDMA ······ 74
- FMC ······ 47
- FTTH ······ 22, 180, 226
- GE-PON ······ 228
- GPS ······ 116
- H.264 ······ 54, 237
- HaaS ······ 15
- HDTV ······ 54
- HFC ······ 180
- HFC構成 ······ 224
- HSDPA ······ 34, 85
- HSUPA ······ 87
- HSPA ······ 87
- HTML ······ 151
- IaaS ······ 15
- IEEE802.11 ······ 109
- IEEE802.11n ······ 84
- IP ······ 144
- IPTV ······ 176
- IPv4 ······ 138
- IPv6 ······ 138
- IPアドレス ······ 135
- IPネットワーク ······ 44, 134
- IPマルチキャスト通信 ······ 169
- ISDN ······ 22
- IX ······ 128
- iモード ······ 36
- LAN ······ 184
- LANスイッチ ······ 128, 184
- LD ······ 50
- LTE ······ 89

LTE-Advanced	100	TDM	206
MACアドレス	186	TDMA	74
MIMO	83	TTI	85
MP3	239	UDP	146
MPEG	237	UHF帯	58
MPEG-2	177, 237	UIMカード	71
MPEG-4	54, 237	URL	135, 150
NGN	46, 176	UWB	113
NOC	126	VOD	172
OFDM	90, 199	VoIP	153
OFDMA	91	W-CDMA	37, 77
OLT	226	WDM	51
P2P	165	WiFi	109
PaaS	14	WiMAX	17, 96
PCM	232	WiMAX2	100
PDS	226	WWW	12, 150
PLC	248	XGP	95
PON	226		
QoS	46, 133		

【あ行】

アクセス・ポイント	106
アダプティブ・アンテナ	95
アドレス番号	31
誤り検査符号	219
誤り訂正符号	203, 220
イーサネット	184
位相変調	194
位置登録	70
インターネット	126
インターネット・プロトコル	44
ウェブ	12, 150
エラーレイト	219

QPSK	53, 197	
RF方式	176	
RTP	146, 179	
SaaS	14	
SDH	208	
SDTV	54	
SIMカード	71	
SIP	162	
Skype	163	
SONET	208	
STB	172, 178	
STP	212	
TCP	144	
TCP/IP	144	
TDD	94	

【か行】

回線交換方式	40

索引

拡張現実 ………………………… 29
キャリヤ・アグリゲーション ……… 100
共通線信号網 …………………… 40
クラウド ………………………… 12
クラウド・コンピューティング …… 12
クラッド ………………………… 214
クロージャ ……………………… 227
グローバル・アドレス …………… 138
経路表 …………………………… 140
ゲートウェイ …………………… 138
ケーブル・モデム ……………… 225
コア ……………………………… 214
呼制御サーバ …………………… 162
呼制御プロトコル ……………… 162
コネクションレス型 ……………… 39

【さ行】

サービス品質 ……………… 46, 133
再生中継器 ……………………… 218
再送制御 …………………… 42, 145
差分位相変調 …………………… 197
次世代ネットワーク ……………… 46
周波数変調 ……………………… 194
周波数ホッピング ………………… 111
スーパーノード ………………… 163
スペクトラム拡散 ………………… 111
スマートフォン …………………… 28
セットトップ・ボックス …… 172, 178
セル ……………………………… 63
セルラー電話 …………………… 63
全地球測位システム …………… 106
ゾーン …………………………… 63
ソフトハンドオーバ ……………… 64

【た行】

帯域圧縮 ………………………… 234
帯域変動型 ……………………… 39
多元接続 ………………………… 74
チャネルボンディング …………… 109
直交変調 ………………………… 195
ツイストペア …………………… 211
デジタル・ハイアラーキ ………… 207
デフォルト・ルート ……………… 142
電力線通信 ……………………… 248
同期デジタル・ハイアラーキ …… 208
同軸ケーブル …………………… 212
ドメイン名 ……………………… 135
トランスレータ ………………… 138

【な行】

ネットワーク・アドレス ……… 137, 141
ネットワーク・オペレーション・センタ
　………………………………… 126

【は行】

ハイパーテキスト ………………… 151
パケット ………………… 38, 122, 154
パケット多重 …………………… 123
パケット通信方式 ………………… 41
波長多重 ………………………… 51
ハブ ……………………………… 184
ハンドオーバ …………………… 64
光スプリッタ …………………… 226
ひかり電話 ……………………… 44
光ファイバ・ケーブル ………… 214
ピコセル ………………………… 66
ビット誤り ……………………… 219

標本化 …………………………… 231
標本化周波数 …………………… 231
標本化定理 ……………………… 231
フェムトセル …………………… 66
復号器 …………………………… 232
符号誤り ………………………… 219
符号誤り率 ……………………… 219
符号化 …………………………… 231
符号器 …………………………… 232
符号複号化 ……………………… 229
プライベート・アドレス ……… 138
振幅変調 ………………………… 194
ブルートゥース ………………… 19
ブロードキャスト ……………… 168
ブロードバンド回線 …………… 21
プロトコル ……………………… 144
ペア線 …………………………… 210
ベストエフォート型 ……… 40, 132
ホイップアンテナ ……………… 62
ポート …………………………… 140
ポート番号 ……………………… 145
ホームメモリ …………………… 70
ホスト・アドレス ……………… 137

【ま行】

マイクロセル …………………… 66

マルチキャスト ………………… 169
マルチパス ……………………… 201
メールサーバ …………………… 149
モノポールアンテナ …………… 62

【や行】

ユニキャスト …………………… 168
撚り対線 ………………………… 211

【ら行】

リソース・ブロック …………… 92
量子化 …………………………… 231
ルータ …………………………… 140
ルーティング …………………… 140
ルーティング・テーブル ……… 140
レーザ・ダイオード …………… 50
漏話 ……………………………… 210
ログイン・サーバ ……………… 163

【わ行】

ワイファイ ……………………… 109
ワイヤレス・ブロードバンド … 19
ワンセグ放送 …………………… 53

井上 伸雄（いのうえ　のぶお）
1936年福岡市生まれ。1959年名古屋大学工学部電気工学科卒業。同年日本電信電話公社（現NTT）入社。電気通信研究所にて、ディジタル伝送、ディジタルネットワークなどの研究実用化に従事。1989年より多摩大学教授。現在同大学客員教授。工学博士。趣味は外国旅行、スポーツ観戦、ゴルフなど。『通信＆ネットワークがわかる事典』『通信の最新常識』『最新　通信のしくみ』『IPネットワークのしくみ』（日本実業出版社）、『基礎からの通信ネットワーク』（オプトロニクス社）、『通信のキホン』（ソフトバンククリエイティブ）など著書多数。

図解　通信技術のすべて

2011年4月1日　初版発行

著　者　井上伸雄　©N.Inoue 2011
発行者　杉本淳一

発行所　株式会社 日本実業出版社　東京都文京区本郷3-2-12 〒113-0033
　　　　　　　　　　　　　　　　　大阪市北区西天満6-8-1 〒530-0047
　　　　編集部 ☎03-3814-5651
　　　　営業部 ☎03-3814-5161　振　替　00170-1-25349
　　　　　　　　　　　　　　　　http://www.njg.co.jp/

印刷／壮光舎　　製本／共栄社

この本の内容についてのお問合せは、書面かFAX（03-3818-2723）にてお願い致します。
落丁・乱丁本は、送料小社負担にて、お取り替え致します。

ISBN 978-4-534-04816-5　Printed in JAPAN

下記の価格は消費税(5%)を含む金額です。

日本実業出版社の本

モバイル・Webを深く知るための1冊

好評既刊!

iPhoneのすごい中身

柏尾 南壮＝著
定価 1890円(税込)

大人気のiPhoneの個性を作り上げている代表的なハードウェア技術を、図解や写真を交え、やさしく解説する本。取り上げるテクノロジーは、タッチパネル、加速度センサー、GPS、デジタルコンパス、裏面照射型CMOSなど。iPhone分解手順も紹介。

最新 図解でわかる データベースのすべて

小泉 修＝著
定価 2625円(税込)

いまや、誰もが簡単にデータベースを扱える時代。だからこそ、なおざりになりがちなファイル編成や設計・管理手法などの基礎知識を徹底解説。さらに、XMLデータベースなど、Webの進化とともに大きく変貌したデータベースの技術や環境をやさしく解説。

定価変更の場合はご了承ください。